湖北省培养紧缺技能人才开发项目系列教材

3D打印项目实践

编写人员名单

主　编　雷晓霓　曹昭平

副主编　童　敏　朱　江　肖　鑫

参　编　李　娟

中国劳动社会保障出版社

图书在版编目（CIP）数据

3D 打印项目实践 / 湖北省人才事业发展中心组织编写．-- 北京：中国劳动社会保障出版社，2023

湖北省培养紧缺技能人才开发项目系列教材

ISBN 978-7-5167-6065-9

Ⅰ.①3… Ⅱ.①湖… Ⅲ.①快速成型技术 - 技术培训 - 教材 Ⅳ.①TB4

中国国家版本馆 CIP 数据核字（2023）第 175959 号

中国劳动社会保障出版社出版发行

（北京市惠新东街 1 号　邮政编码：100029）

*

三河市华骏印务包装有限公司印刷装订　　新华书店经销

787 毫米 ×1092 毫米　16 开本　18.75 印张　340 千字

2023 年 10 月第 1 版　　2023 年 10 月第 1 次印刷

定价：60.00 元

营销中心电话：400-606-6496

出版社网址：http://www.class.com.cn

序　言

“技术工人队伍是支撑中国制造、中国创造的重要力量。”“工业强国都是技师技工的大国，我们要有很强的技术工人队伍。”“大力弘扬劳模精神、劳动精神、工匠精神，激励更多劳动者特别是青年一代走技能成才、技能报国之路，培养更多高技能人才和大国工匠，为全面建设社会主义现代化国家提供有力人才保障。”党的十八大以来，习近平总书记始终高度重视关心技能人才，多次作出重要指示批示，在许多场合、多个会议反复强调要加强技能人才队伍建设，为做好新时代技能人才工作指明了方向、提供了遵循。时代需要高技能人才，时代呼唤更多高技能人才。

技术技能水平的提高是一个系统工程，好的教材对技术技能水平的提高至关重要。多年来，湖北省人力资源和社会保障厅围绕国家高技能人才振兴计划和技能人才培养创新项目，面向经济社会发展亟须紧缺职业（工种），组织开展品牌专业评审和精品教材开发，致力于服务技工教育和职业技能培训。

2021 年，湖北省人力资源和社会保障厅组织全省技工院校骨干教师精心编写了湖北省培养紧缺技能人才开发项目系列教材。系列教材以推动构建“51020”现代产业体系为目标，重点对接光电子信息、新能源与智能网联汽车、生命健康、高端装备和北斗产业等湖北省五大优势产业。教材编写坚持需求导向，强化技能培训，借鉴学习了一体化课程教学改革理念，注重融入职业精神、工匠精神，旨在培养实用型技能人才，提升就业帮扶效率。

本系列教材的开发，是湖北省技工院校开展一体化课程教学改革的积极探索和有益尝试，是湖北省技工教育和职业培训最新教学成果的展示。期望教材的出版既能为技工院校在校师生提供内容先进、论述系统并适用于教学的参考书，也能成为广大技能人才知识更新与继续学习的参考资料。

2023 年 1 月

内容简介

本书依据湖北省人才事业发展中心紧缺技能人才的培训需求，参照相关国家职业技能标准组织编写。本书从强化培养紧缺技能人才操作技能，提高掌握实用技术能力和水平的角度出发，较好地体现了本职业（岗位）当前最新的实用知识与操作技术，对于提高紧缺技能人才基本素质，掌握工作现场和工作岗位所必需的核心知识与技能有直接帮助和指导作用。

本书主要内容包括：认识 FDM 3D 打印机、正向三维建模与打印、逆向三维建模与打印、3D 打印产品后处理四个部分共七个项目，结合设计与研发的典型项目案例，系统总结了 3D 打印技术在新产品创新设计与研发中的应用。本书是一本实践类教材，既可以作为单独的实训教程，也可以作为理论教学课程的实践类补充。本书从实践角度帮助学生掌握三维建模、三维扫描与打印基本操作和基本技能，掌握 FDM 3D 打印机、SLA 3D 打印机的使用方法，培养学生严谨的科学态度，提高学生的动手能力和解决问题的能力，为后续专业课程的学习奠定了理论和实践基础。

本书为湖北省培养紧缺人才系列教材开发项目成果之一，全书共七个项目，由武汉技师学院雷晓霓统稿，并负责编写了项目三、项目五任务 1 ～ 3；曹昭平编写了项目四、项目六；童敏编写了项目二、项目五任务 4；朱江编写了项目一；肖鑫编写了项目七；李娟参与了教材编写和审稿的相关工作。

目录

CONTENTS

第四部分　3D打印产品后处理

第一部分

认识 FDM 3D 打印机

项目一　FDM 3D打印机的组装

项目说明

FDM 3D 打印机是集机械、控制和计算机技术于一体的集成系统。其硬件部分包括外形框架、运动机构、挤出控制机构等；电气部分包括主板、步进电机、加热模块等；系统运行程序包括固件参数、显示模块调节等；软件部分包括切片软件、上位机控制软件以及主控板固件等。本项目主要完成 FDM 3D 打印机的组装任务。

项目内容提示

- 任务一　FDM 3D 打印机的组成（4 学时）。
- 任务二　FDM 3D 打印机的组件装配（8 学时）。
- 任务三　FDM 3D 打印机的故障识别与维修（4 学时）。

任务一　FDM 3D 打印机的组成

任务目标

1. 掌握 FDM 3D 打印机基本工作原理。
2. 了解 FDM 3D 打印机的硬件组成。
3. 能够将 FDM 3D 打印机的元件进行分组归类。

任务描述

通过进行物料核验，初步了解 FDM 3D 打印机主要由硬件部分、电气部分以及软件部分构成。本任务重点是让学生认识了解 FDM 3D 打印机的硬件组成（见图 1–1），激发学生学习兴趣，为后面的学习打下坚实的基础。

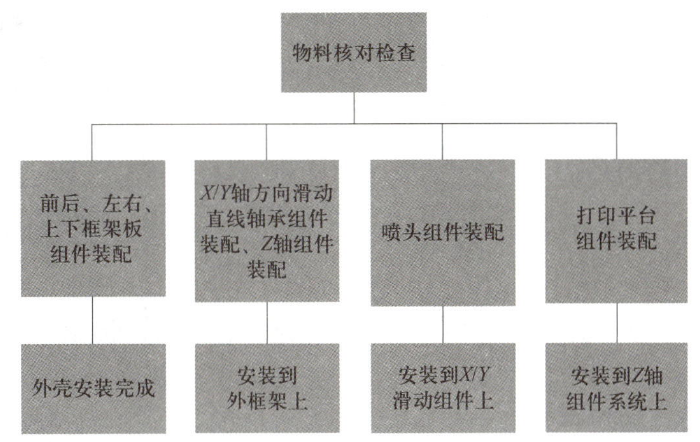

图 1–1 通过物料核验和 FDM 3D 打印机装配了解 FDM 3D 打印机组成

课前讨论

你见过台式计算机吗？你觉得计算机有哪些主要部件？

知识准备

一、基本工作原理

目前市面较为主流的 3D 打印机是以 FDM 技术（熔融层积成形技术）为核心的 3D 打印机。其工作原理是根据软件预设的坐标挤出热塑性塑料丝，先将长丝卷轴装入 3D 打印机，然后送入喷头，在喷头位置配有加热喷嘴，一旦喷嘴达到所需温度，长丝就会被送入喷头并在喷嘴中熔化，再根据 3D 打印机的设置自主移动喷头，将熔化的材料放置在精确的位置，等待冷却和固化完成图层后，构建平台就会重复上述过程，直到完成整个模型。

二、常用组装与调试工具

在 FDM 3D 打印机组装和调试的过程中，经常会使用到一些小工具，下面介绍几种使用频率较高的小工具。

1. 美纹胶带（见图 1–2）

将美纹胶带粘贴在打印平台上，打印时直接将模型打印在粘贴好的胶带上，美纹胶带能提高打印平台的黏附性，既可以辅助模型成功打印也能更方便地移除模型。

2. 胶水（见图 1–3）

胶水可以提高模型与平台之间的黏附性，只需要将胶水均匀涂抹在平台上，就可以立即增加模型与平台之间的黏附性。

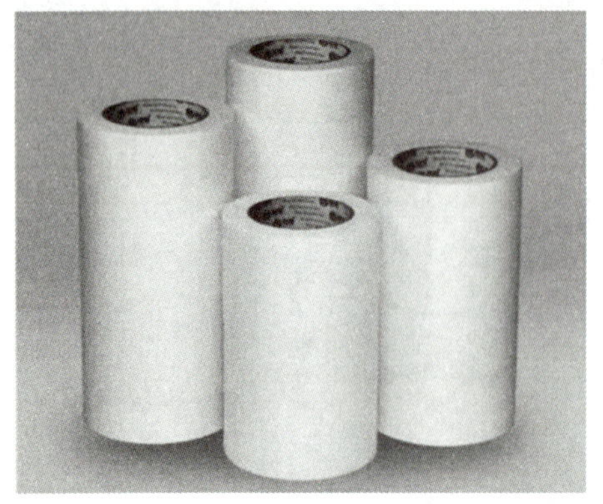

图 1–2　美纹胶带

图 1–3　胶水

3. 卡尺（见图 1–4）

卡尺会在很多方面得到运用，例如，可以在组装过程中检测零件的规格尺寸，可以测量实际打印出来的物体尺寸等。

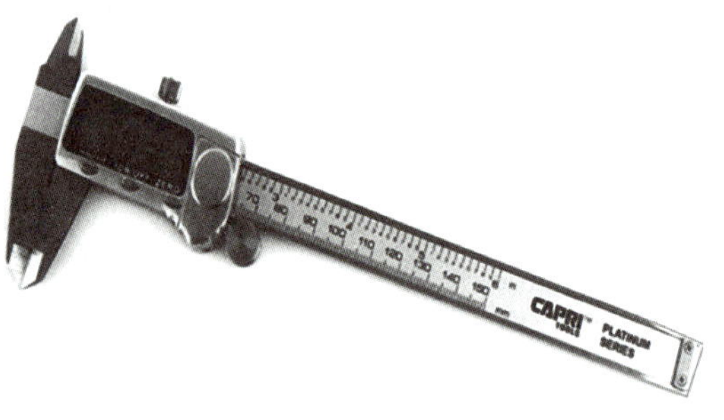

图 1–4　卡尺

4. 镊子（见图 1–5）

在 3D 打印机开始打印前，喷头中常常会渗出一些被熔化的耗材，这时需要用镊子（如果用手会被烫伤）把这部分耗材去除掉。此外，在 3D 打印机出现堵料情况时，还可以用镊子将卡在喷头里的断料夹出。

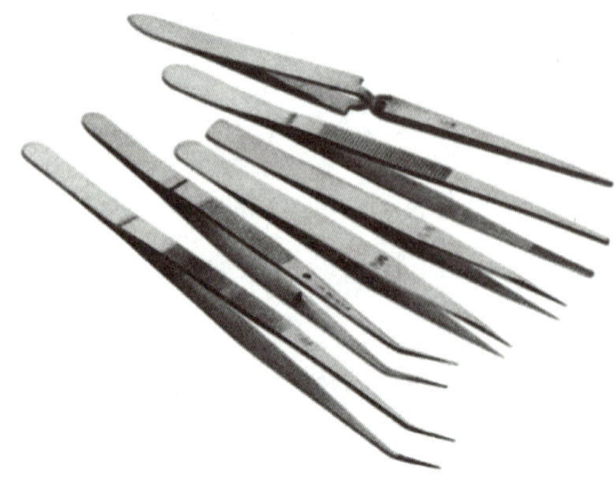

图 1–5　镊子

5. 美工刀（见图 1–6）

美工刀主要用于模型后期的打磨及加工。打印过程中，模型表面可能会出现一些气泡，这时候可以使用美工刀去除。此外，美工刀也可以去除一些支撑甚至是模型表面的拉丝。

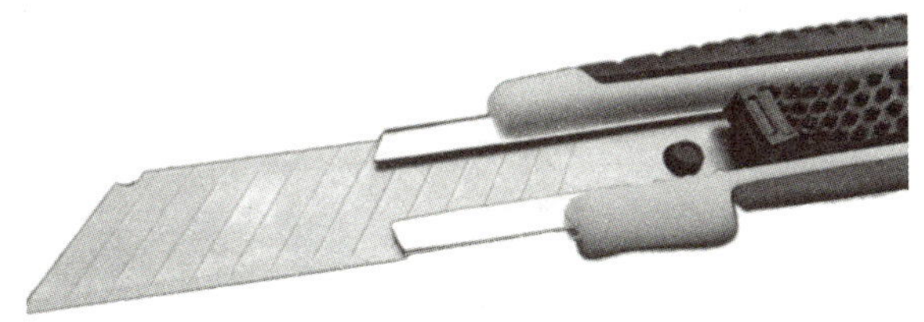

图 1–6 美工刀

6. 钳子（见图 1–7）

钳子主要包括尖嘴钳和剪线钳。钳子既可以拆除支撑、修理机器，还可以剪断线材。

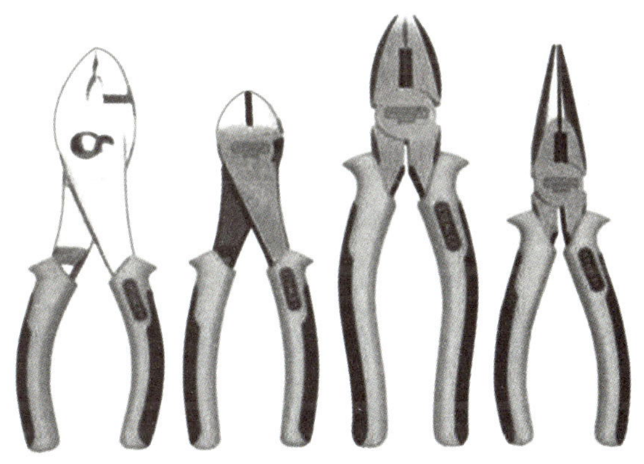

图 1–7 钳子

7. 扳手（见图 1–8）

内六角扳手在拆修机器、更换风扇等部件时能够起到非常大的作用。套筒扳手和开口扳手在更换喷嘴时经常用到，用开口扳手固定住加热块，用套筒扳手扭动喷嘴，能够更加方便、安全地更换喷嘴。

8. 铲刀（见图 1–9）

有时模型与平台粘得太紧，用手难以移除，可以将铲刀小心地伸到模型与平台之间的缝隙中，慢慢撬动，使模型底部逐渐松动，再将模型从平台上取下。

9. 锉刀

锉刀可以处理模型表面一些细小的拉丝。

另外，在 3D 打印机组装和调试的过程中还会用到一些其他工具，比如称重器等。

图 1-8 扳手

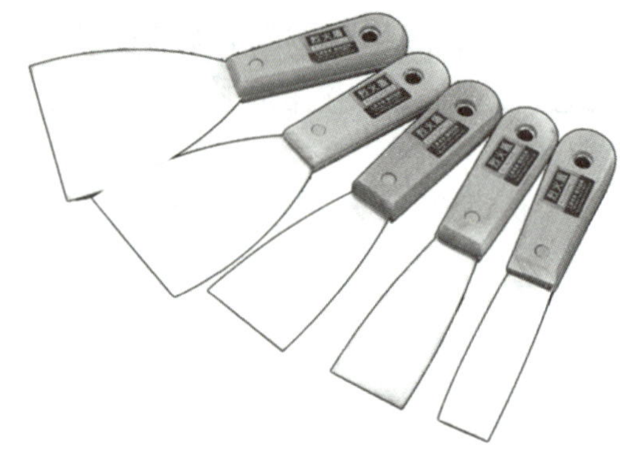

图 1-9 铲刀

任务实施

一、外形框架

1. 底板框架组件系统

底板框架组件系统主要由底框架板、电源、Z 轴电机、风扇等组成。请同学们将以上零件按照表 1-1 整理归类，放置在指定位置。

表 1-1 整理底板框架组件系统

序号	零件名称	数量	评分	序号	零件名称	数量	评分
1	底框架板	1		5	内六角圆柱头螺钉 M3×8	10	
2	电源	1		6	六角螺母 M3	2	
3	Z 轴电机	1		7	主板	1	
4	风扇	1					

2. 前框架板组件系统

前框架板组件系统主要由前框架板、显示屏、按键板、SD 卡槽等组成。请同学们将以上零件按照表 1-2 整理归类，放置在指定位置。

3. 右框架板组件系统

右框架板组件系统主要由右框架板、步进电机、同步带轮、S2M-160 同步带等组成。请同学们将以上零件按照表 1-3 整理归类，放置在指定位置。

4. 前后转轴组件系统

前后转轴组件系统主要由转动轴、尼龙套、同步带轮、轴承 MF105ZZ、紧定螺钉等组成。请同学们将以上零件按照表 1-4 整理归类，放置在指定位置。

表 1–2 整理前框架板组件系统

序号	零件名称	数量	评分	序号	零件名称	数量	评分
1	前框架板	1		5	塑料套 3 mm × 7 mm × 3 mm	12	
2	显示屏	1		6	六角螺母 M3	12	
3	按键板	1		7	内六角圆柱头螺钉 M3 × 16	12	
4	SD 卡槽板	1		8	纸垫片	12	

表 1–3 整理右框架板组件系统

序号	零件名称	数量	评分	序号	零件名称	数量	评分
1	右框架板	1		5	尼龙套 3 mm × 7 mm × 22 mm	若干	
2	步进电机	1		6	内六角平端紧定螺钉 M3 × 5	2	
3	同步带轮	1		7	内六角圆柱头螺钉 M3 × 8	4	
4	S2M–160 同步带	1					

表 1–4 整理前后转轴组件系统

序号	零件名称	数量	评分	序号	零件名称	数量	评分
1	转动轴	2		5	轴承 MF105ZZ	4	
2	尼龙套 7 mm × 5 mm × 20 mm	4		6	内六角平端紧定螺钉 M3 × 5	10	
3	同步带轮	4		7	内六角圆柱头螺钉 M3 × 12	4	
4	尼龙套 7 mm × 5 mm × 2 mm	4					

5. 滑动块直线轴承组件系统

滑动块直线轴承组件系统主要由直线轴承、左滑动块、右滑动块、中滑动块等组成。请同学们将以上零件按照表 1–5 整理归类，放置在指定位置。

表 1–5 整理滑动块直线轴承组件系统

序号	零件名称	数量	评分	序号	零件名称	数量	评分
1	直线轴承	8		3	右滑动块	1	
2	左滑动块	1		4	中滑动块	1	

二、运动机构

1. *X*/*Y* 轴方向滑动组件系统

X/*Y* 轴方向滑动组件系统主要由滑动块直线轴承组件系统、步进电机、前后转轴组件系统等组成。请同学们将以上零件按照表 1–6 整理归类，放置在指定位置。

表 1–6　整理 *X*/*Y* 轴方向滑动组件系统

序号	零件名称	数量	评分	序号	零件名称	数量	评分
1	左滑动块	1		9	轴 5 × 25	1	
2	右滑动块	1		10	内六角圆柱头螺钉 M3 × 12	2	
3	中滑动块	1		11	内六角圆柱头螺钉 M3 × 8	4	
4	步进电机	1		12	皮带	1	
5	同步带轮	2		13	*Y* 向导杆	2	
6	内六角平端紧定螺钉 M3 × 5	4		14	*X* 向导杆	2	
7	轴承 MF8.5ZZ	2		15	*X* 向限位开关	1	
8	塑料套 7 × 5 × 2	2		16			

2. 打印平台组件及 *Z* 轴方向滑动组件系统

打印平台组件及 *Z* 轴方向滑动组件系统主要由法兰直线轴承、丝杆螺母、工作台支撑杆、左右加强条、调节螺母、调节弹簧、T 形螺母等组成。请同学们将以上零件按照表 1–7 整理归类，放置在指定位置。

表 1–7　整理打印平台组件及 *Z* 轴方向滑动组件系统

序号	零件名称	数量	评分	序号	零件名称	数量	评分
1	法兰直线轴承	2		13	调节弹簧	3	
2	丝杆螺母	1		14	调节螺母	3	
3	工作台支撑杆	1		15	工作台铝板 –1	1	
4	内六角圆柱头螺钉 M3 × 10	12		16	加热面板	1	
5	内六角圆柱头螺钉 M3 × 8	12		17	前挡条	1	
6	左加强条	1		18	后挡条	1	
7	右加强条	1		19	T 形螺母	4	
8	工作台铝板 –2	1		20	尼龙套 3 mm × 7 mm × 12 mm	1	
9	*Z* 轴系统中支架	1		21	*Z* 向导杆	2	
10	六角螺母 M3	19		22	*Z* 轴支撑块	2	
11	内六角圆柱头螺钉 M3 × 6	11		23	*Z* 轴固定块	2	
12	十字沉头自攻螺钉 M3 × 45	3					

三、挤出控制机构

挤出控制机构主要是指喷头组件系统，主要由加热铝块、加热管、喉管、热电偶、黄铜喷嘴、紧定螺钉、*Y*轮转轴、送丝架、V形轮等组成。请同学们将以上零件按照表1-8整理归类，放置在指定位置。

表1-8　整理喷头组件系统

序号	零件名称	数量	评分	序号	零件名称	数量	评分
1	加热铝块	2		14	送丝架	2	
2	加热管	2		15	内六角固定弹簧螺钉 M5×10	2	
3	喉管	2		16	V形轮	2	
4	热电偶	2		17	内六角圆柱头螺钉 M3×18	2	
5	黄铜喷嘴	2		18	铜套	2	
6	内六角平端紧定螺钉 M3×5	1		19	固定块	1	
7	电机	2		20	内六角平端紧定螺钉 M4×5	若干	
8	挤料齿轮	2		21	顶侧导料板	1	
9	内六角圆柱头螺钉 M3×40	4		22	风扇	2	
10	弹簧	2		23	喷头隔热棉	2	
11	散热块	2		24	内六角圆柱头螺钉 M3×50	2	
12	高温胶带	若干		25	扭力弹簧	1	
13	*Y*轮转轴	2					

任务评价

在本次任务中，需要完成各零件的分组归类，请同学们根据本次任务的完成情况进行评价。

自评表（30分）							
小组		姓名		日期			
评价主体	评价项目	评价要素	优秀	良好	待改进	自评分	
学生自评	学习态度	学习积极认真，服从教师安排	9～10	6～8	0～5		
	学习能力	掌握FDM 3D打印机组装工具的使用	9～10	6～8	0～5		
	任务完成度	能按时完成零件的整理归类	9～10	6～8	0～5		

续表

互评表（30分）						
小组		姓名		日期		
评价主体	评价项目	评价要素	优秀	良好	待改进	互评分
学生互评	团队意识	组内合作，有集体荣誉感	9 ~ 10	6 ~ 8	0 ~ 5	
	小组合作	组员分工明确，积极配合	9 ~ 10	6 ~ 8	0 ~ 5	
	沟通交流	积极讨论	9 ~ 10	6 ~ 8	0 ~ 5	

教师评价表（40分）					
小组		姓名		日期	
评价主体	评价要素			配分	得分
教师评价	熟悉各组件的具体零件组成			10	
	了解 FDM 3D 打印机组装工具的作用及使用方法			20	
	组装完毕后组件及工具按照指定位置摆放整齐			5	
	遵守规则，无不良课堂记录			5	

任务巩固

将本任务中的零件进行分组归类，并贴上相应的标签，以便在后面的任务中使用。

完成任务心得

1. 完成这次任务，你有什么收获？

2. 在完成这次任务的过程中，你认为有哪些不足的地方？

3. 你认为还有哪些可以改进的地方？

任务二　FDM 3D 打印机的组件装配

任务目标

1. 掌握 FDM 3D 打印机传动系统基本工作原理。
2. 掌握 FDM 3D 打印机喷头的基本工作原理。
3. 能够熟练组装 FDM 3D 打印机各部分零件。

任务描述

对 FDM 3D 打印机的组装过程进行详细介绍，本任务主要包括框架模块、传动模块、线路模块的组装。

课前讨论

你觉得 FDM 3D 打印机哪个部件最重要？

知识准备

一、传动部件

FDM 3D 打印机的传动部件一般包括同步带、同步带轮和丝杆。其中，*X*/*Y* 轴都使用同步带移动喷头，常见的 FDM 3D 打印机同步带的宽度为 5 mm 或 6 mm，齿与齿之间的距离为 2 ~ 5 mm，有 T 形齿和圆弧齿，同步带轮一般和同步带配套使用。*Z* 轴方向移动采用丝杆电机带动，一般使用 42HDC4234-20B 步进电机，其外形尺寸（长 × 宽 × 高）为 42 mm × 42 mm × 34 mm，杆长 265 mm，杆直径 8 mm。

二、热熔喷头

在 FDM 3D 打印机中热熔喷头是非常重要的部件之一，常见的有分体化喷头和一体化喷头。一体化喷头在使用过程中如果某一部位出现问题，需要更换整套喷头，容易增加不必要的成本。本书中主要讲解的是分体化喷头，其组成部分包括喉管、加热块、黄铜喷嘴、保温棉、高温胶带和热电偶。

任务实施

一、框架模块组装

框架模块是整个 FDM 3D 打印机组装的基础架构，各个模块的组装都依赖于框架。框架是由多块钣金构成，每块钣金上面都有许多用于固定组件的螺钉孔。

1. 装配前框架板组件（见图 1–10）

（1）把显示屏安装到前框架板上，前框架板与显示屏之间用塑料套 3 mm × 7 mm × 3 mm 顶住。组装时，显示屏四周间隙要均匀。

（2）把按键板安装到前框架板上，前框架板与按键板之间用塑料套 3 mm × 7 mm × 3 mm 顶住。按键板四周间隙均匀，不卡外壳。

（3）把 SD 卡槽板安装到前框架板上，用塑料套 3 mm × 7 mm × 3 mm 顶住。

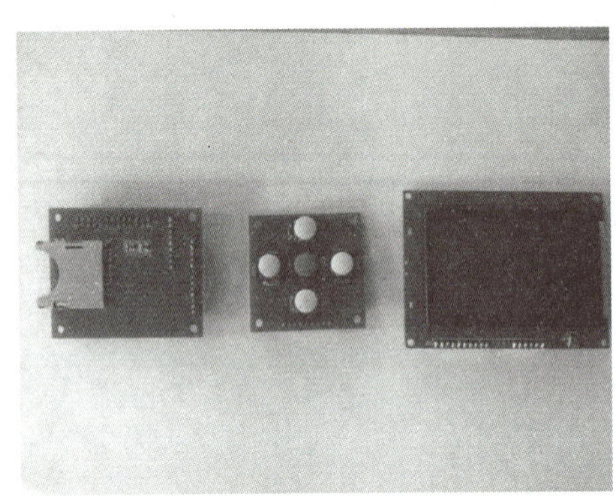

图 1–10　前框架板组件组装

2. 装配底框架板组件（见图 1–11）

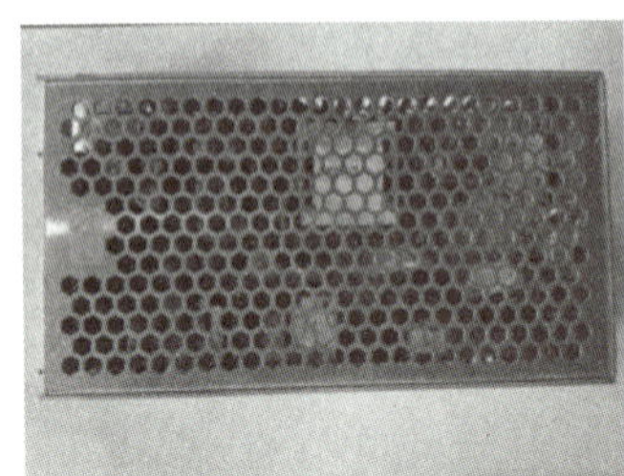

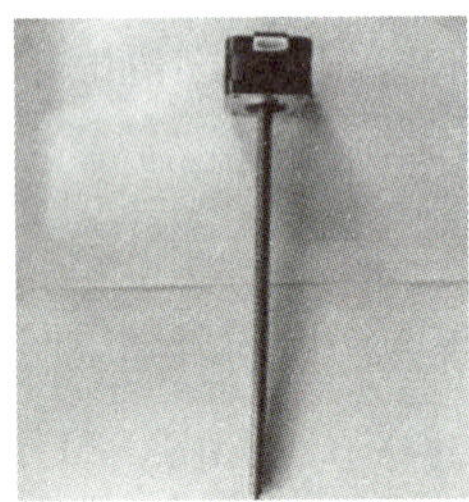

图 1–11　底框架板组件组装

（1）把电源安装到底框架板上，安装时注意方向，电压输入端要靠近开关。

（2）把 Z 轴电机安装到底框架板上，安装时注意电机插线的方向。

（3）将主板安装到底框架板上，安装时注意安装的方向。

3. 装配右框架板组件（见图 1–12）

（1）把同步带轮用内六角平端紧定螺钉 M3 × 5 安装固定在步进电机上，安装时注意同步带轮的齿侧外表面与电机轴端面平齐，将另一个紧定螺钉 M3 × 5 垂直固定在电机轴的铣平面上。

（2）把同步带套在同步带轮上。

（3）把步进电机固定在右框架板上，电机和右框架板之间用 4 个尼龙套 3 mm × 7 mm × 22 mm 支撑，安装电机时将内六角圆柱头螺钉 M3 × 30 固定在腰形孔上方以便同步带配合另一个同步带轮。

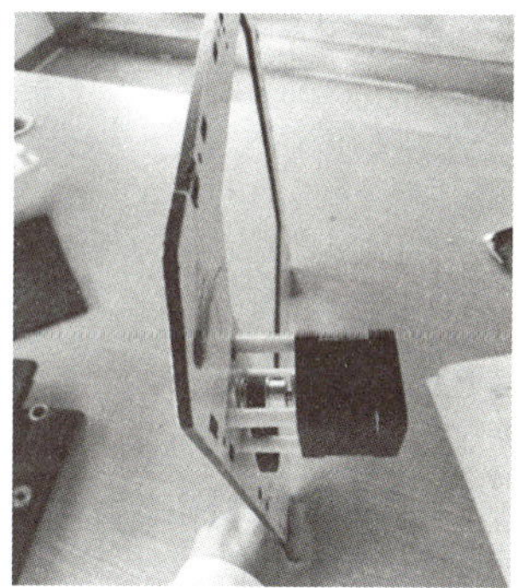

图 1–12　右框架板组件组装

4. 装配前后底框架板（见图 1–13）

（1）检查前框架板组件、底框架板组件是否组装完成。

（2）把底框架板的凸台插入到前框架板、后框架板相应的孔中。

图 1–13　装配前后底框架板

（3）用内六角圆柱头螺钉 M3×8 固定紧。

5. 装配左右框架板（见图 1–14）

（1）检查右框架板组件是否组装完成。

（2）把前、后框架板的凸台插入到左、右框架板相应孔中。

（3）用内六角圆柱头螺钉 M3×8 固定紧，图 1–14 中标出的侧螺钉暂不固定。

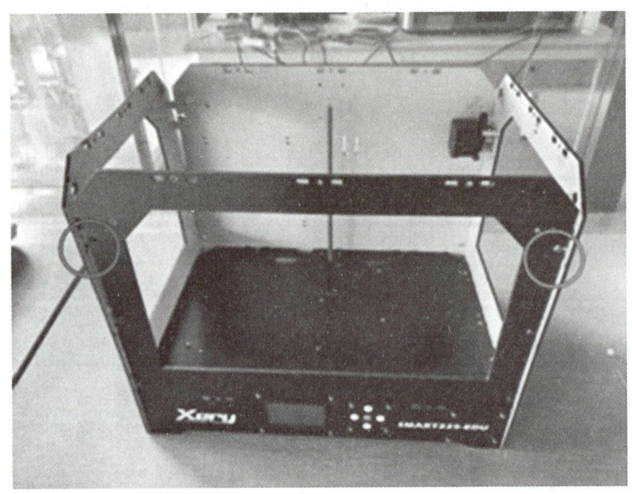

图 1–14　装配左右框架板

6. 装配打印平台组件

（1）按图 1–15 将加热面板①与打印平台②的左右加强条及前后挡条用内六角圆柱头螺钉（M3×6、M3×8）安装好。

（2）安装工作台支撑杆。

（3）安装工作台铝板

图 1–15　打印平台组件

7. 装配 *Z* 轴方向滑动组件（见图 1–16）

（1）把 *Z* 轴支撑块固定到 *Z* 轴压块上，*Z* 轴压块两侧的两个孔为固定孔。

（2）把 *Z* 轴固定块通过外侧两个孔安装到底框架板上，注意暂时不固定紧。

（3）把 *Z* 向导杆插入到 *Z* 轴支撑块的中间孔。

（4）把 *Z* 向滑动组件装到丝杆以及 *Z* 轴导杆上，将其缓慢移动到靠近底框架板处并且重复上下缓慢运动几次，然后固定紧 *Z* 轴压块外侧内六角圆柱头螺钉 M3 × 8。

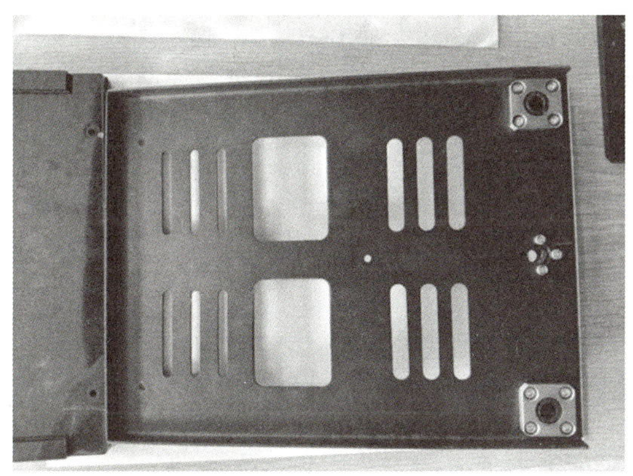

图 1–16　*Z* 轴方向滑动组件系统

二、传动模块组装

1. 装配滑动块直线轴承（见图 1–17）

（1）把直线轴承压入左滑动块，不能压坏滑动块，并保证直线轴承内侧清洁。

（2）把直线轴承压入右滑动块，不能压坏滑动块，并保证直线轴承内侧清洁。

（3）把直线轴承压入中滑动块，不能压坏滑动块，并保证直线轴承内侧清洁。

图 1–17　滑动块直线轴承系统装配

2. 装配 *X*/*Y* 方向滑动组件

（1）将 *X* 方向导杆一端插入左滑动组件。插入时注意 *X* 向导杆端部应接触到左滑块底部（见图 1–18a）。

（2）将中滑块组件插到 X 向导杆上（见图 1–19）。

（3）在 X 向导杆另一端敲入右滑动块组件。安装时注意 X 向导杆端部应接触到右滑块底部（见图 1–18b）。

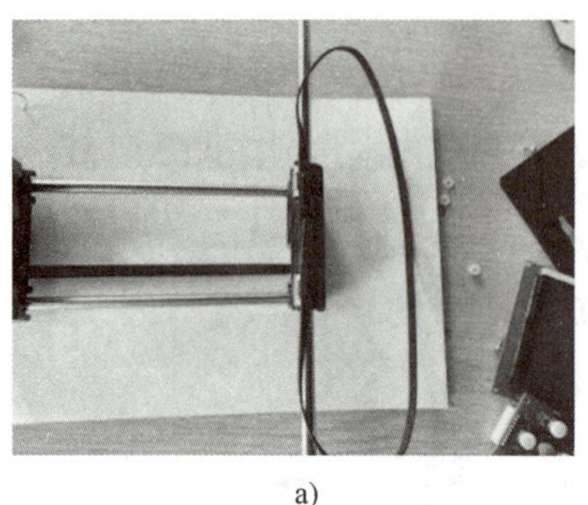

a)

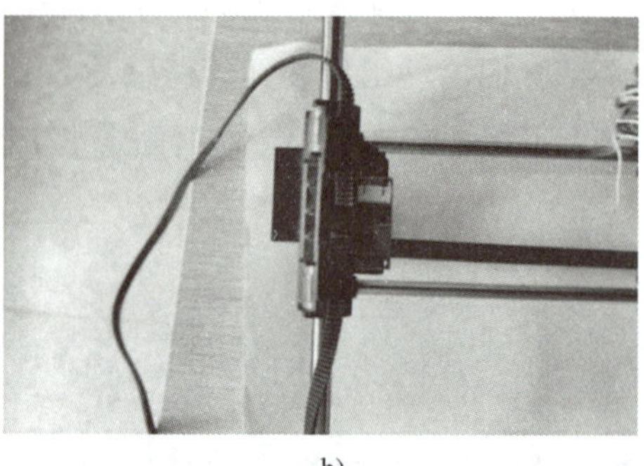

b)

图 1–18　X/Y 方向滑动组件 1

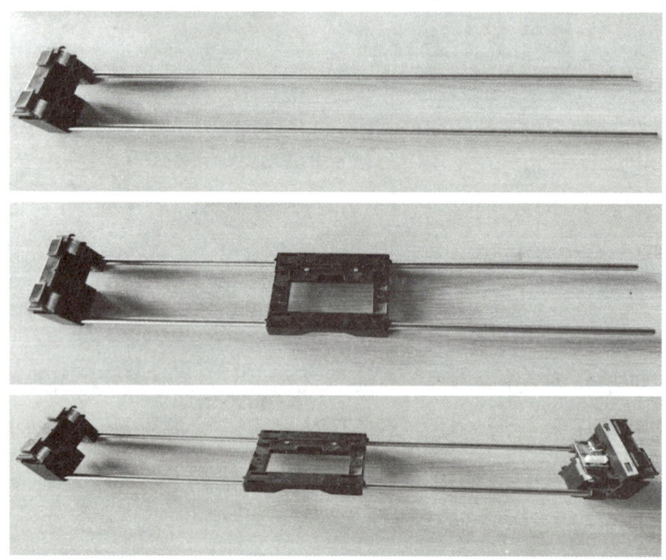

图 1–19　X/Y 方向滑动组件 2

（4）将 X 向电机与同步带轮装配到一起，形成电机同步带轮组件，安装时注意同步带轮安装方位，同步带轮端面应比电机轴端面向外突出 2 mm 左右（见图 1–20a）。

（5）将轴 5 × 25、轴承、塑料套、同步带轮组装成同步带轮组件，装配时注意对称（见图 1–20b）。

（6）将电机同步带轮组件安装到右滑块上。

（7）将皮带轮组件压入到左滑块相应的槽中，然后装入 X 向同步带，并将同步带拉紧。

（8）组装 Y 向导杆和固定块（见图 1–20c）。

a)

b)

c)

图 1–20　*X*/*Y* 方向滑动组件 3

3. 装配前后转轴组件系统（见图 1–21）

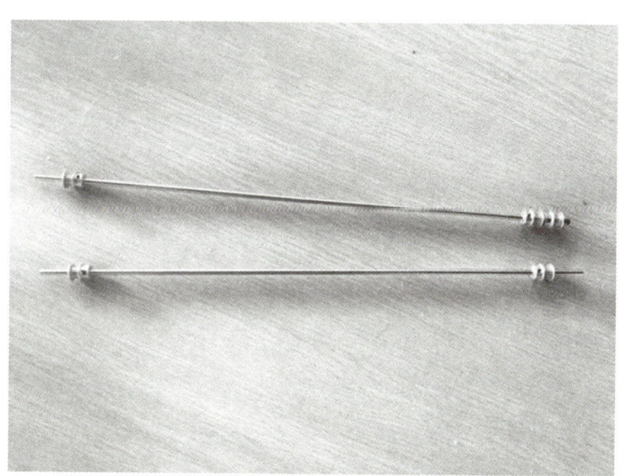

图 1–21　前后转轴组件系统

（1）用内六角平端紧定螺钉 M3×5 将同步带轮（4 个）、尼龙套 7 mm×5 mm×20 mm（2 个）、尼龙套 7 mm×5 mm×2 mm（2 个）固定在传动轴上，形成后转动组件，固定时注意轴承外侧面与轴倒角线平齐。

（2）用内六角平端紧定螺钉 M3×5 将同步带轮（4 个）、尼龙套 7 mm×5 mm×20 mm（2 个）、尼龙套 7 mm×5 mm×2 mm（2 个）固定在传动轴上，形成前转动组件，固定时注意轴承外侧面与轴倒角线平齐。

4. 装配前后转轴组件（见图 1–22）

（1）检查核对前、后转轴组件是否组装完成。

（2）将左、右框架板稍稍向外掰一点，把后转轴组件右端同步轮套在 Y 向同步带上，然后把右端轴承和轴一起插入到右框架板，再把后转轴组件左轴承和轴插到左框架板上。

（3）把左、右框架板稍稍向外掰一点，将前转轴组件装入到左右框架板上。

（4）调节 Y 向同步带，把右框架板上的电机螺钉稍稍拧松，将电机向下移动，拉紧同步带，固定紧电机螺钉。

（5）用内六角圆柱头螺钉 M3 × 12 固定紧，并拧紧侧螺钉。

图 1–22　装配前后轴组件

5. 装配左右同步带

（1）将左右同步带分别穿过前后转轴相应的同步带轮，两端分别压到滑动块的卡槽里固定住。

（2）安装扭力弹簧到左右同步带上。

三、喷头模块的组装

1. 装配加热块组件（见图 1–23）

（1）将加热管插入加热铝块相应的孔中，并用内六角平端紧定螺钉 M3 × 5 固定。

（2）将喉管旋入加热铝块。

（3）将喷嘴旋入加热铝块，并用活动扳手将喷嘴拧紧。

（4）装入热电偶，调整内六角平端紧定螺钉 M3 × 5，使其固定加热管。

图 1–23　加热块组件

2. 装配电机齿轮组件（见图 1–24）

预装电机齿轮，然后用内六角平端紧定螺钉 M3 × 5 固定。

图 1–24　电机齿轮组件

3. 装配电机压轮组件（见图 1–25）

（1）将 V 形轮用 V 轮转轴和内六角平端紧定螺钉 M4 × 5 固定在送丝架上。

（2）将内六角固定弹簧螺钉 M5 × 10 旋入送丝架。

（3）将铜套装入内六角圆柱头螺钉 M3 × 18 并与电机一端固定。

（4）将弹簧装入内六角固定弹簧螺钉 M5 × 10。

（5）调整 V 形轮，与齿轮中间对齐。

（6）调整 V 形轮可活动部分，使其能轻松地按下去，不能与电机之间产生摩擦。

图 1–25　电机压轮组件

4. 装配喷头组件（见图 1–26）

（1）将两组加热铝块组件插入固定块（见图 1–27），并用紧定螺钉 M3 × 5 固定，注意右边喷嘴应比左边喷嘴低 0.3 mm 左右。

（2）用两颗内六角圆柱头螺钉 M3 × 50 将固定块固定在中滑动块上。

（3）把左、右同步带分别穿过前、后转轴相应的同步带轮，将两端分别压到滑动块的卡槽里用压板固定，再用紧定螺钉 M3 × 5 固定，同步带在安装过程中不能过紧或过松，以能塞入中指后同步带还能正常动作为宜。

（4）安装扭力弹簧到左、右同步带上，保证在 *X*/*Y* 运动组件在 *Y* 方向运动到极限位置，扭力弹簧无干涉现象。

（5）依次放入电机压轮组件（2 组）、散热片、风扇，并用内六角圆柱螺钉 M3 × 40 固定。

图 1-26　喷头组件

图 1-27　固定块

四、装配限位开关（见图 1-28）

（1）把 Z 向及 Y 向限位开关分别固定到后侧及左侧框架板上，注意安装方位，Z 向限位开关触点在后框架板下侧，Y 向限位开关触点在前侧框架板，在限位开关与框架板之间用尼龙套 3 mm × 7 mm × 12 mm 顶住。

（2）将 X 向限位开关卡在右滑动块上，保证 X 向限位开关卡上后，板面上的元器件不被损坏。

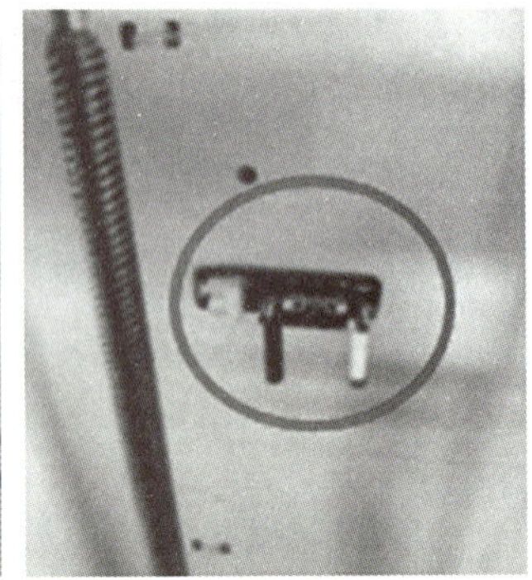

图 1-28　装配限位开关

五、线路模块的组装

（1）按照图 1-29 依次连接 X、Y、Z 轴限位接线，接线板上标注各轴限位接线的端口名。

（2）按照图 1-29 依次连接 X、Y、Z 轴电机线，在 DJ 接线板上标注有各轴电机接线的端口名。

（3）用 PT 排线按照图 1-30 将接线板与主板进行连接。

（4）用 PT 排线按照图 1-29 将喷头与主板进行连接。

（5）用 XSP 排线按照图 1-30f 将显示屏与主板进行连接。

（6）按照图 1–30d 在后盖钣金上安装电源插口并拧紧螺帽，依次装配开关按钮及 4P 电源插座。

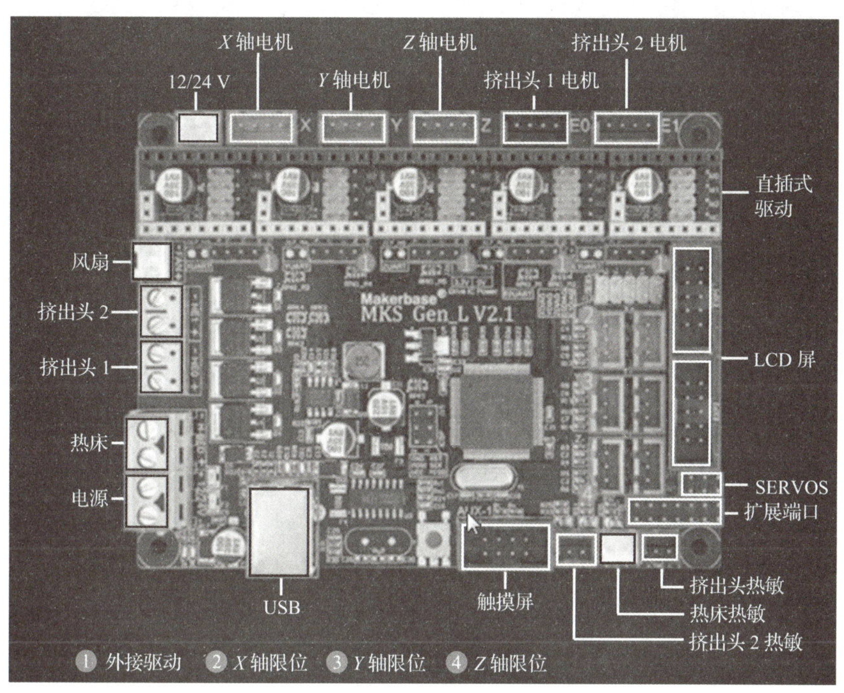

图 1–29　主板各元件电源接口

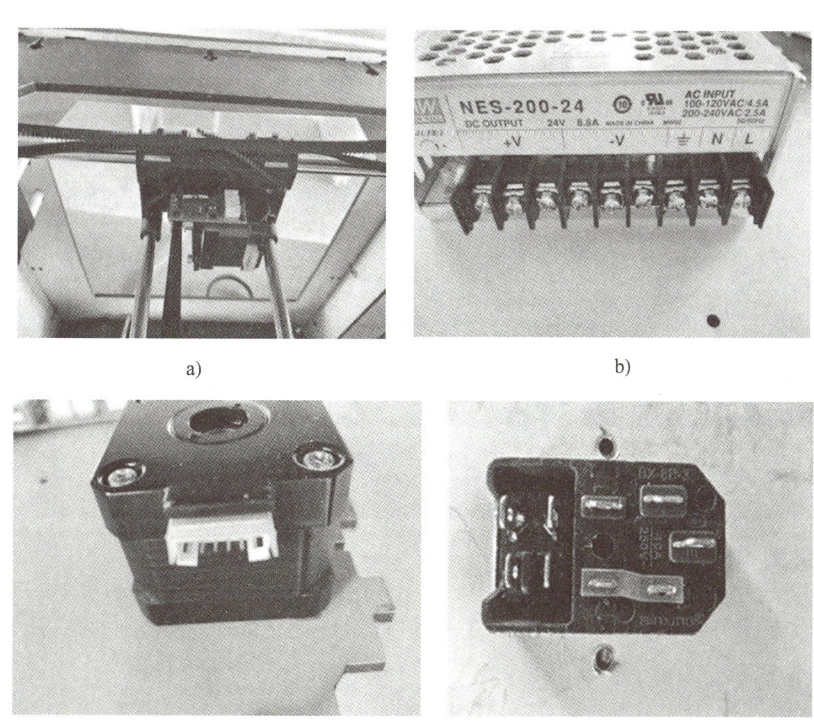

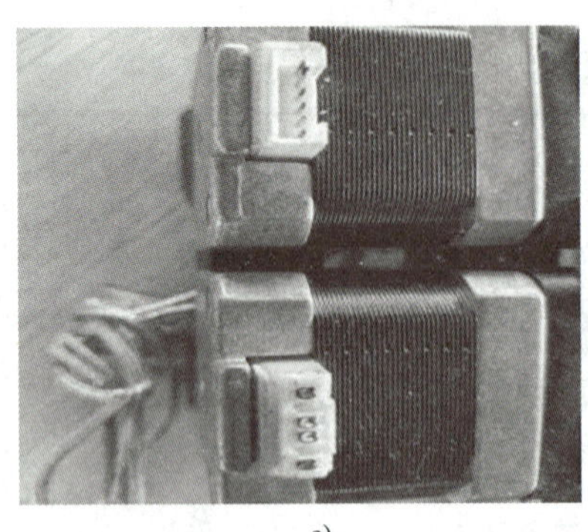

e)

f)

图 1–30　主要元件电源接口

a）限位开关　b）电源　c）电机　d）外部电源　e）加热块电机　f）显示器主板

六、装配顶部框架板（见图 1–31）

（1）把前、后、左、右框架板稍微往外掰一点，装入顶框架板，用内六角圆柱头螺钉 M3×8 拧紧所有框架板。

（2）把 *Z* 向滑动组件缓慢向上移动到靠近顶部位置，保证 *X*/*Y* 运动组件在 *Y* 方向运动到极限位置，扭力弹簧无干涉现象。

（3）把轴支撑块与 *Z* 轴压块固定在一起。

（4）把 *Z* 轴支撑块套在 *Z* 向导杆上，在其自由状态下，用内六角圆柱头螺钉 M3×8 通过 *Z* 轴压块外侧孔将 *Z* 轴压块固定在顶框架板上。

图 1–31　顶部框架板

任务评价

在本次任务中，完成了 FMD 3D 打印机各组件的组装任务，请同学们根据本次任务的学习情况进行评价。

自评表（30 分）							
小组		姓名		日期			
评价主体	评价项目	评价要素		优秀	良好	待改进	自评分
学生自评	学习态度	学习积极认真，服从教师安排		9 ~ 10	6 ~ 8	0 ~ 5	
	学习能力	熟练掌握常用安装工具的使用方法		9 ~ 10	6 ~ 8	0 ~ 5	
	任务完成度	能按时完成组装任务		9 ~ 10	6 ~ 8	0 ~ 5	
互评表（30 分）							
小组		姓名		日期			
评价主体	评价项目	评价要素		优秀	良好	待改进	互评分
学生互评	团队意识	组内合作，有集体荣誉感		9 ~ 10	6 ~ 8	0 ~ 5	
	小组合作	组员分工明确，积极配合		9 ~ 10	6 ~ 8	0 ~ 5	
	沟通交流	积极讨论		9 ~ 10	6 ~ 8	0 ~ 5	
教师评价表（40 分）							
小组		姓名		日期			
评价主体	评价要素					配分	得分
教师评价	完成各框架组件装配					30	
	组装完毕后组件及工具按照指定位置摆放整齐					5	
	遵守规则，无不良课堂记录					5	

任务巩固

初次组装 FDM 3D 打印机时难免会犯错，所以在组装完毕之后应进行检查，确保组装正确。检查主要从以下几个方面进行。

（1）检查各个部件是否安装稳固。

（2）检查电源线和信号线是否紧密连接。

（3）检查机箱中是否有遗留的螺钉或工具。

（4）检查紧定螺钉是否正确安装。

完成任务心得

1. 完成这次任务，你有什么收获？

2. 在完成这次任务的过程中，你认为有哪些不足的地方？

3. 你认为还有哪些可以改进的地方？

任务三　FDM 3D 打印机的故障识别与维修

任务目标

1. 熟练掌握 FDM 3D 打印机工作原理及流程。
2. 通过掌握 FDM 3D 打印机的基本工作原理，判断故障原因，并找出故障点。
3. 能够运用维修工具更换故障零件。

任务描述

当 FDM 3D 打印机在使用过程中出现故障时，同学们要想准确快速地找出故障点，就必须掌握 FDM 3D 打印机的基本工作原理和故障类型，进而判断出故障出现的原因，以便对症下药，给出正确的解决方案。

课前讨论

损耗会对 FDM 3D 打印机带来哪些影响？

知识准备

一、耗材无法挤出（见图 1–32）

1. 故障描述

挤出机不能正常挤出耗材。

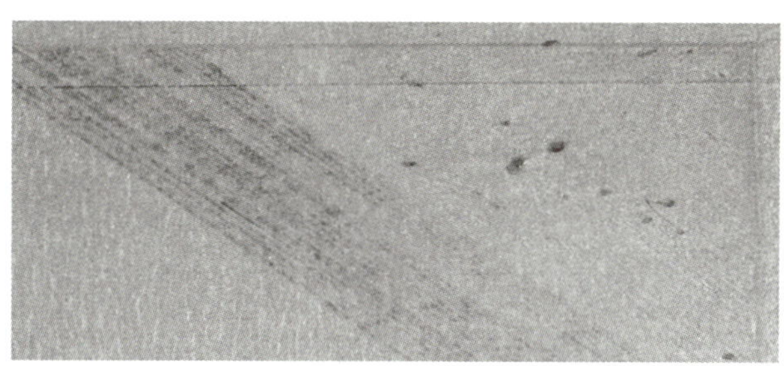

图 1–32　无法正常挤出耗材

2. 故障分析与解决方案

（1）喷嘴离打印平台太近。如果喷嘴离打印平台太近，会导致没有足够的空间让熔化的耗材流出。可以尝试调整切片软件第 1 层层高或增加 Z 轴偏移。

（2）线材在挤出齿轮上打滑（刨料）。多数 FDM 3D 打印机是通过一个小齿轮来推动线材前进或后退，齿轮上的齿咬入线材中精确地控制线材的位置。然而，线材上有时会有一小段没有齿印，这有可能是因为驱动齿轮刨掉了太多耗材，使驱动齿轮没法抓住线材来前后驱动。该故障解决方案会在后面的“刨料”故障中详细讲解。

（3）挤出机堵塞。外部碎片卡住喷嘴，耗材在挤出机中淤积太多，挤出机散热不充分，或者耗材在预期熔化的区域之外就开始变软了，都可能导致挤出机堵塞的问题。要解决这个问题，需要拆开挤出机，在开始之前，先要与打印机提供商联系，在获得许可后，可以使用吉他上的 E 弦或者针灸针插入喷嘴中解决喷嘴堵塞的问题。

二、耗材无法粘到打印平台上（见图 1–33）

图 1–33　打印的耗材无法粘到平台上

1. 故障描述

只有打印的第 1 层与打印平台紧密粘住，接下来的层才能在此基础上建构出来。如果第 1 层没能粘到平台上，将导致后面的层出现问题。

2. 故障分析与解决方案

（1）打印平台没有水平放置。很多 FDM 3D 打印机的打印平台都是可以调节的，如果遇到打印的第 1 层不着床的问题，就需要确认打印平台是否放置水平。如果没有水平放置，可以利用调节平台下方的螺钉旋钮调平平台。

（2）喷嘴距离打印平台太远。当打印平台调平后，需要确定喷嘴的起始位置与打印平台之间的距离是否合适。距离太近容易堵塞喷嘴，距离太远则耗材无法粘到打印平台上。可以通过调整第 1 层层高，或者调整切片软件中的 Z 轴偏移量来解决。

（3）第 1 层打印太快。如果第 1 层打印太快，挤出机来不及挤出足够量的耗材，也会导致耗材无法粘在打印平台上。可以通过降低第 1 层的打印速度来解决这个问题。比如，调整第 1 层的速度为 50%，第 1 层的打印速度就会比其他层打印速度慢一半。

（4）温度或冷却设置的问题。耗材冷却时容易收缩，并且更倾向于脱离打印平台。在实际打印操作时，第 1 层好像很快粘到了平台上，但随着温度降低，又脱离了平台，这种情况很可能与温度或冷却设置相关。有些耗材，收缩比较严重，在打印大物件的时候，由于局部温度不平衡，导致收缩程度不一样，造成起翘，脱离平台等问题。因此，如果打印这类高温耗材，则需要一个热床，将热床温度调整至合适温度；或者如果打印机有吹耗材的风扇，也可以在打印第 1 层时关闭这个风扇。

（5）打印平台表面处理不合适。不同的耗材与不同的材质材料黏合度不一样。因此，许多 FDM 3D 打印机，都有一个特别材质的平台来适配耗材。还有些打印机配有经过热处理的硼化硅玻璃平台，这种玻璃在加热后，能与 ABS 材料很好地黏合。如果没有特殊材料的打印平台，还可以采用一些其他办法来增加耗材与平台之间的黏合度，如采用美纹胶带等。另外，在打印开始前，需要用水或酒精清理干净平台上的灰尘、油脂等污渍。

（6）有时需要打印的模型非常小，模型表面没有足够的面积与打印平台黏合，切片软件 Simplify3D 提供了一些方案帮助增加模型与平台的附着面积。比如，可以选择“溢边（Brim）”，溢边是在打印件外围增加额外的边，与用帽子的帽檐增大帽子周长一样；还可以在 Simplify3D 软件中选择在打印件底部增加一层底座来增大着床面积。

三、出料不足或过量（见图 1–34、图 1–35）

1. 故障描述

由于大多数的 FDM 3D 打印机没有检测喷嘴挤出耗材情况的反馈系统，所以有时会发生实际挤出量少于或多于软件设定量的现象。实际挤出量少于软件设定量最明显的表现是线与线之间有明显的缝隙。

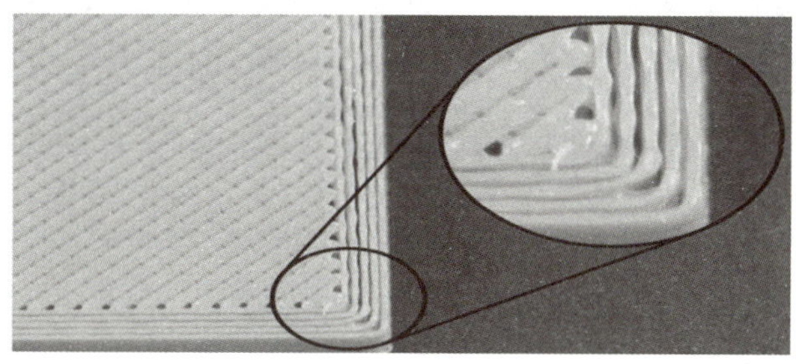

图 1–34 出料不足

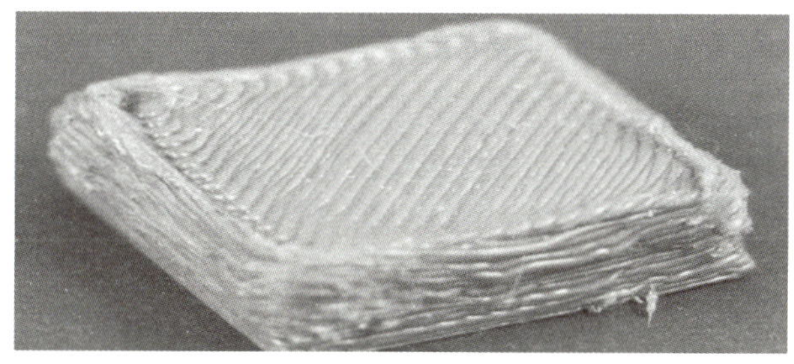

图 1–35 出料过量

2. 故障分析与解决方案

（1）耗材线径不标准。当发生线与线之间有明显缝隙的情况时，要检查耗材线径是否标准，通常使用的是直径 1.75 mm 的耗材，但有些厂家的线径不达标，小于 1.75 mm。因此建议打印之前选取一段线材的几个不同位置用卡尺测量，计算出耗材线径平均值，填写到切片软件的相应位置。

（2）调整挤出倍率。如果耗材线径设置正确，但还有挤出量偏低的问题，就需要调整挤出倍率。比如，将挤出倍率从 1.0 调整为 1.05，耗材挤出量就会比之前多出 5%。可以根据实际情况进行调整，然后测试打印，直到获得正确的值。如果是挤出量偏多，同样也可以通过调整挤出倍率来解决，挤出量偏低可以增加挤出倍率，挤出量偏多就可以减少挤出倍率。

四、顶层出现孔洞或缝隙（见图 1–36）

1. 故障描述

为了节省材料，大多数打印件都是实心的表层包裹着空心网格。比如，填充率设置为 30%，就是指打印件只有 30% 是实心的。在打印过程中有时会出现顶层有孔洞或缝隙的问题。

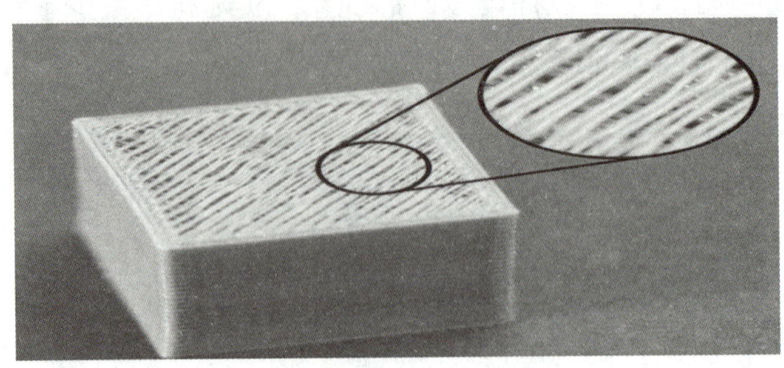

图 1–36　顶层出现孔洞或缝隙

2. 故障分析与解决方案

（1）顶部实心层数不足。如果是因为顶部实心层数不足造成的孔洞或缝隙，可以在 Simplify3D 软件中增加顶层厚度（或层数）。

（2）填充率太低。打印件内部的填充是顶部实心层的基础。如果填充率过低，也可能会造成顶层出现孔洞或缝隙，可以尝试增加填充率，为顶部实心层提供更好的基础来解决问题。

（3）出料不足。如果是因为挤出量不够的问题引起的顶层孔洞或缝隙问题，可以在 Simplify3D 软件中提高挤出量。

五、拉丝（见图 1–37）

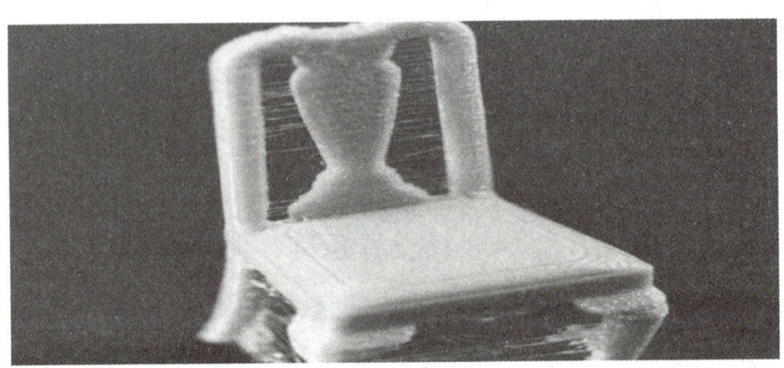

图 1–37　拉丝

1. 故障描述

拉丝就是挤出机在穿越开放空间时有残留线状物体，造成拉丝的主要原因是在喷头移动的情况下，耗材从喷嘴漏出。

2. 故障分析与解决方案

解决拉丝问题的常用措施就是控制切片软件中的回抽功能，如果切片中开启了回抽，在喷头移动到下一个点之前，会将耗材反方向拉回一段距离，当移动到下一个点时，耗材又再次挤出来。虽然理论上回抽可以避免拉丝的问题，但在实际中还要注意以下几个问题。

（1）回抽距离不足。回抽中最重要的设定就是回抽距离，这个设定决定了在回抽时有多少耗材从喷嘴中抽回，通常情况下，从喷嘴中抽回的耗材越多，拉丝情况就越不明显。

（2）回抽速度过慢。回抽中另一项重要的设定就是回抽速度，这个设定决定了耗材以多快的速度抽离。如果回抽速度过慢，熔化的耗材依然会从喷嘴流出。如果回抽的速度过快，有可能导致耗材未熔化的部分和熔化的部分分离，发生挤丝、咬丝等现象。

（3）温度过高。如果喷头温度过高，喷嘴内的耗材会变得非常黏稠，并且容易从喷嘴中流出，但如果温度过低，耗材就较难挤出。如果在确定回抽距离和回抽速度都比较合适的情况下，依旧出现拉丝的情况，可以尝试将喷头的温度调低 5 ~ 10 ℃。

（4）悬空移动距离过长。悬空移动距离过长也会对拉丝产生很大影响，移动距离短，熔化的耗材没有足够的时间流出喷嘴，移动距离长则容易产生拉丝现象，可以通过调整 Simplify3D 软件相关设定避免长距离悬空移动。

六、过热（见图 1–38）

图 1–38　过热

1. 故障描述

当熔化的耗材从喷嘴挤出时，温度一般为 190 ~ 240 ℃，在这个温度下，耗材非常容易变形，只有挤出温度和散热处于相对平衡时，耗材才可以从喷嘴流畅地挤出来，然后迅速冷却成形。

2. 故障分析与解决方案

（1）散热不足。耗材若没有及时得到冷却，就容易改变形状。如果打印机有吹耗材的风扇，则应在切片时开启散热功能。

（2）打印温度太高。如果尝试了第一种方案后没有解决问题，则可能是因为打印的温度过高，可以适当将打印温度调低 5 ~ 10 ℃。

（3）打印速度太快。如果上述两种解决方案都失败了，则考虑是因为打印速度过快，可以在切片时设置自动散热（或每层最小打印时间），保证每层有充足的时间冷却成形。

七、层错位（见图 1–39）

图 1–39　层错位

1. 故障描述

大多数的 FDM 3D 打印机都没有检测喷头位置的功能，虽然在一般情况下都可以正常工作，但如果受到外力干扰，就可能发生喷头错位。

2. 故障分析与解决方案

（1）打印速度过快。打印速度或空走速度超过了步进电机所能处理的速度，就会出现错位的问题，可以通过调低空走速度来解决。

（2）机械或电子方面的问题。机械方面皮带松动、老化，紧定螺钉松动都会造成层偏移，可以通过更换同步带、调整同步带松紧、拧紧螺钉来解决。电子方面的原因有可能是步进电机供电电流不足，导致步进电机没有足够的力量克服阻力；也可能是步进电机驱动芯片过热，导致步进电机在芯片冷却前停止转动等。电子方面的问题可以联系厂家解决。

八、层分离（见图 1–40）

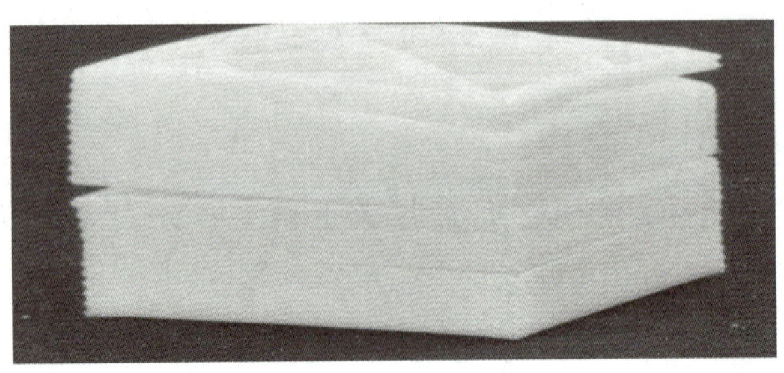

图 1–40　层分离

1. 故障描述

FDM 3D 打印机的原理是每一次打印一层，一层层堆叠起来，最终形成物品。因此，每一层之间只有结合得非常牢固才能得到结实的物品，否则就有可能发生层分离及出现切口等问题。

2. 故障分析与解决方案

（1）层高设定太高。大多数 FDM 3D 打印机所配备的喷嘴直径为 0.3 ~ 0.5 mm，一般层高设定值应小于喷嘴直径的 20%，新的一层稍有压力地印在旧的一层上，这样两层才会结实地结合在一起。

（2）打印温度太低。相比较低的打印温度，较高的打印温度可以使耗材粘结得更好。如果确定层高没有问题，就可以从打印温度上找原因，尝试每次增加 10 ℃进行测试，直至找到合适的温度。

九、刨料（见图 1–41）

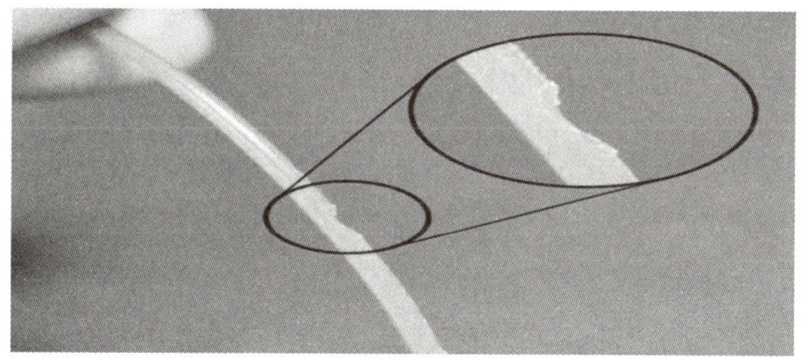

图 1–41 刨料

1. 故障描述

刨料是指挤出机内的挤丝轮把耗材咬掉一块。这个问题的特征是耗材不动，但挤丝轮一直在转，挤出机附近有很多耗材碎屑。

2. 故障分析与解决方案

（1）打印温度过低。如果打印温度过低很可能会出现刨料，可以将打印温度提高 5 ~ 10 ℃来尝试解决。

（2）打印速度太快。如果打印速度过快也可能会发生刨料问题，可以将打印速度降低 50% 来尝试解决。

（3）喷嘴堵塞。在提高打印温度、降低打印速度之后，如果仍然有刨料的问题，则可能是喷嘴堵塞了。可以参照下面“喷嘴堵塞”的内容来处理这个问题。

十、喷头堵塞（见图 1–42）

图 1–42　喷头堵塞

1. 故障描述

喷嘴堵塞是指耗材碎屑堵在喷嘴中，阻碍了耗材的正常挤出。

2. 解决方案

（1）手工推送耗材进入挤出机。当挤出机电机旋转时，用手轻轻帮助推送耗材进入挤出机。多数情况下，可以帮助耗材通过出现堵塞问题的位置。

（2）重新安装耗材。确认挤出机温度正确，回抽耗材，从挤出机中拔出。用剪刀剪掉耗材上熔化或损坏的部分，然后重新安装，观察新的耗材能不能被挤出。

（3）清理喷嘴。可以尝试将挤出机加热到 100 ℃，然后手工挤出耗材，如果有其他东西堵塞喷嘴也可以使用吉他上的 E 弦或针灸针将喷嘴中的东西反向顶出来。

任务实施

一、创设情境，引出任务

情境：3D 打印机维修中心报修。

（1）三位学生分别扮演客户、前台接待员和维修工程师。

（2）前台接待员指导客户正确填写 3D 打印机报修单（见表 1–9），并把填写好的报修单交给维修工程师。

（3）维修工程师与客户沟通，取得客户对维修方案和费用的认可。

表 1–9　　3D 打印机维修单

接收日期	年　月　日	购买日期	年　月　日	接收人	
电话		地址			
修拼类别		故障现象			
维修性质	保内□　保外□		序列号		

续表

<table>
<tr><td>费用形式</td><td>免费□　　收费□</td><td>服务方式</td><td colspan="2">上门□　送修□</td></tr>
<tr><td colspan="3" rowspan="3">故障原因及维修处理状况</td><td colspan="2">客户确认签字</td></tr>
<tr><td colspan="2"></td></tr>
<tr><td>工程师</td><td></td></tr>
<tr><td colspan="3" rowspan="4">更换配件及服务内容</td><td>材料费</td><td></td></tr>
<tr><td>维修费</td><td></td></tr>
<tr><td>路费</td><td></td></tr>
<tr><td>合计</td><td></td></tr>
<tr><td colspan="3" rowspan="2">备注：机器修复后客户要及时取回。如果通知取机后 3 个月仍未将机器取回，本公司将有权自行处理该机器。</td><td>经手人</td><td>客户签收确认</td></tr>
<tr><td></td><td></td></tr>
</table>

二、分析任务情况、制订任务计划

围绕更换打印机喷嘴这一任务展开，在该环节中学生共完成以下两项任务。

1. 资料收集及展示

学生通过多种途径收集与打印机喷嘴相关的素材，并利用多媒体手段进行展示，展示内容主要包括以下三个方面。

（1）FDM 3D 打印喷嘴的基本组成及市场估价。

（2）FDM 3D 打印机喷嘴的工作原理。

（3）FDM 3D 打印机喷嘴堵塞的常见原因。

2. 小组合作制订实施计划

（1）学生在组内进行讨论、交流，制订任务实施计划。

（2）由维修工程师将实施计划进行班内汇报。

（3）教师和学生一起对每组的项目实施计划进行评价、讨论，并开展评比。

（4）对本组的实施计划进行修改和完善。

三、了解操作步骤，总结项目情况

教师组织学生观看喷嘴拆装教学视频，使学生了解喷嘴拆装步骤，对照任务实施计划，总结任务完成情况，并提出拆装注意事项。

任务评价

在本次任务中，需要初步掌握 FMD 3D 打印机的故障诊断与排除，请同学们根据本次任务的学习情况进行评价。

自评表（30 分）						
小组		姓名		日期		
评价主体	评价项目	评价要素	优秀	良好	待改进	自评分
学生自评	学习态度	学习积极认真，服从教师安排	9 ~ 10	6 ~ 8	0 ~ 5	
	学习能力	能够准确分析 FDM 3D 打印机各种故障产生的原因	9 ~ 10	6 ~ 8	0 ~ 5	
	任务完成度	能按时完成 3D 打印机维修单	9 ~ 10	6 ~ 8	0 ~ 5	

互评表（30 分）						
小组		姓名		日期		
评价主体	评价项目	评价要素	优秀	良好	待改进	互评分
学生互评	团队意识	组内合作，有集体荣誉感	9 ~ 10	6 ~ 8	0 ~ 5	
	小组合作	组员分工明确，积极配合	9 ~ 10	6 ~ 8	0 ~ 5	
	沟通交流	积极讨论	9 ~ 10	6 ~ 8	0 ~ 5	

教师评价表（40 分）					
小组		姓名		日期	
评价主体	评价要素			配分	得分
教师评价	模拟打印机维修中心客户报修的对话场景			10	
	收集资料及展示			8	
	制订任务实施计划			8	
	明确故障原因，了解操作步骤			8	
	遵守规则，无不良课堂记录			6	

任务巩固

为保证 FDM 3D 打印机能够正常工作，在使用过程应注意维护。

（1）定期检查润滑油的消耗情况。FDM 3D 打印机缺少润滑油会对打印机结构造成磨损，影响打印精度。

（2）每次使用 FDM 3D 打印机之前都需要检查限位开关的位置，查看限位开关是否在搬动过程中发生变化或者在使用过程中出现松动。

（3）定期检查 FDM 3D 打印机框架螺钉的紧固情况，查看是否松动。

（4）每次使用时检查加热床板和加热喷头温度探头的位置，检查是否出现了温度探头不能测量加热床头或喷头温度情况。

（5）定期检查同步带的松紧情况。

（6）定期清理打印喷头外面附着的打印材料。

（7）打印一段时间后，如果出现喷头经常堵头，可以更换新的喷头。

（8）如果 FDM 3D 打印机运动过程中的精度明显下降，可以更换 FDM 3D 打印机轴运动的轴承。

（9）使用绒布加上外用酒精或丙酮油清洗剂清洁打印平台表面。

完成任务心得

1. 完成这次任务，你有什么收获？

2. 在完成这次任务的过程中，你认为有哪些不足的地方？

3. 你认为还有哪些可以改进的地方？

正向三维建模与打印

项目二　工匠时光名片盒的设计与打印

项目说明

3D 打印的设计过程可以分成正向建模和逆向建模，也就是通过计算机建模软件直接建模和利用三维扫描仪构建 3D 模型。SolidWorks 是目前最流行的一款三维设计软件，在 Windows 环境下可最大限度满足设计者的意图，操作简单，功能强大，能全面实现建模功能。现在学校植物盆艺社团要设计一款桌面名片盒，需要体现工匠精神并具有独特的风格，社团成员觉得市场上常见的桌面名片盒太单调（见图 2–1），准备自己设计一款有特色的名片盒。

现在就让我们用 SolidWorks 软件开启 3D 打印的第一个项目——设计打印工匠时光名片盒。该项目采用三维软件建模，用 Magics 软件进行模型修复，然后使用切片软件 Simplify3D 进行切片，最后将切片数据导入到 FDM 3D 打印机中进行打印。

图 2–1　常见的桌面名片盒

项目内容提示

- 任务一　工匠时光名片盒模型设计（4 学时）。
- 任务二　工匠时光名片盒模型切片（4 学时）。
- 任务三　工匠时光名片盒模型打印（4 学时）。

任务一　工匠时光名片盒模型设计

任务目标

1. 熟悉 3D 打印创意设计的流程。
2. 掌握三维设计软件的使用。
3. 能设计符合工匠时光主题的名片盒。

任务描述

学校植物盆艺社团需设计一款以工匠时光为主题的名片盒，名片大小为 90 mm × 45 mm。名片盒结构简单，本次任务的主要内容是在满足名片盒使用功能的基础上设计出一款具有艺术美感、艺术特色的名片盒，名片盒造型样例如图 2–2 所示。

图 2–2　名片盒造型样例

课前讨论

1. 你是第一次进行模型设计吗？你觉得什么是模型设计呢？
2. 你使用过哪些二维或三维建模软件？

知识准备

一、SolidWorks 软件介绍

SolidWorks 软件具有功能强大、易学易用和技术创新三大特点，SolidWorks 软件能够提供不同的设计方案、减少设计过程中的错误以及提高产品质量。SolidWorks 软

件的文件管理方式和独有的拖曳功能使用户可以在比较短的时间内完成大型装配设计，更快地将产品投放市场。

二、任务分析

使用 SolidWorks 软件设计一款具有艺术美感的名片盒，主要工作包括以下四个方面。

（1）初步构想模型形状，设计创新元素。

（2）设计名片盒内腔尺寸，确认名片盒内腔可以放置名片。

（3）创意设计名片盒外形，使其符合工匠时光主题。

（4）导出 STL 格式的文件进行保存。

任务实施

一、名片盒模型初步构想

名片盒形状多种多样，可以充分发挥想象力，设计一个具有艺术感的名片盒，也可以根据书中提供的模型（见图 2–3）进行设计，或者在此基础上进行创新，保证名片盒的使用功能即可。

1. 设计名片盒外形

（1）设计确定外形。双击打开 SolidWorks 软件，单击工具栏【草图绘制】命令，选择【右视基准面】为草图基准面，绘制底部长度为 70 mm、半径为 38 mm 的半圆图形，如图 2–4 所示。

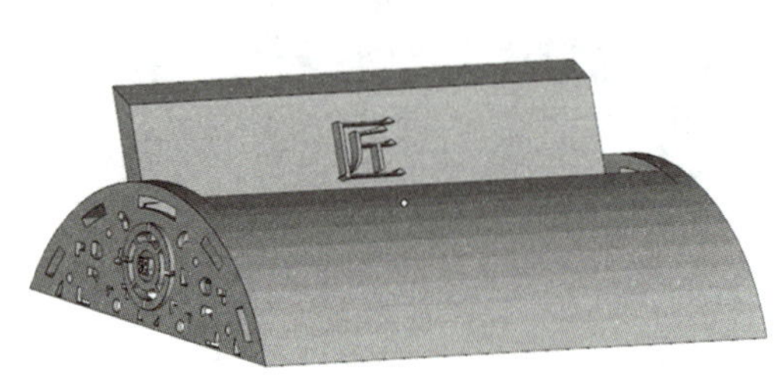

图 2–3　名片盒模型

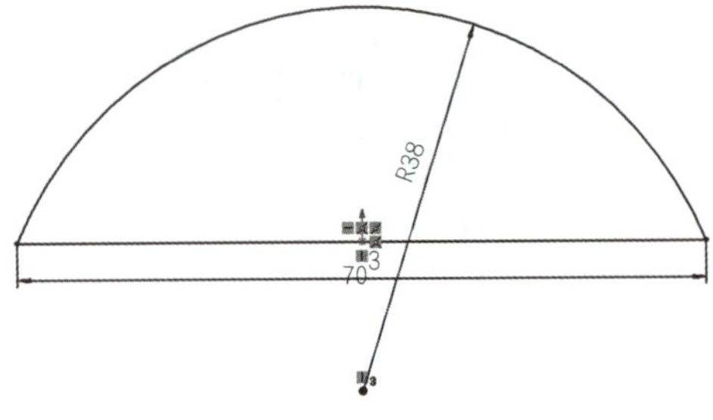

图 2–4　外形草图

（2）确定整体形状。使用【拉伸凸台 / 基体】命令（见图 2–5）将草图对侧拉伸，距离为 100 mm，拉伸效果如图 2–6 所示。

（3）内部挖槽。以模型左面为基准面绘制半径为 27 mm、距离半圆草图左右两侧 9 mm 的草图（见图 2–7），用【拉伸切除】命令（见图 2–8）将半圆柱体挖空，【开始条件】选择等距 1 mm，【方向】选择给定深度 98 mm，效果如图 2–9 所示。

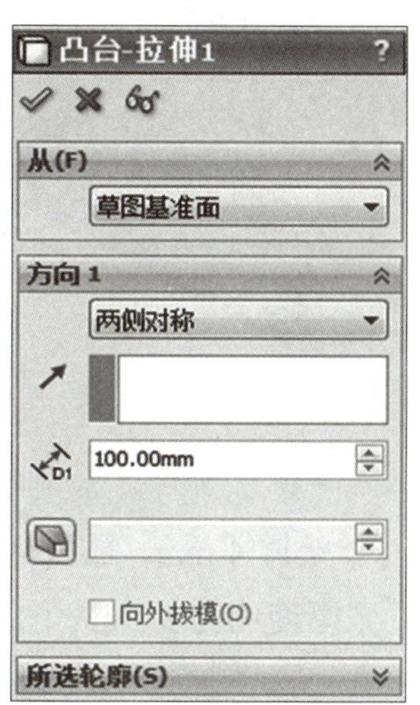

图 2-5 【拉伸凸台 / 基体】对话框

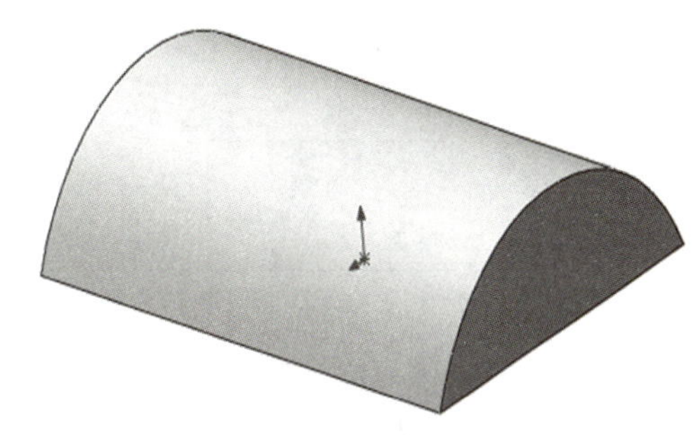

图 2-6　拉伸效果

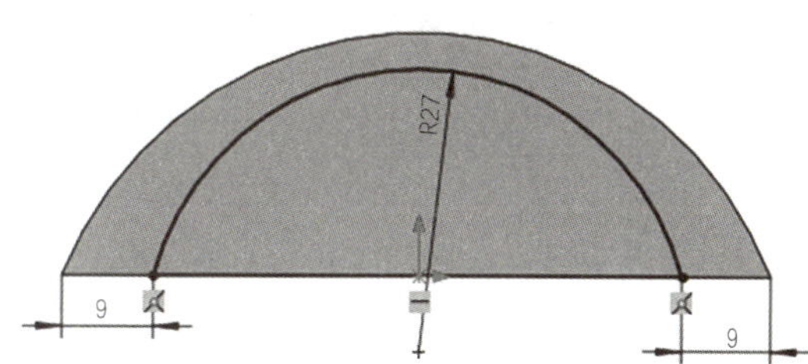

图 2-7　拉伸切除草图

图 2-8 【拉伸切除】对话框

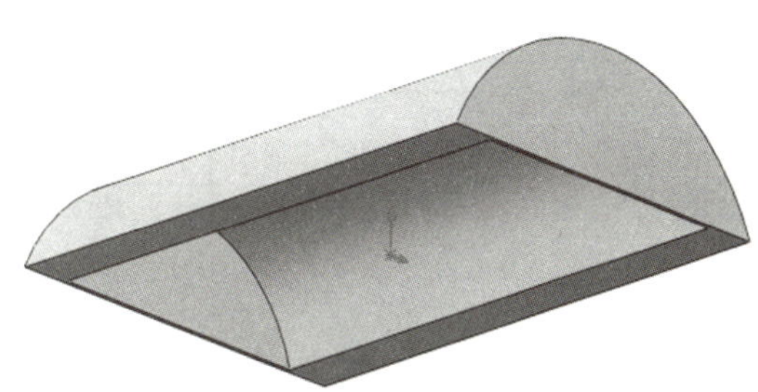

图 2-9　拉伸切除效果

（4）顶部开槽。选择顶视图作为绘图基准面，在半圆柱体正上方绘制 25 mm × 92 mm 的矩形（见图 2–10），然后用【拉伸切除】命令将名片盒顶部开槽，开槽效果如图 2–11 所示。

2. 设计名片盒内腔

名片盒的外形基本确定之后，接下来就该设计名片盒的内腔了，名片盒内腔首先要确保可以放下 90 mm × 45 mm 的名片，其次为了方便名片的拿取，内腔需有一定的角度。

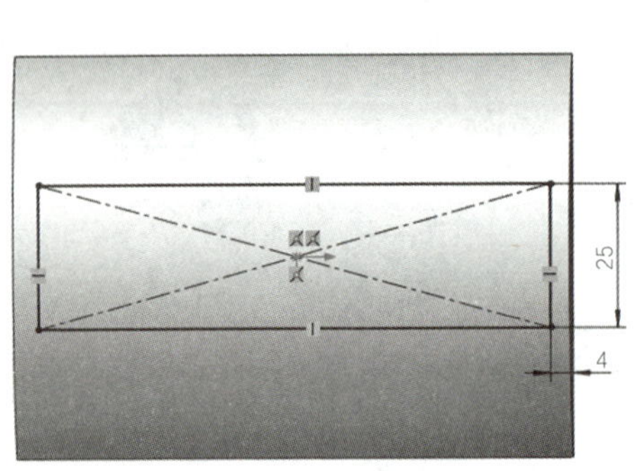

图 2–10　顶部矩形槽尺寸

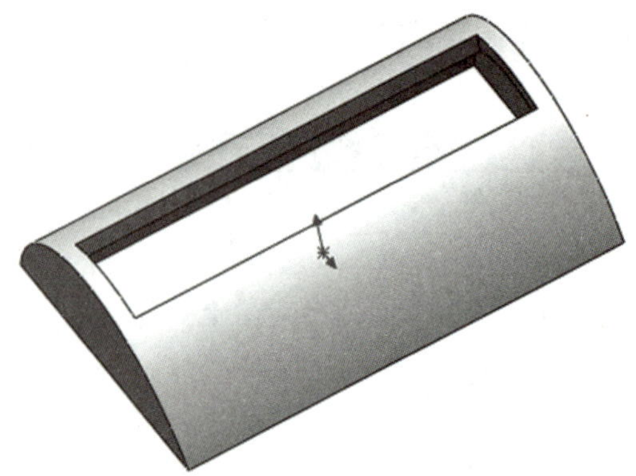

图 2–11　顶部开槽效果

（1）设计内腔尺寸。名片盒内腔各部分尺寸为：内腔壁厚 4 mm，放置区宽度 18 mm，倾斜角度 113°。内腔尺寸要确保至少可以放 50 张厚度约为 0.3 mm 的名片，且方便拿取。内腔设计草图如图 2–12 所示。

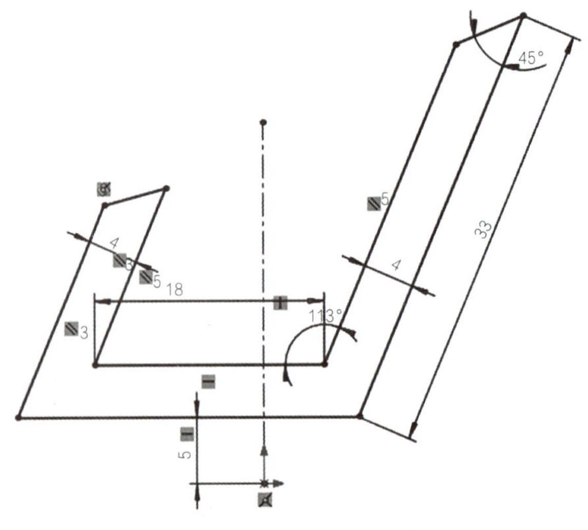

图 2–12　内腔设计草图

小贴士

在内腔设计草图中，左侧上边的两个点需要与型腔左侧外框贴合，同学们需要根据实际情况添加约束。

（2）确定名片盒内腔位置。在右视基准面上绘制内腔草图，确定内腔位置。然后利用【拉伸凸台 / 基体】命令，从右视基准面开始进行两侧对称拉伸，距离为 92 mm，拉伸后的效果如图 2–13 所示。

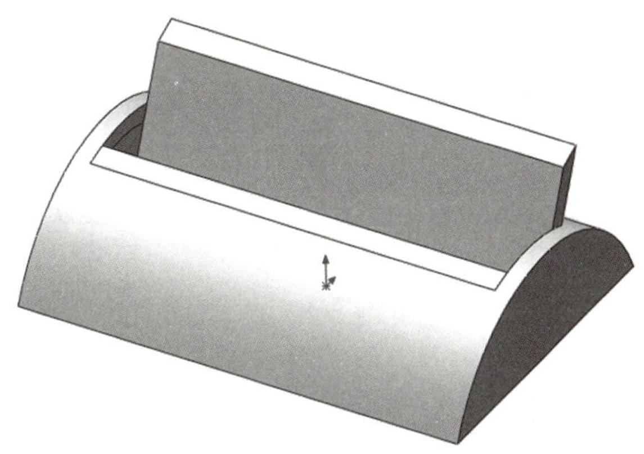

图 2-13　内腔拉伸效果

二、外形创意设计

名片盒具备使用功能之后，接下来进行外形的创新设计。样例模型的创新设计体现在两个方面：首先，在名片盒内腔的正面和反面印上 LOGO；其次通过拉伸与切除的方式使名片盒的两个侧面具备美感。

1. 设计字体样式

在内腔的长斜面单击右键弹出快捷菜单，单击【草图绘制】图标进入草图绘制界面，然后在草图工具栏中选择【草图文字】（见图 2-14），单击【字体】按钮，弹出【选择字体】对话框，依次设置字体、字体样式、高度等（见图 2-15）。设置完成后在图形上确定字体的位置，单击【确认】按钮，效果如图 2-16 所示。

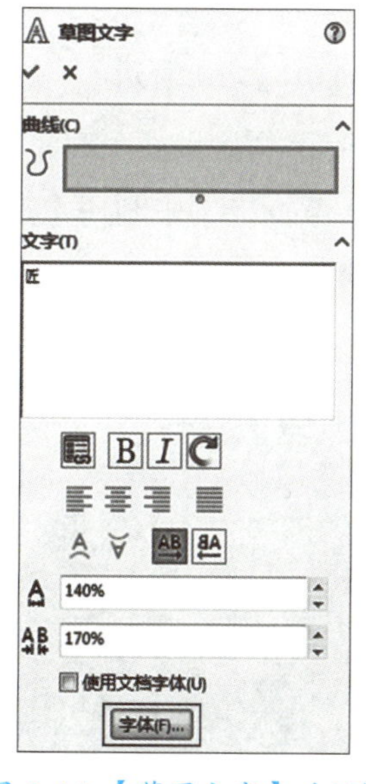

图 2-14　【草图文字】对话框

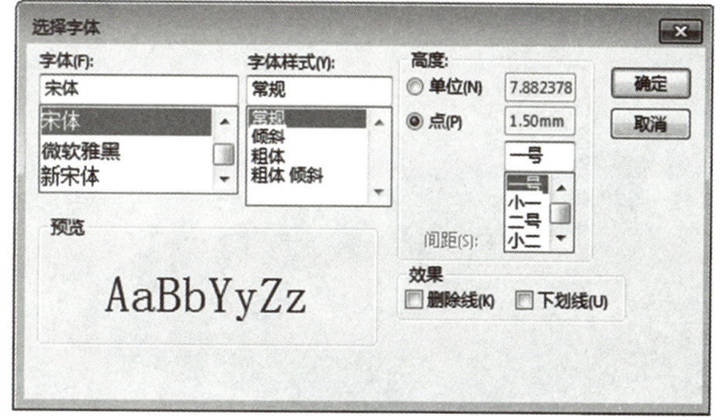

图 2-15　【选择字体】对话框

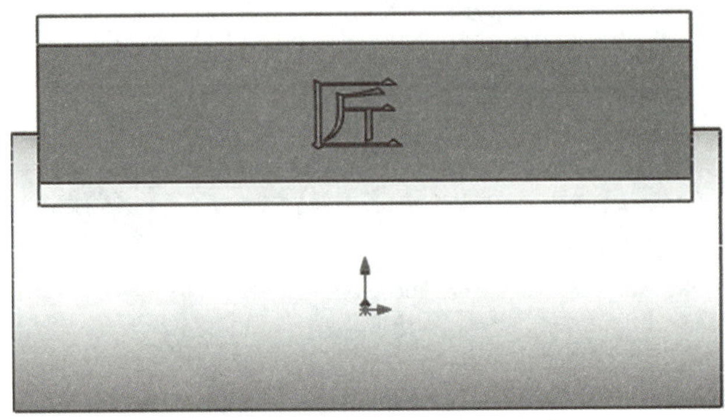

图 2-16　文字效果

2. 呈现字体凸出效果

使用【拉伸凸台 / 基体】命令将“匠”字拉伸 2 mm，效果如图 2-17 所示。

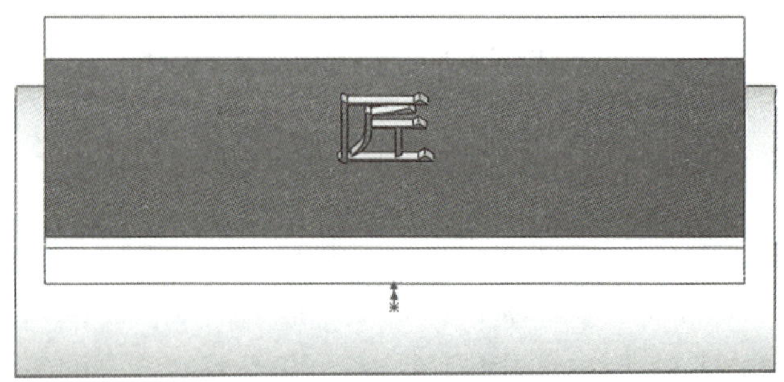

图 2-17　文字拉伸效果

3. 设计名片盒腔体背面文字

按照上述步骤，在名片盒背面也可以设计相应文字，效果如图 2-18 所示。

4. 对名片盒两侧面进行艺术设计

该部分内容可以自由创作，样例效果（见图 2-19）仅供参考。样例中利用【拉伸凸台 / 基体】、【拉伸切除】、【圆周阵列】、【镜像】等命令使名片盒侧面实现凹凸有致的效果。

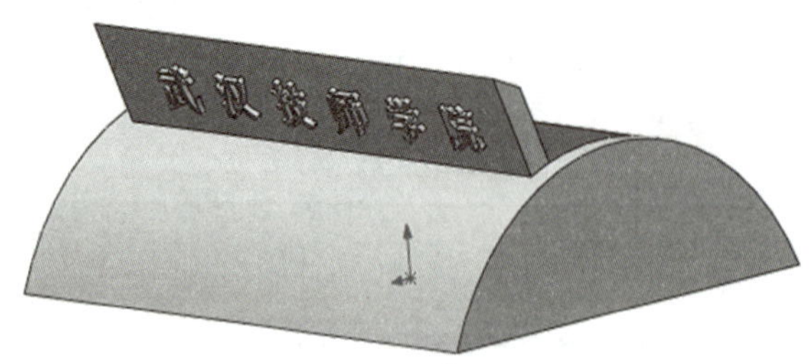

图 2-18　背面文字拉伸

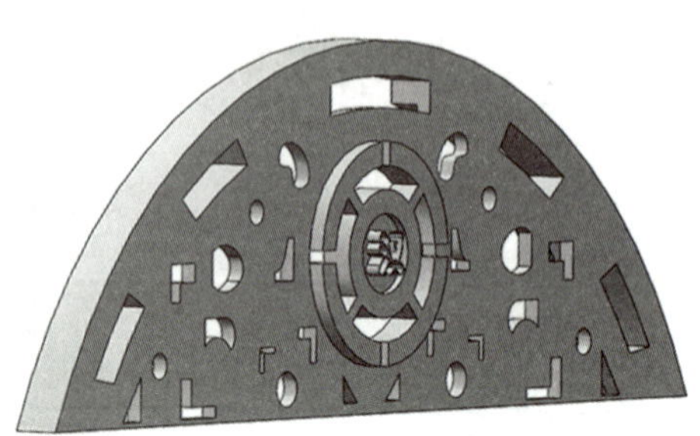

图 2-19　侧面艺术设计

小贴士

同学们可以充分发挥自己的想象力自由设计名片盒左右两侧的图形样式，并将设计的图形以草绘的方式画下来。

名片盒所呈现的最终效果如图 2–20 所示。

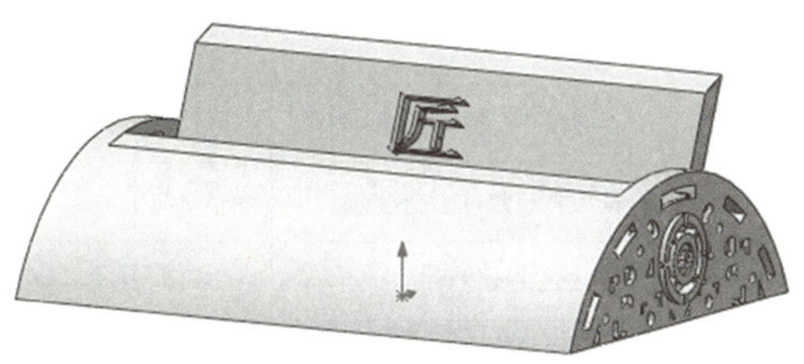

图 2–20　名片盒最终效果

三、保存 STL 文件

设计完成后，需将设计文件保存为 STL 格式和 SLDPR 格式文件以便于打印（见图 2–21）和后期查看、修改。

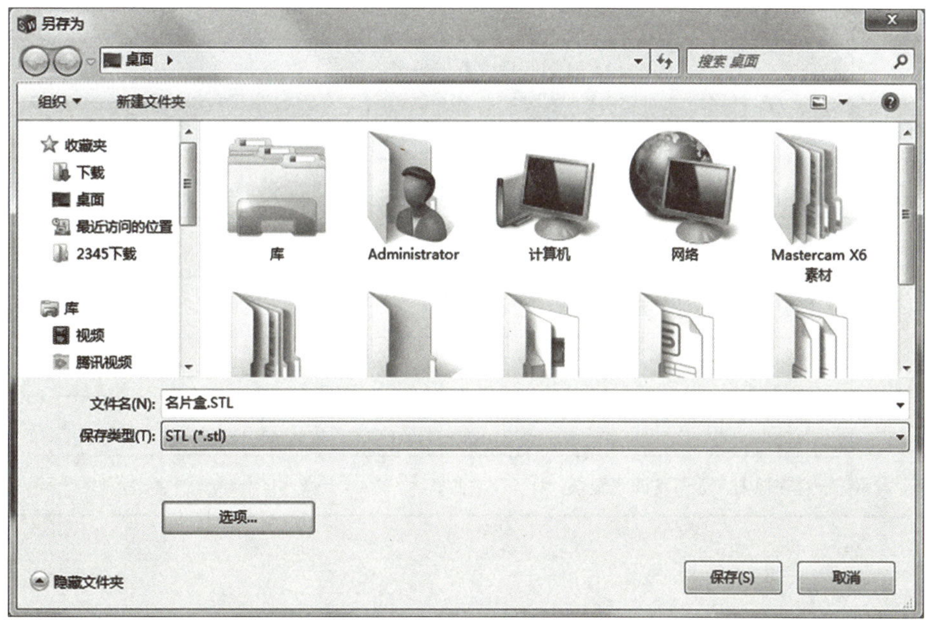

图 2–21　保存文件

任务评价

在本次任务中，我们设计了一个符合工匠时光主题的名片盒，请同学们根据今天的学习情况进行评价。

自评表（30 分）						
小组		姓名		日期		
评价主体	评价项目	评价要素	优秀	良好	待改进	自评分
学生自评	学习态度	学习积极认真，服从教师安排	9 ~ 10	6 ~ 8	0 ~ 5	
	学习能力	能发挥想象、创新设计	9 ~ 10	6 ~ 8	0 ~ 5	
	任务完成度	能按时完成设计	9 ~ 10	6 ~ 8	0 ~ 5	

互评表（30 分）						
小组		姓名		日期		
评价主体	评价项目	评价要素	优秀	良好	待改进	互评分
学生互评	团队意识	组内合作，有集体荣誉感	9 ~ 10	6 ~ 8	0 ~ 5	
	小组合作	组员分工明确，积极配合	9 ~ 10	6 ~ 8	0 ~ 5	
	沟通交流	积极讨论	9 ~ 10	6 ~ 8	0 ~ 5	

教师评价表（40 分）				
小组		姓名		日期
评价主体	评价要点		配分	得分
教师评价	熟练运用软件绘制图形		10	
	能完成基本设计，符合设计要求		8	
	名片盒主体完整，功能齐全		8	
	具有个性化创意设计		8	
	遵守规则，无不良课堂记录		6	

任务巩固

1. 请同学们相互讨论，在正向设计时，可以采用哪些方法使产品样式美观、质量轻便且方便量产？

2. 使用 SolidWorks 软件设计一款镂空笔筒，具体要求如下。

（1）笔筒直径为 80 mm，高度为 100 mm。

（2）笔筒上需有自己的署名或记号。

（3）设计的笔筒在满足使用功能的同时需兼具观赏性，可以参照图 2–22 进行创作，也可自由创作。

图 2–22　镂空笔筒

完成任务心得

1. 完成这次任务，你有什么收获？

2. 在完成这次任务的过程中，你认为有哪些不足的地方？

3. 你认为还有哪些可以改进的地方？

任务二　工匠时光名片盒模型切片

任务目标

1. 掌握 3D 打印机支持的文件格式。
2. 了解模型修复软件 Magics 的特点。
3. 能正确运用 3D 打印切片软件 Simplify3D 的各项功能。

任务描述

名片盒完成建模之后，怎样才能进行打印呢？本次任务的内容就是为打印模型做准备。模型设计完成后，需要先在修复软件 Magics 中进行修复，然后将文件导入切片软件 Simplify3D 中切片，最后将切片后的 .x3g 格式文件传输到 FDM 3D 打印机中打印。

课前讨论

1. 模型建模完成后能直接打印吗？如果不能，需要做哪些准备呢？

2. STL 格式的模型文件如果显示模型出现孔洞，我们需要重新建模还是可以在其他软件上进行修补呢？

知识准备

一、3D 打印机支持的文件格式

目前存储三维实体模型的数据文件格式包括 3DS、CoLLADA、PLY、V3D、PTS、APTS、OFF、OBJ、XYZ、GTS、TRI、AMF、X3D、X3DV、VRML 等。适合进行 3D 打印的格式包括 STL、OBJ、AMF、3MF 等。其中，STL 是目前 3D 打印制造系统使用的一种标准化格式。

1. STL 格式

STL 是大多数 3D 打印机都可以识别的文件格式。当我们将设计文件保存为 STL 格式文件时，设计中的所有表面和曲线都会被转换成网格，网格一般由一系列的三角形组成，称为三角面片。STL 格式文件读写简单且对三角形面片的存储顺序没有任何要求，计算机程序对其存储信息的读写非常简单；STL 格式文件不依赖于任何一种三维建模的方式，不论用 3D 建模软件搭建的模型结构多么复杂，它的表面几乎都可以离散成三角形片面并输出成 STL 格式文件。

2. OBJ 格式

OBJ 是由 Alias/Wavefront 公司为 3D 建模和动画软件 Advanced Visualizer 开发的一种格式标准，适用于 3D 软件模型之间的互导，也可以通过 Maya 读写。比如，我们在 3ds Max 或 LightWave 中创建了一个模型，想把它调到 Maya 里面渲染成动画，导出 OBJ 格式文件就是一种很好的选择。目前几乎所有知名的 3D 软件都可以支持 OBJ 文件的读写。

3. AMF 格式

AMF 是一种基于 XML 语言的文件格式，该格式弥补了 STL 格式的不足，缩小了 CAD 数据和 3D 打印技术之间的差距，可用于储存 3D 打印的材料、颜色和内部结构信息。该格式克服了 STL 格式精度不高、数据冗余大、工艺信息缺失、文件体积庞大、读取缓慢的缺点，引入了曲面三角形、颜色贴图、异质材料、功能梯度材料、微结构、排列方位等高级概念，其中，曲面三角形能够大幅提升模型的精度。

但是，由于 AMF 格式的设计方法与传统仅仅表达几何外形的设计方法差异较大，目前还没有能支持 AMF 文件完整功能的相关设计工具，3D 打印软件也无法对 AMF 格式文件的全部信息予以支持，目前并没有应用到实际的多材料制造系统中。

4. 3MF 格式

3MF 是由微软、惠普、欧特克等几家软硬件厂商组成 3MF 联盟开发的数据文件格式。3MF 格式文件能够更好地描述 3D 打印模型，可用于多种应用、不同平台、不同的服务以及不同类型的 3D 打印机。3MF 格式文件可以描述一个模型的内在和外在的信息、颜色以及其他特性，可以扩展，简单易懂、易于实现。

二、模型修复软件介绍

1. Magics 软件介绍

在 3D 打印过程中为了避免浪费，一般都需要先检查模型是否有问题，确认后再切片上机打印。Magics 是一款处理 STL 格式文件的软件（见图 2–23），在没有 Magics 软件之前，如果想在 STL 格式文件上做出修改是不可能实现的。现在，利用 Magics 软件可以对 STL 格式文件进行添加、删除、切断、拉伸等修改，修改之后的文件，仍然可以用来进行 3D 打印。

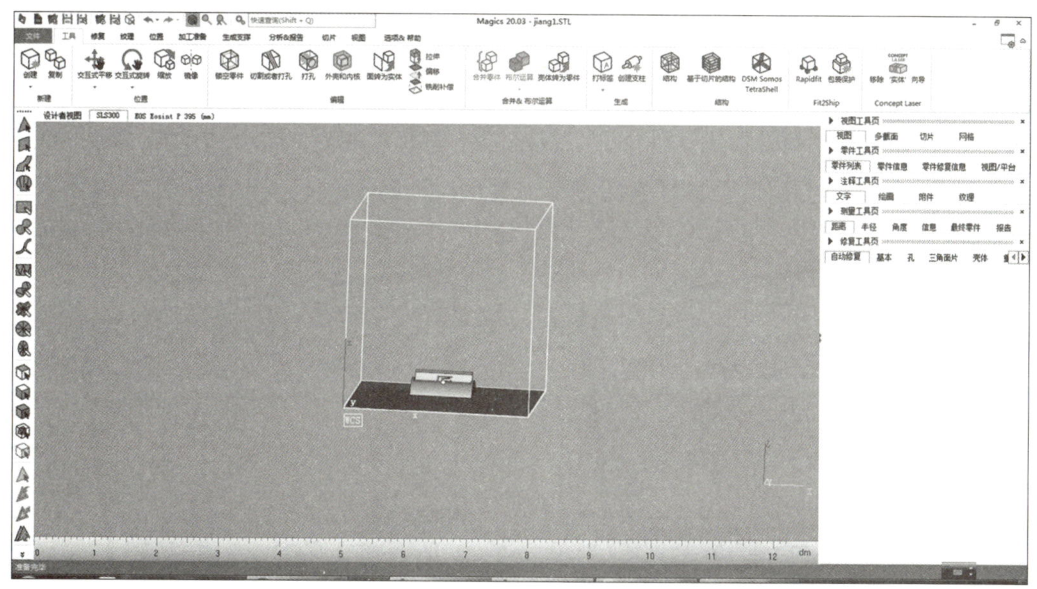

图 2–23　Magics 软件界面

2. 在 Magics 中 STL 格式文件的常见错误类型

（1）法向量反向。在 STL 格式文件中，法向量用于标示三角面片的方向。当法向量方向相反时就是法向量反向。三角面片有正向和反向的区分，当正面的图形区域出现反向三角面片时（见图 2–24），需要将反向的三角面片进行反转（见图 2–25），从而确保图形的完整度。

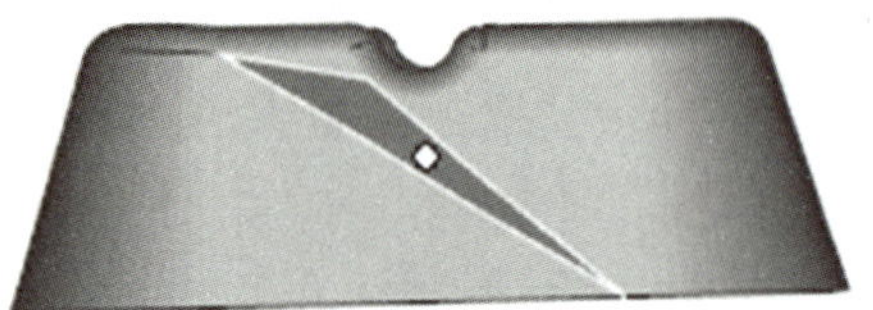
图 2–24　三角面片反向

图 2–25　三角面片反转后

（2）错误边界。在 STL 格式文件中，每一个三角面片与周围的三角面片都应该保持良好的连接，如果某个连接处出了问题，这个边界便称为错误边界，并用黄线标示，一组错误边界构成错误轮廓（见图 2–26）。使用 Magics 修复完成后的效果如图 2–27 所示。

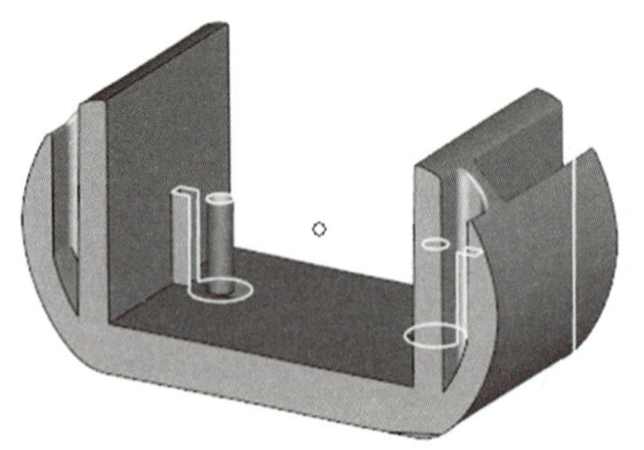
图 2–26　错误边界

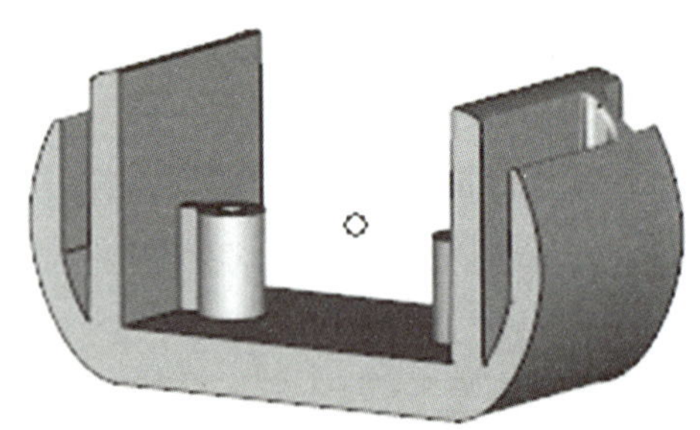
图 2–27　无错误边界模型

（3）孔洞。在 STL 格式文件中，如果部分三角面片缺失，就会造成有“洞”的现象，被称为孔洞。孔洞错误如图 2–28 所示，使用 Magics 修复后的效果如图 2–29 所示。

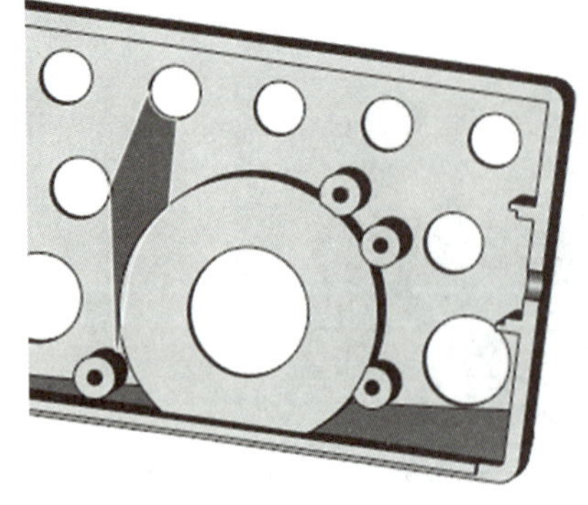
图 2–28　孔洞错误

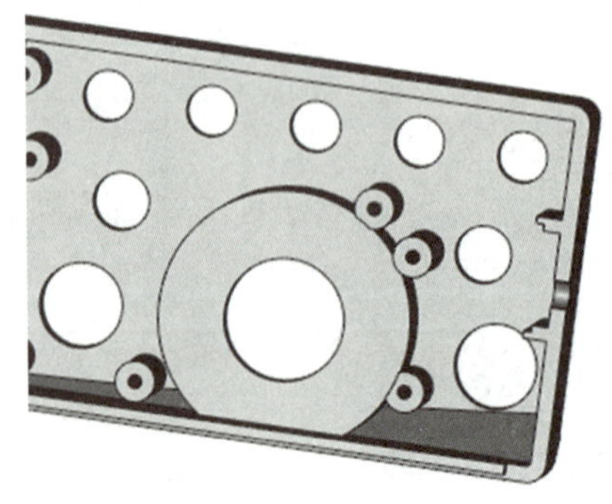
图 2–29　孔洞修复完成

（4）多重面片。在 STL 格式文件中，一些三角面片与其他三角面片会有部分重合或搭接，被称为多重面片，如图 2-30 所示。使用 Magics 修复完成后如图 2-31 所示。

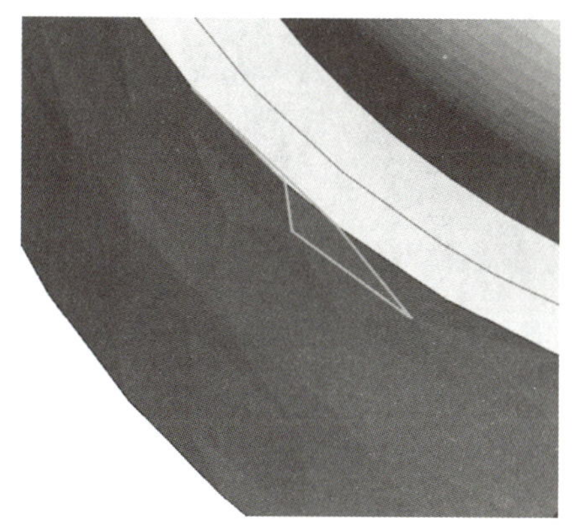

图 2-30　多重面片

图 2-31　多重面片修复完成

（5）重叠壳。壳体由一组三角面片组成，正常情况下，每个零件由一个壳体组成，而一个零件中有多个壳体就是重叠壳。图 2-32 所示软件中有两个零件，因此显示两个壳体，如果修复过程中两个壳体交叉重叠，影响零件的打印，就需要处理。

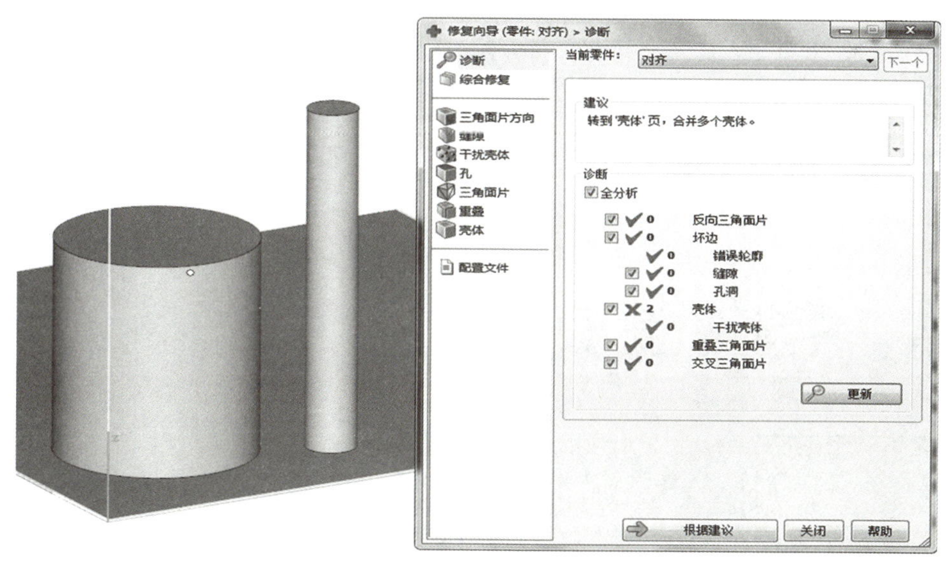

图 2-32　两个壳体

（6）未修剪三角面片。某些情况下，模型表面没有修剪好，存在过长或交叉的现象（见图 2-33），便可以用 Magics 进行修剪，完成后如图 2-34 所示。

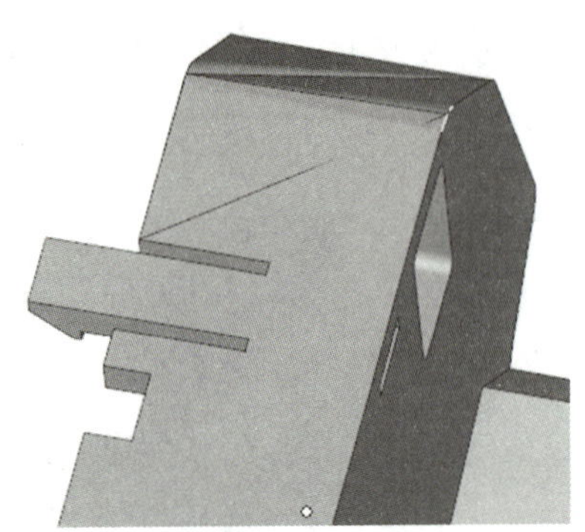

图 2-33　过长三角面片

图 2-34　过长三角面片修剪完成后

三、3D 打印切片软件介绍

切片就是将 3D 模型转化为 3D 打印机可以识别和执行的代码，如 G 代码、M 代码等。常用的 3D 打印切片软件有 Slic3r、Cura、Repetier- Host 和 Simplify3D 等。

1. Simplify3D 软件概述

众所周知，3D 打印模型的成功与否，很大程度取决于切片的好坏。Simplify3D 作为一款较为常见的切片软件，其功能非常强大，支持双色打印和多模型打印，可以自由添加支撑、预览打印过程，切片速度极快，附带多种填充图案和详细的参数设置。最重要的是，Simplify3D 几乎和市面上所有 3D 打印机兼容。

2. Simplify3D 用户界面（见图 2-35）

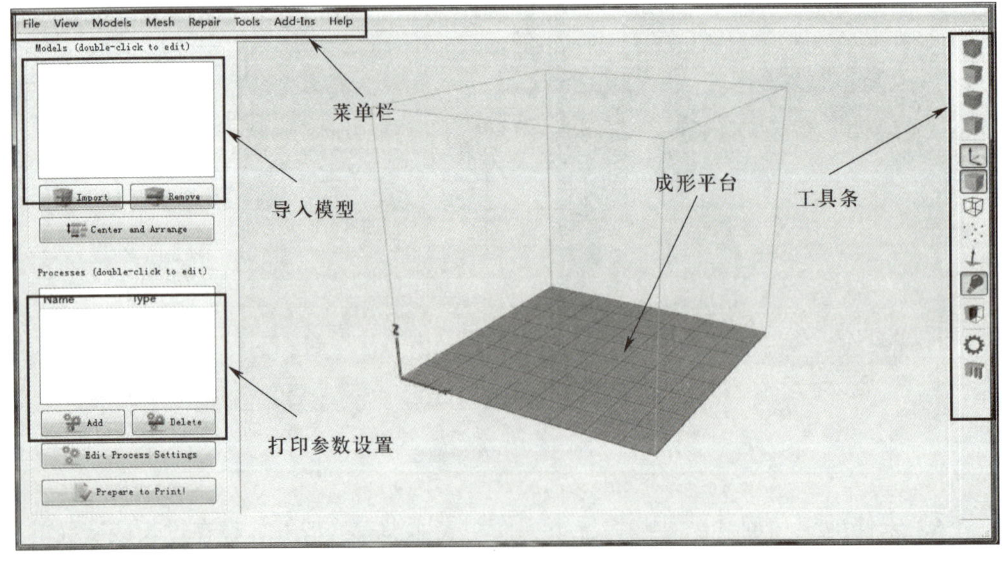

图 2-35　Simplify3D 用户界面

Simplify3D 的界面主要由菜单栏、导入模型栏、打印参数设置栏、成形平台、工具条等组成。

（1）菜单栏。菜单栏主要包括文件操作命令、视图命令、模型操作命令、模型修复命令等。

（2）导入模型栏。在导入模型栏可以显示已经导入的模型，可以利用导入（Import）命令导入需要的一个或多个模型，也可直接删除（ Remove）不需要的模型。

（3）打印参数设置栏。可以在打印参数设置栏设置温度、打印速度、支撑等切片参数，通过参数设置配置属于自己 3D 打印机的切片文件。

（4）成形平台。成形平台主要显示导入的三维模型，成形平台显示框可以模拟 3D 打印机实际的打印区域，能够直观地观察导入的模型是否超过正常打印范围。

（5）工具条。工具条由视图、机器控制面板、添加和修改支撑结构等命令组成。

四、任务分析

在打印名片盒模型之前需要将模型文件切片，同时，为了防止模型文件出现错误，需要在 Magics 软件中将模型进行检查、修复，因此，本任务的工作内容包括以下三方面。

（1）将模型文件导入 Magics 软件中进行修复。

（2）在 Simplify3D 软件中将模型进行切片处理。

（3）导出 FDM 3D 打印机能识别的 .x3g 文件。

任务实施

一、工匠时光名片盒的修复

1. 打开 Magics 软件

在桌面找到 Magics 软件图标 ，双击打开或者单击右键选择打开。Magics 软件工作界面如图 2-36 所示。

2. 设置工作平台

（1）首次使用 Magics 软件时需要设置好打印机对应的工作平台。单击菜单栏中的【加工准备】，选择【机器库】，在弹出的【添加机器】对话框中找到【mm-settings】下拉菜单中的【EOS】下对应的机器型号［本任务以 EOS Eosint p395（mm）型号为例］，接着单击【添加机器】对话框中间的导入箭头，对话框右侧【我的机器】中就会出现刚才设置的机器型号，如图 2-37 所示。

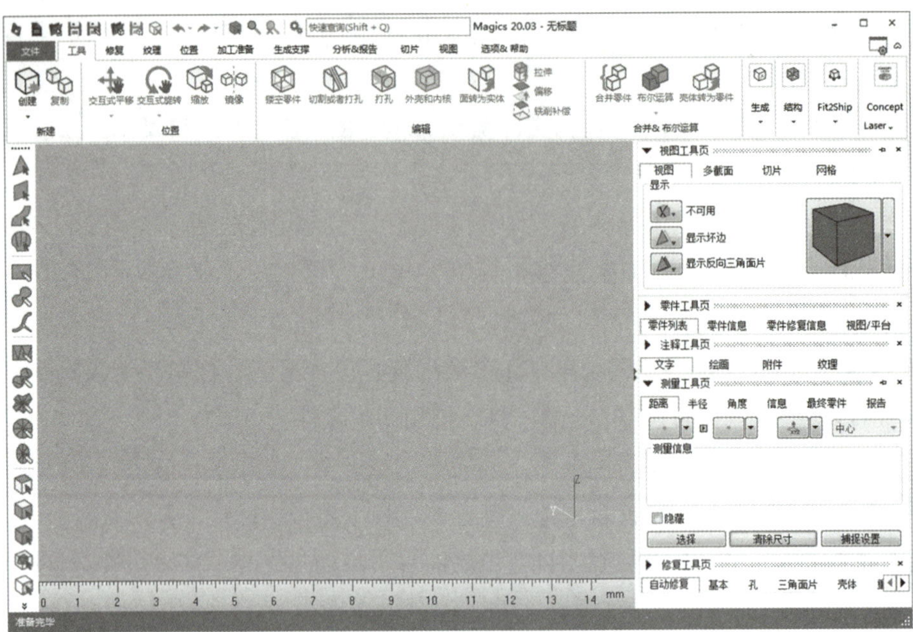

图 2-36　Magics 工作界面

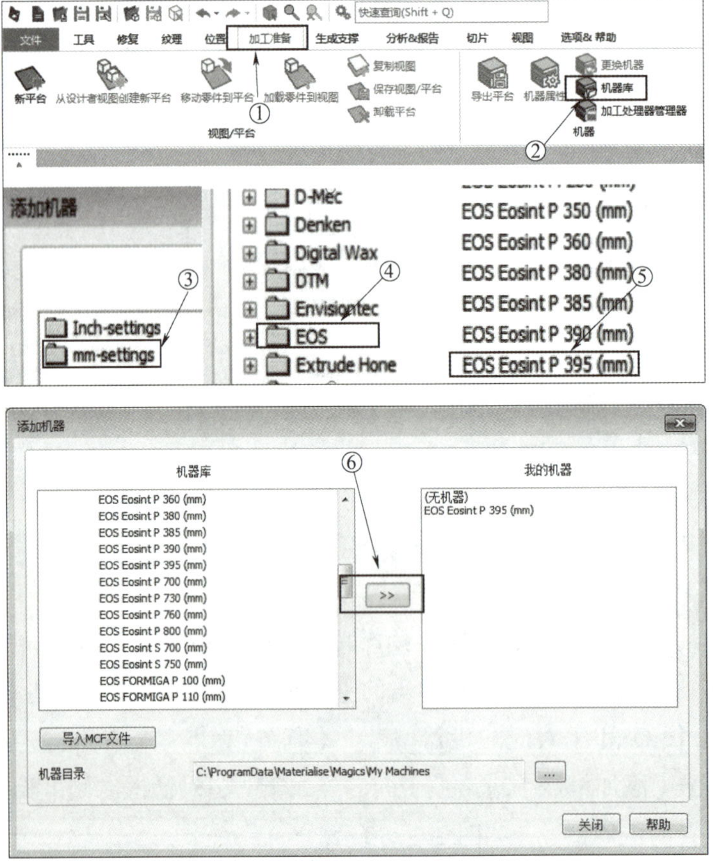

图 2-37　设置工作平台步骤 1

（2）关闭【添加机器】对话框，在弹出的【机器库】对话框中选中机器型号，单击右侧【添加到默认视图】命令，然后关闭对话框，如图 2–38 所示。最后，关掉 Magics 软件重新启动，软件界面如图 2–39 所示。

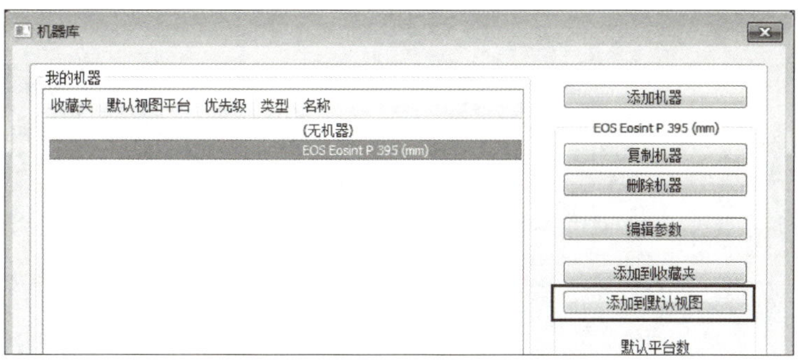

图 2–38　设置工作平台步骤 2

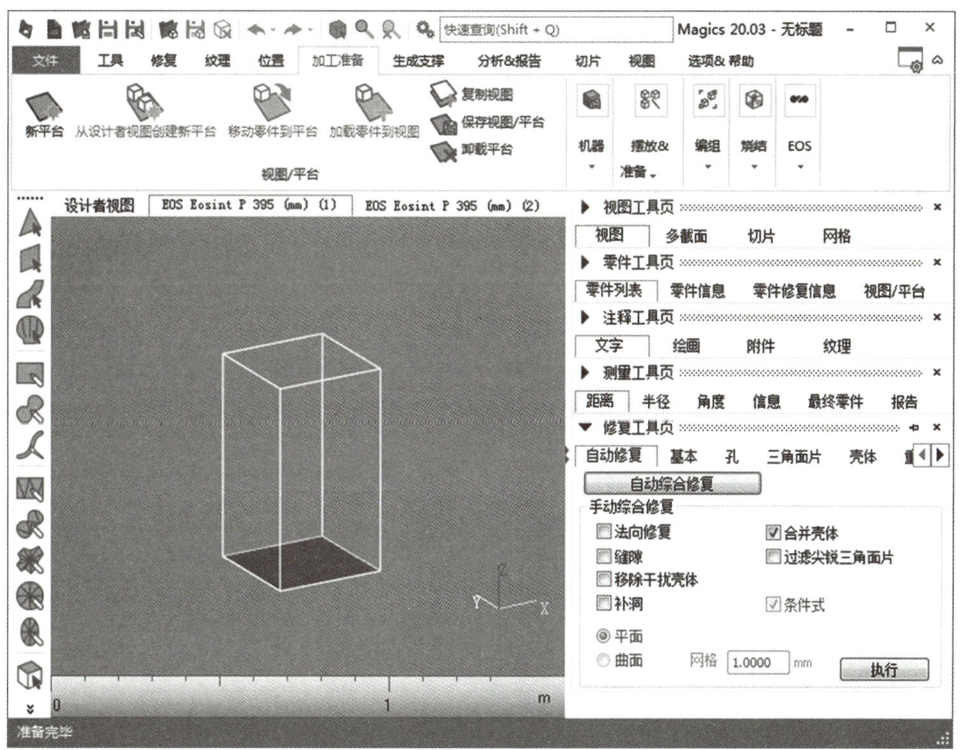

图 2–39　完成工作平台设置

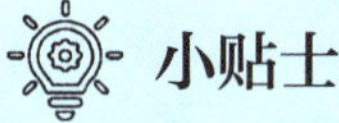

小贴士

当 Magics 软件自带的机器平台中没有与你使用的 3D 打印机相匹配的机器平台时，也可以通过图 2–37 中的【导入 MCF 文件】命令将需要的机器平台文件导入到机器库中。

3. 导入 STL 模型文件

单击菜单栏【文件】→【加载】，选择【导入零件】命令，在弹出的对话框中选择导入零件格式“STL 文件（*stl）”，单击之前保存的“名片盒 .STL”文件，如图 2–40 所示。导入效果如图 2–41 所示。

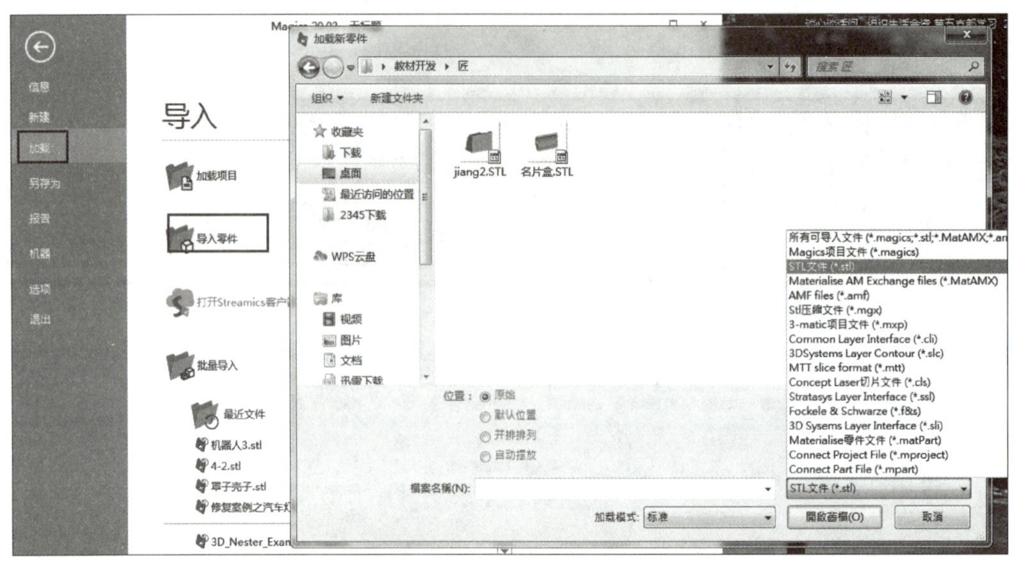

图 2–40 【导入零件】命令

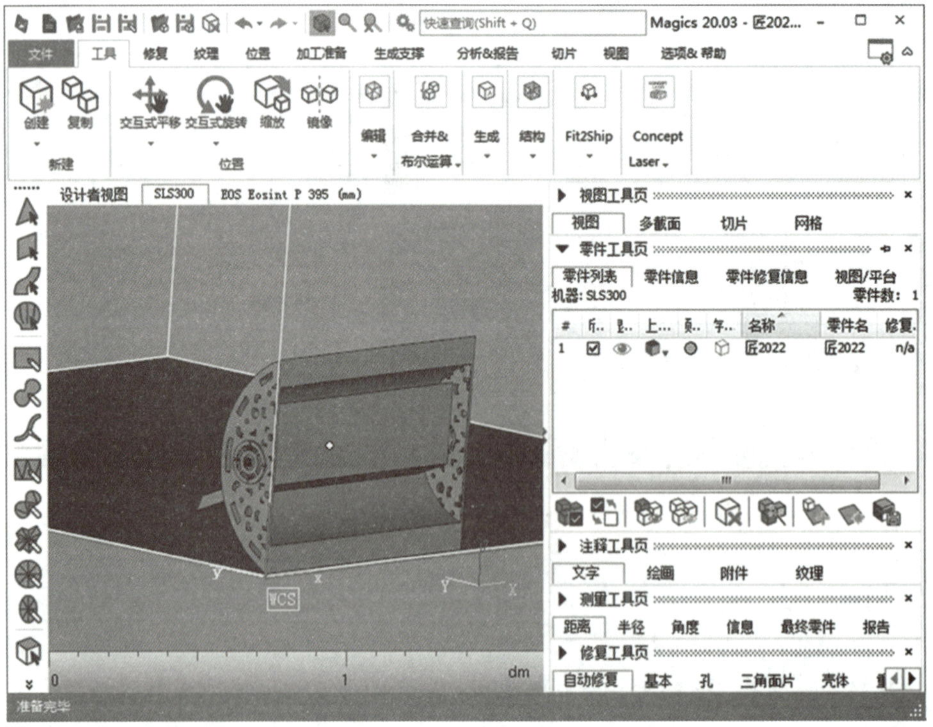

图 2–41 导入模型效果

4. 模型位置摆放

模型文件导入后是横躺放置在平台上的，不管是哪种 3D 打印机，这种摆放方式均会影响打印精度和打印时间。

（1）单击菜单栏【位置】选项卡，选择【底/顶平面】命令，在弹出的对话框中勾选【底平面】，单击【指定面】标记名片盒的底面，名片盒自动摆正，如图 2–42 所示。

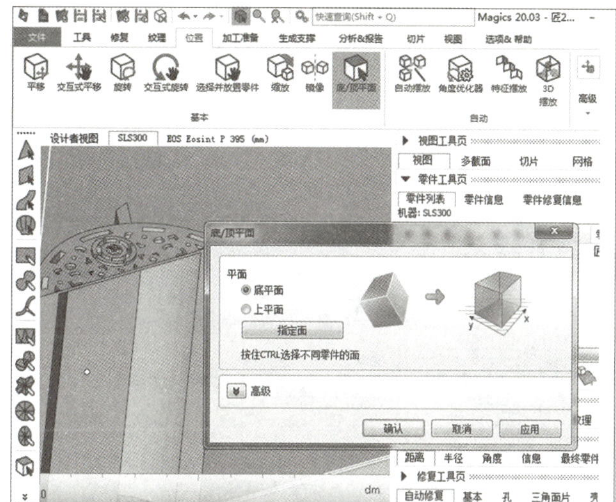

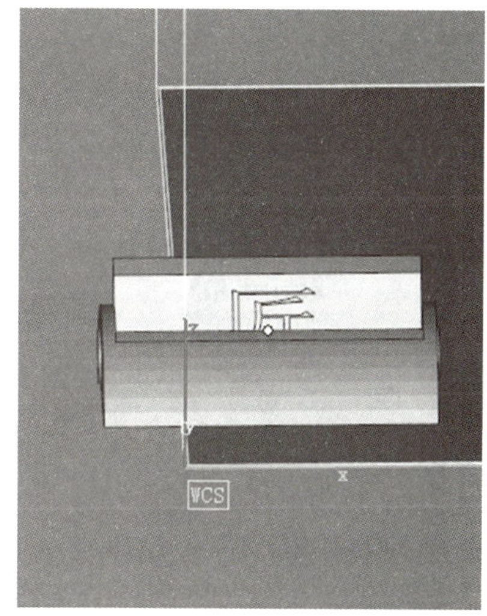

图 2–42 【底/顶平面】命令

（2）名片盒模型摆正之后，模型左侧位于平台之外，单击【位置】选项卡，选择【平移】命令，单击【移动到默认位置】，如图 2–43 所示。

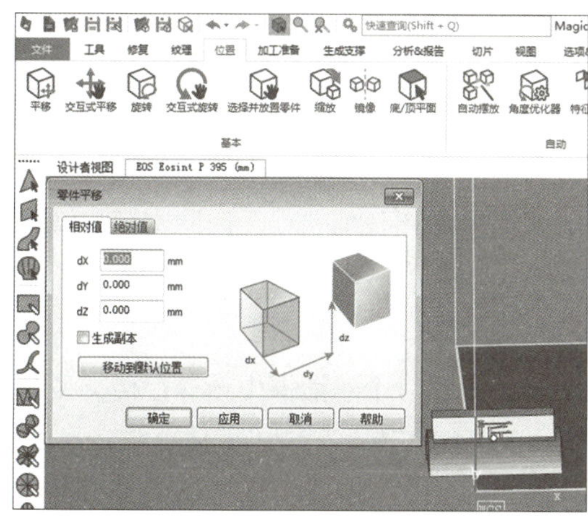

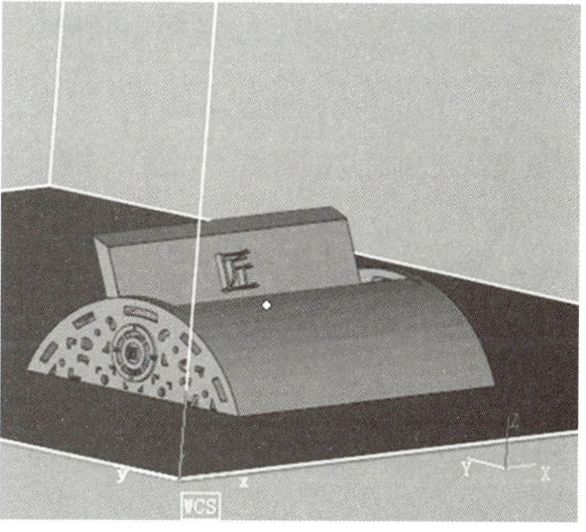

图 2–43 移动到默认位置

小贴士

调整模型位置除了上述方式外，还有交互式平移、旋转、交互式旋转、自动摆放等命令可以使用，高版本的 Magics 软件中还有 3D 摆放功能，同学们可以自行探索这些命令的使用。

5. 模型自动修复

（1）单击【修复】选项卡，选择【修复向导】命令，勾选【全分析】，单击【更新】，完成模型诊断操作。如图 2-44 所示。

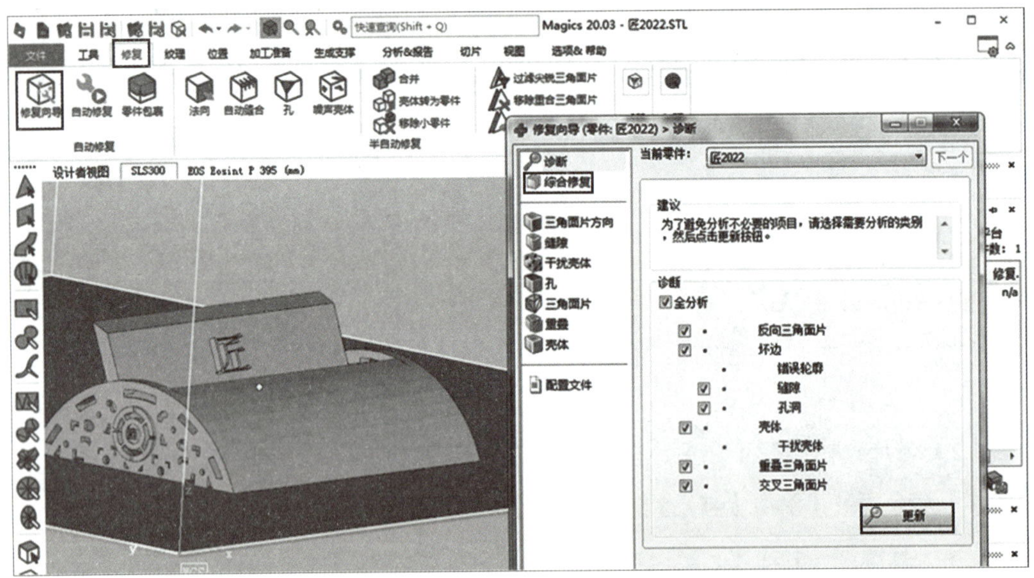

图 2-44　诊断模型错误

（2）单击【根据建议】命令，进入三角面片修复界面，单击【自动修复】命令，完成交叉三角面片的修复，如图 2-45 所示。

（3）单击【根据建议】→【更新】命令，没有检测出任何错误，因此本模型修复成功，如图 2-46 所示。

6. 保存修复完成的模型文件

单击【文件】→【另存为】，在弹出的【零件另存为】对话框中选择存档类型为“STL（上色）文件（*stl）”，并对文件命名为“已修复名片盒”，如图 2-47 所示。

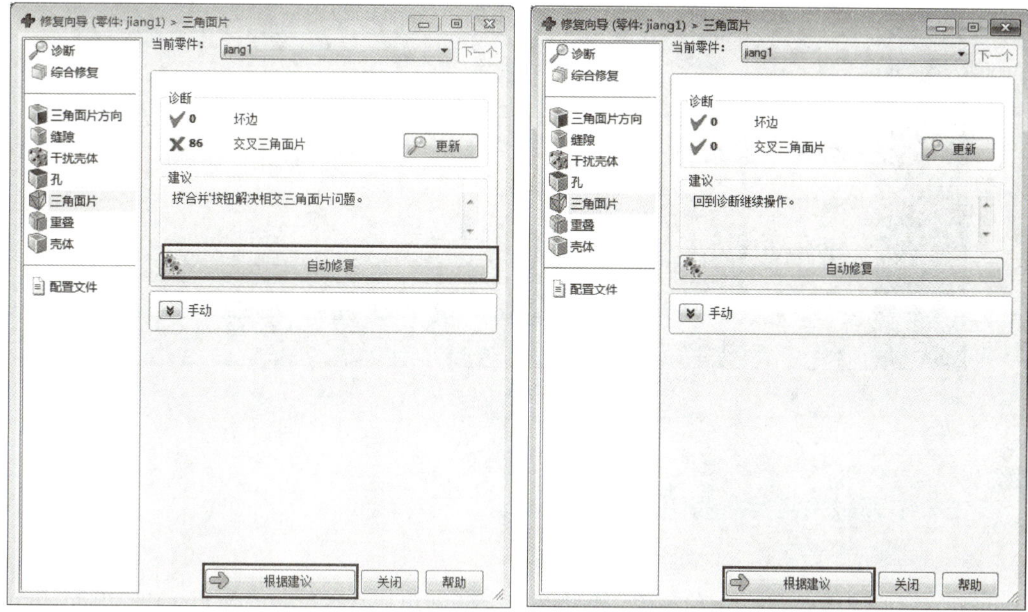

图 2-45 交叉三角面片修复

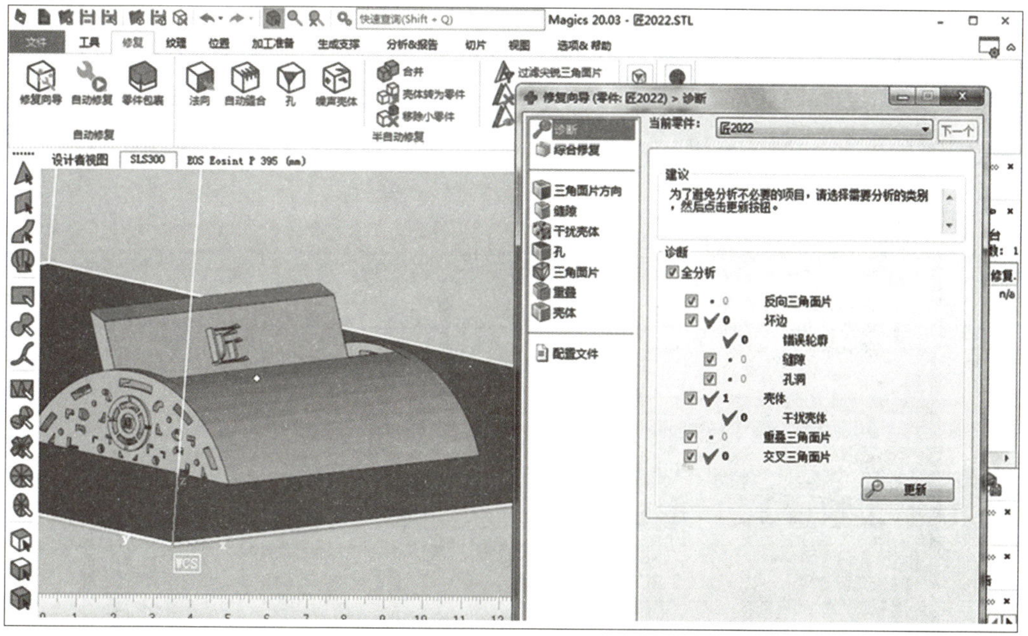

图 2-46 模型修复完成

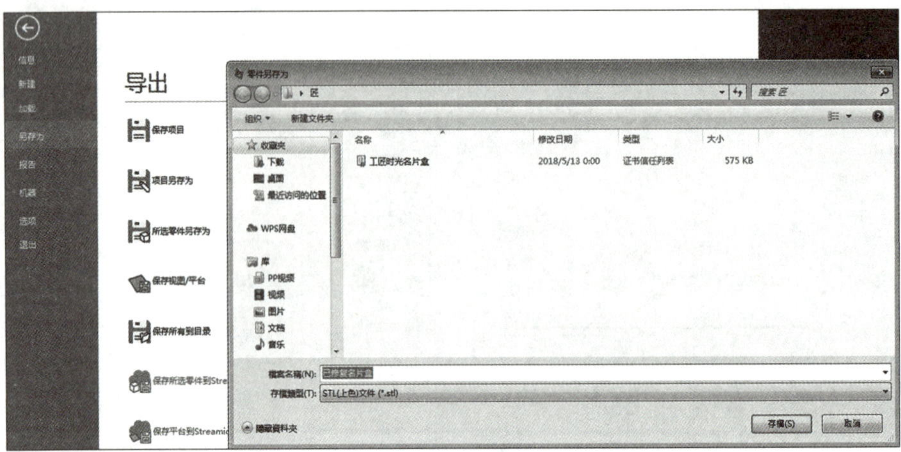

图 2–47　保存零件

二、工匠时光名片盒的切片

1. 选择配置文件

在计算机桌面双击 Simplify3D 软件图标 即可进入 Simplify3D 的工作界面。切片前必须选择合适的配置文件，不然得到的切片文件是无效的，甚至可能损毁 3D 打印机。如何才能选择正确的配置文件呢？单击【Edit Process Settings】命令，在弹出配置文件对话框中选择配置文件，当【Select Profile】下拉菜单中没有所需的 3D 打印机器型号时，可以通过【Import】命令导入配置文件，例如桌面级 FDM 3D 打印机的配置文件是 Nsuper 300h，拆装型 FDM 3D 打印机的配置文件是 Smart 225 等。选择配置文件如图 2–48 所示。

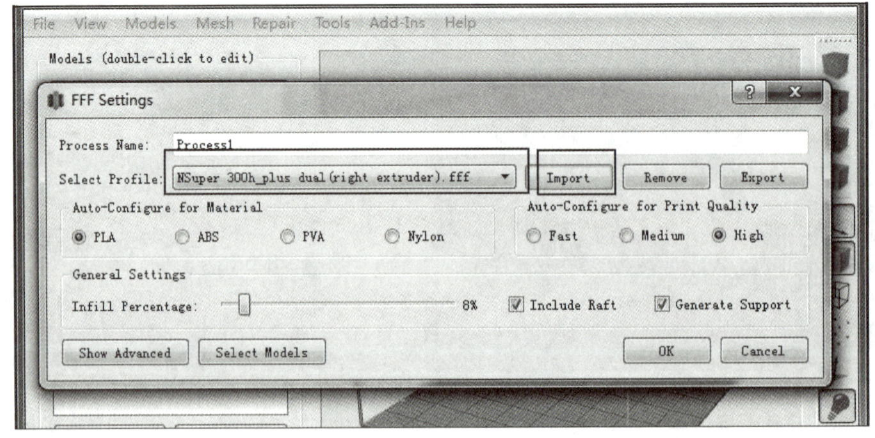

图 2–48　选择配置文件

2. 模型导入

将 STL 格式的模型文件拖曳到软件成形平台显示区域，或者通过导入命令【Import】导入，如图 2-49 所示。

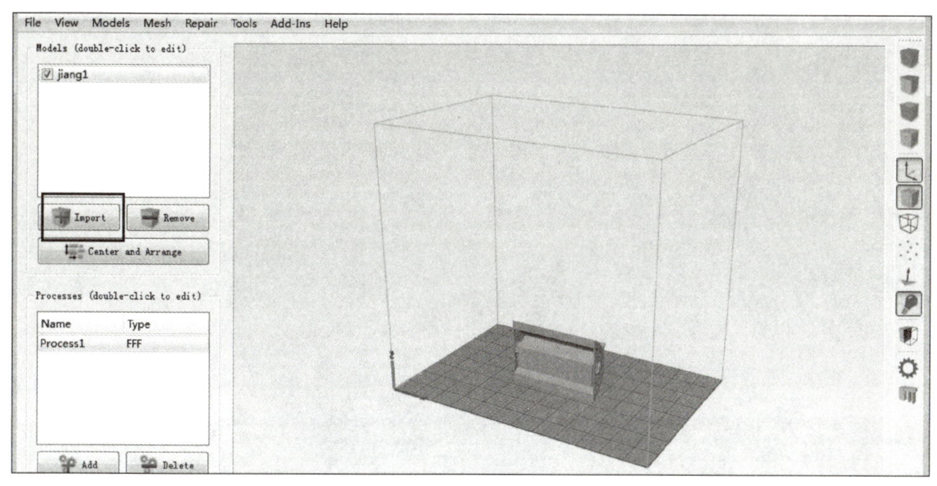

图 2-49　模型导入

3. 模型编辑

（1）模型设置。用鼠标左键双击模型，弹出模型设置【Model Settings】对话框。模型编辑命令从左到右依次为【模型位置移动】（Absolute Positioning）、【模型尺寸缩放】（Object Scaling）、【模型角度旋转】（Rotational Offsets），如图 2-50 所示。名片盒的位置和尺寸都不需要更改，使用【模型角度旋转】（Rotational Offsets）命令将模型角度旋转到合适位置。调整后的模型如图 2-51 所示。

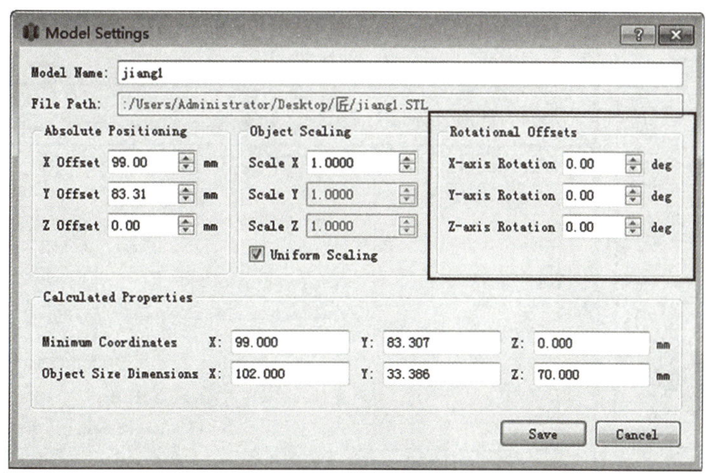

图 2-50　模型设置

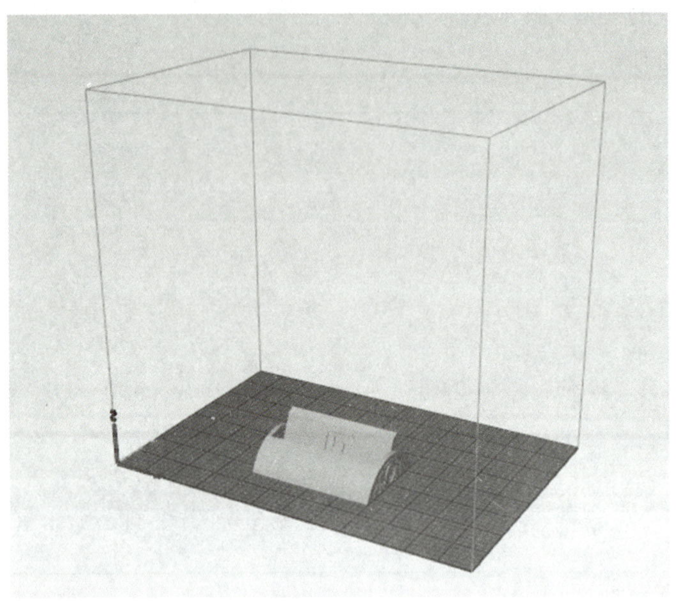

图 2–51　调整角度后的模型

（2）参数设置。单击【配置文件】（Edit Process Settings），弹出【配置文件】对话框，如图 2–52 所示。

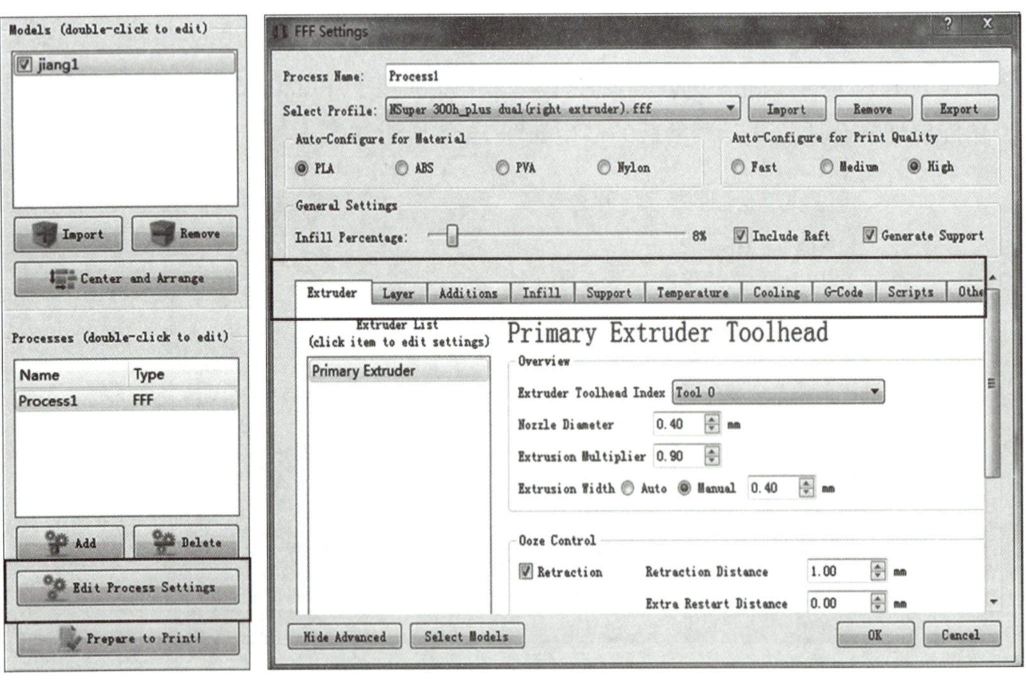

图 2–52　打开【配置文件】对话框

对于初级用户，只需能够设置【层高】(Layer)、【底座】(Additions)、【填充率】(Infill)、【支撑】(Support)、【温度】(Temperature)、【速度】6 个参数就可以了，如图 2–53 所示。

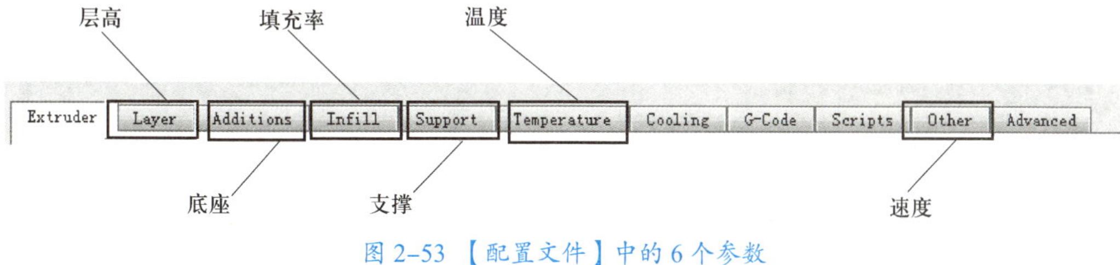

图 2–53 【配置文件】中的 6 个参数

1)【层高】(Layer)。层高与打印效果成反比，层高数值越小打印精度越高，但打印时间也会越长。一般层高的范围为 0.1 ～ 0.2 mm，0.1 mm 为超高精度，0.15 mm 为高精度，0.2 mm 为一般精度。本任务的层高设置为 0.18 mm，如图 2–54 所示。

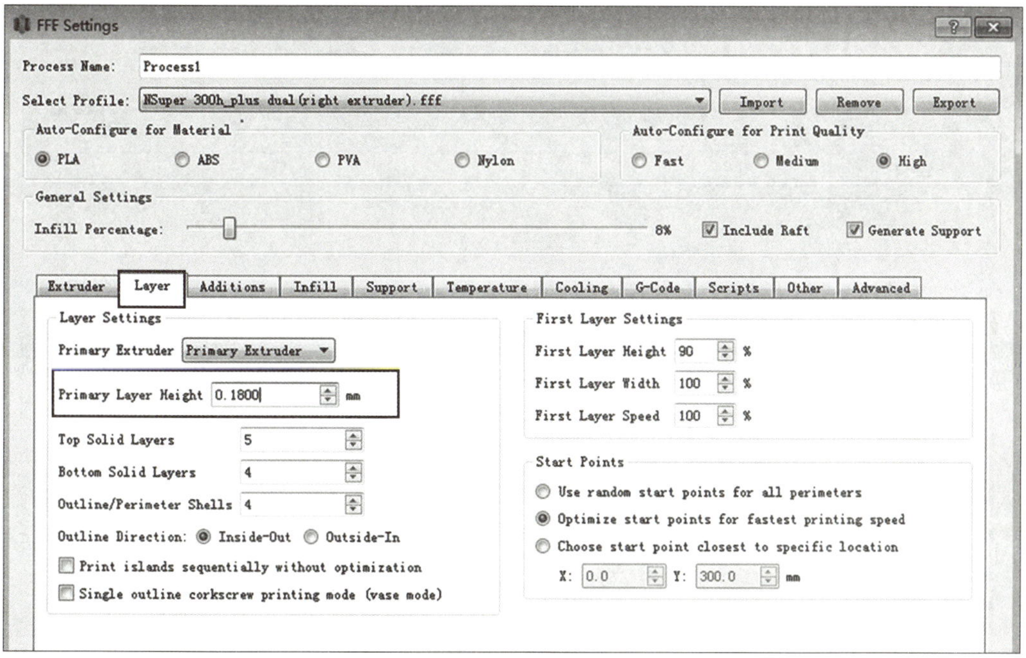

图 2–54 【层高】设置

2)【底座】设置(Additions)。底座在打印大模型时，可以防止模型翘边；打印小模型时，可以防止模型打印过程中因喷头抖动而无法粘住成形平台(特别是支撑部分)。名片盒添加底座的效果如图 2–55 所示。本任务中的名片盒尺寸适中，为节约打印时间，不需要加底座，设置底座时不勾选【Include Raft】命令，如图 2–56 所示。

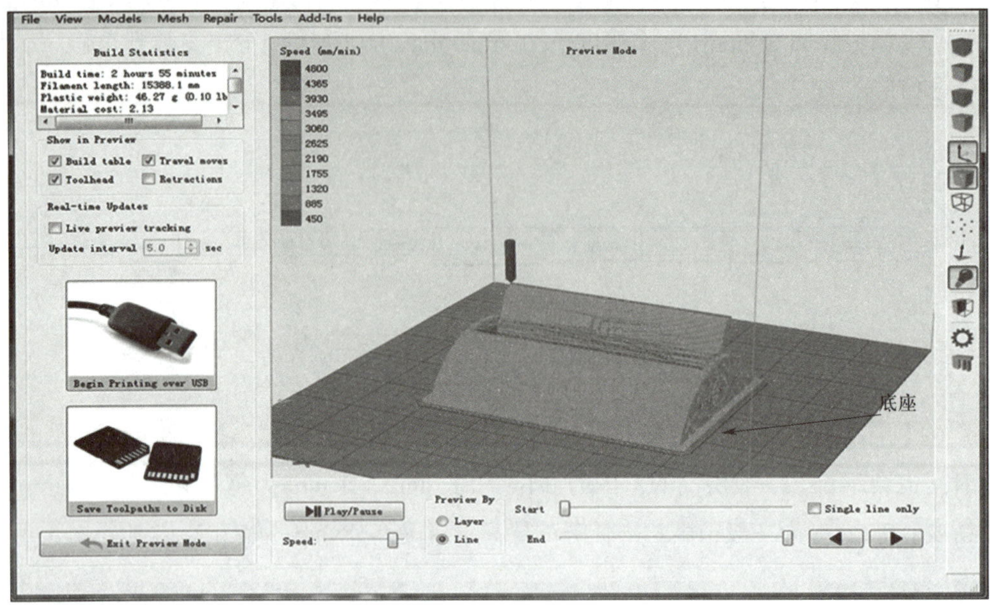

图 2-55　底座效果

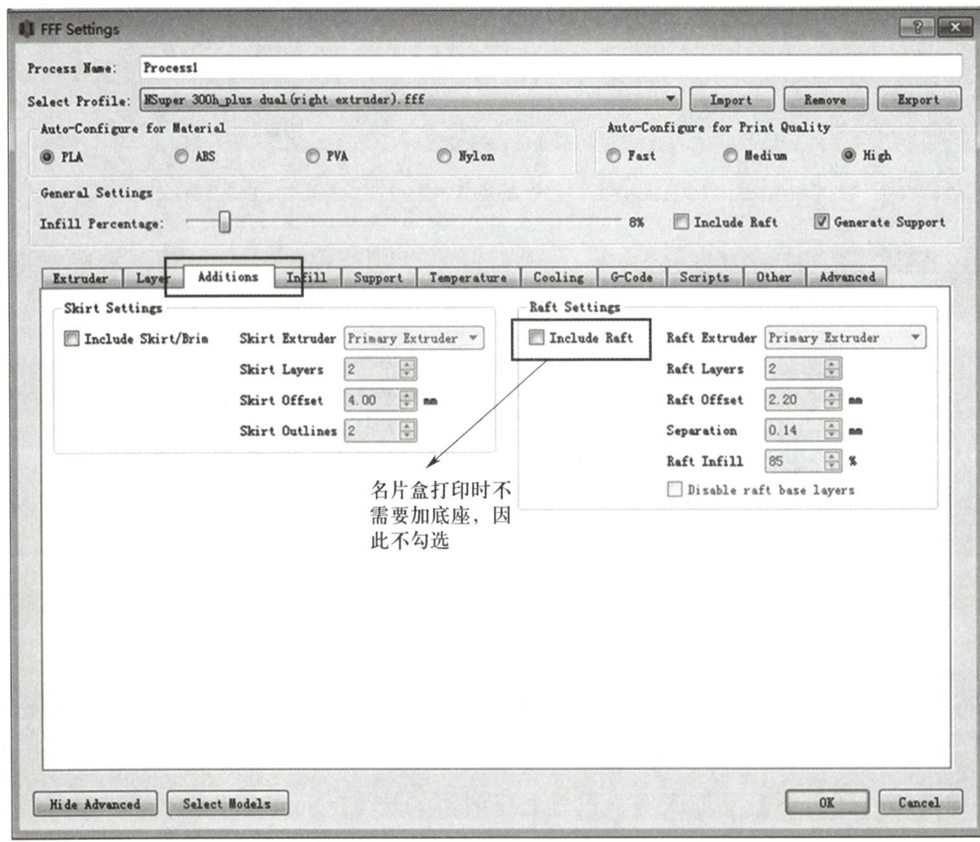

图 2-56　底座设置

3)【填充率】(Infill)。填充率 0 为空心，100% 为实心，一般填充率设置范围为 10% ~ 20%。如果需要打印高强度的模型，建议填充率设置在 50% 以上；如果打印件是从底部到顶部越来越小，即当顶部的上表面很小的时候，可以设置为空心。不同填充率的效果对比，如图 2–57 所示。本任务设置填充率为 18%，可以直接输入数值，也可以调节进度条，如图 2–58 所示。

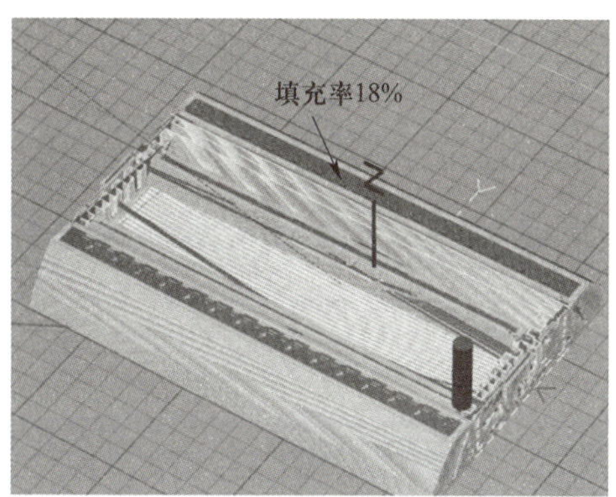

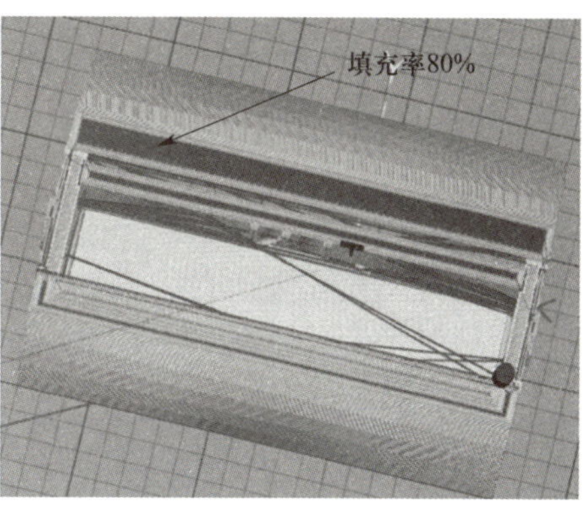

图 2–57　不同填充率的对比图

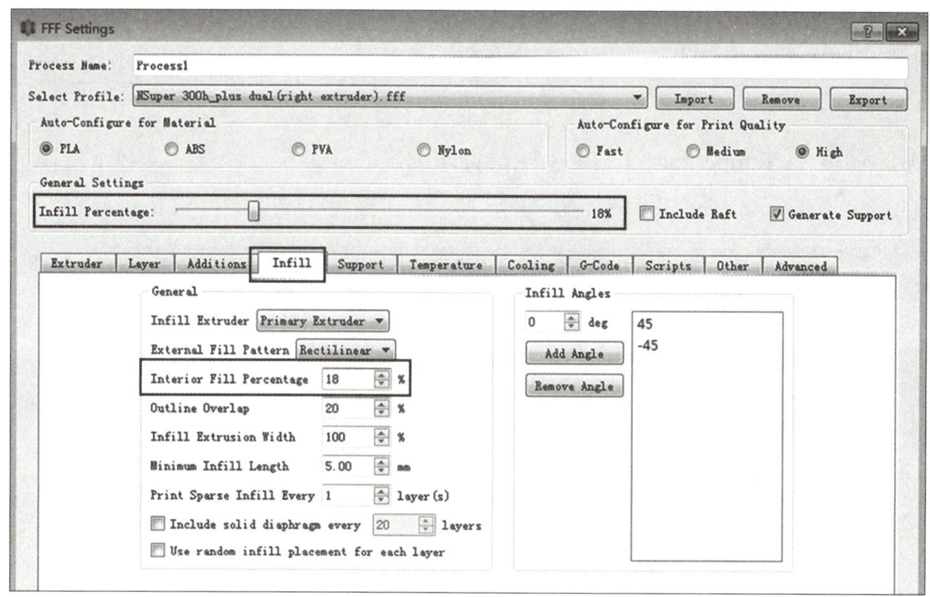

图 2–58　设置填充率

4)【支撑】(Support)。一般情况下，打印 3D 模型的悬空部分需要一定的支撑，是否需要打印支撑通常由层高度、宽度和倾斜角度（45°）决定。支撑越多消耗的材料越多，打印时间以及后处理的时间越长。本任务中的模型高度、宽度适中，且倾斜部分没有超过 45°，因此打印时只需要在名片盒内腔底部添加部分支撑即可。支撑设置如图 2–59 所示。

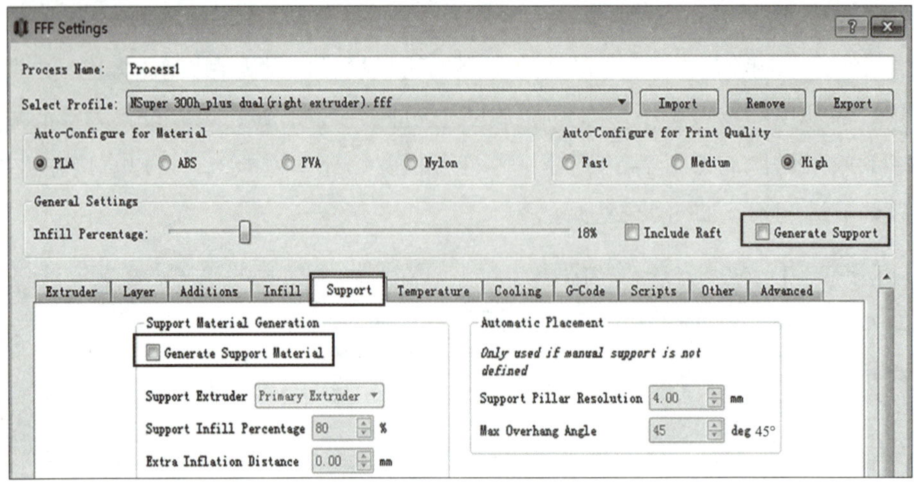

图 2-59　支撑设置

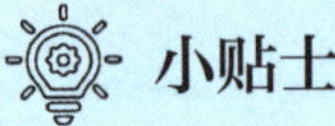

小贴士

本任务不能用自动支撑，因为名片盒大部分地方都不需要加支撑，只是型腔底部与外形底部之间存在一定的距离，需要在型腔底部加支撑，所以应该使用手动支撑。

5)【温度】(Temperature)。PLA 耗材打印温度在 190 ~ 210 ℃，冬天的温度要高，夏天的温度要低。本任务设置喷头温度为 190 ℃，温度设置如图 2-60 所示。

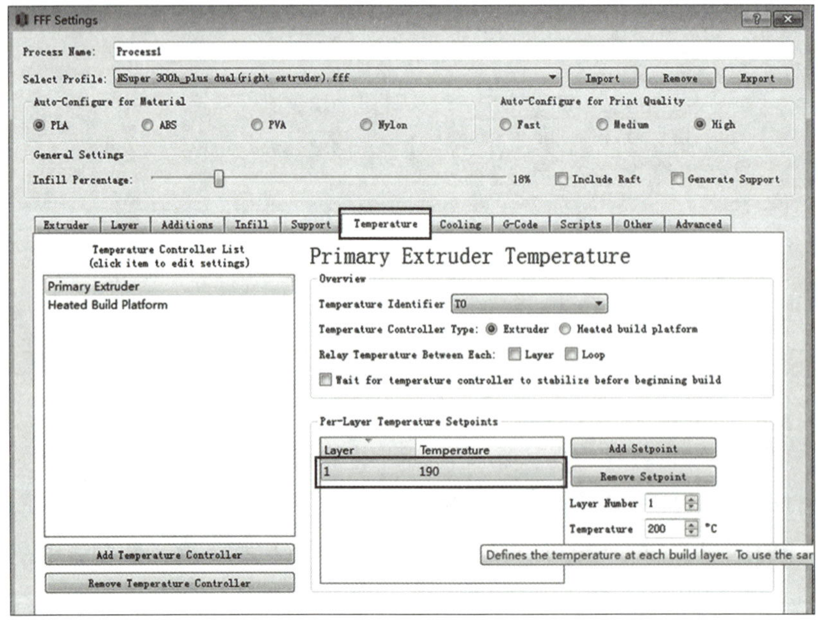

图 2-60　温度设置

6）速度。在一定情况下打印速度和打印质量成反比，也就是说，打印速度越快打印质量越差。本任务设置打印速度为 60 mm/s（3 600 mm/min），如图 2–61 所示。

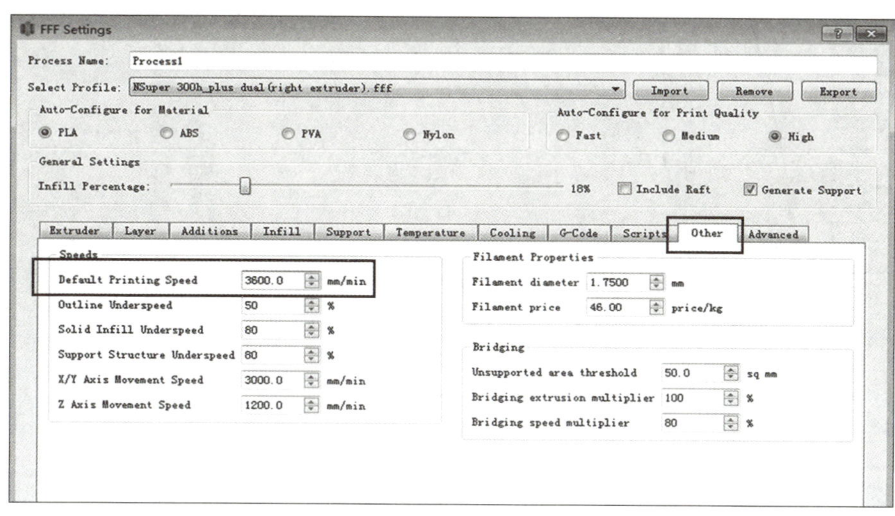

图 2–61　打印速度设置

小贴士

并不是每次切片都需要设置以上 6 个参数，一般情况下层高、填充率、温度、打印速度一次设置好后，除非有特殊要求否则后续切片时不需要变动。底座和支撑功能需要根据具体模型决定，每次切片的时候都需要设置。

（3）名片盒模型切片。参数设置完成后，单击切片【Prepare to Print】命令开始模拟打印，如图 2–62 所示。

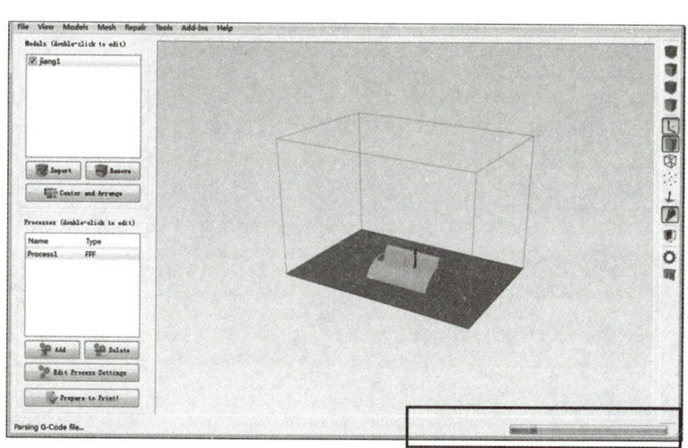

图 2–62　切片

（4）切片预览。切片后，Simplify3D 软件可以模拟打印过程，观察每层打印情况，如图 2–63 所示。

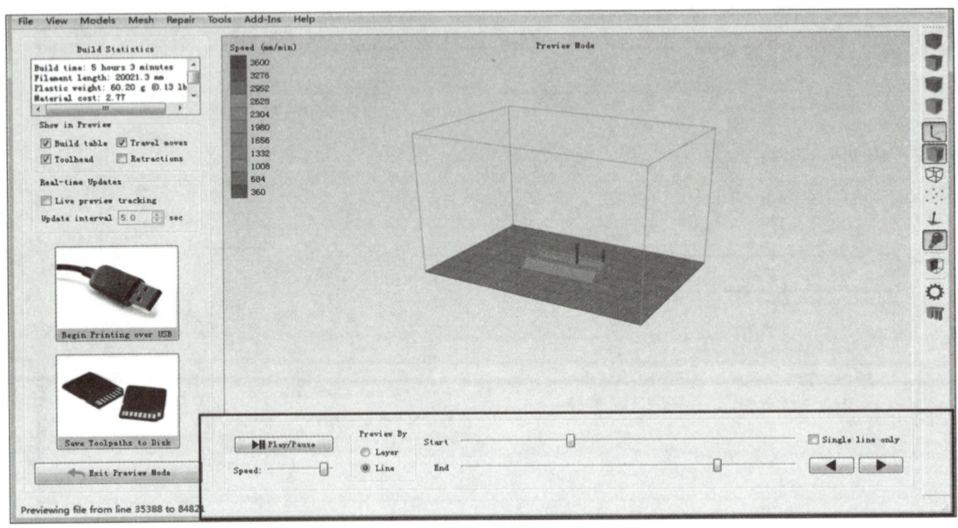

图 2–63　打印模拟

三、导出文件

在 Simplify3D 软件中可以选择打印方式，既可以选择联机打印【Begin Printing over USB】，也可以选择脱机打印【Save Toolpaths to Disk】，如图 2–64 所示。

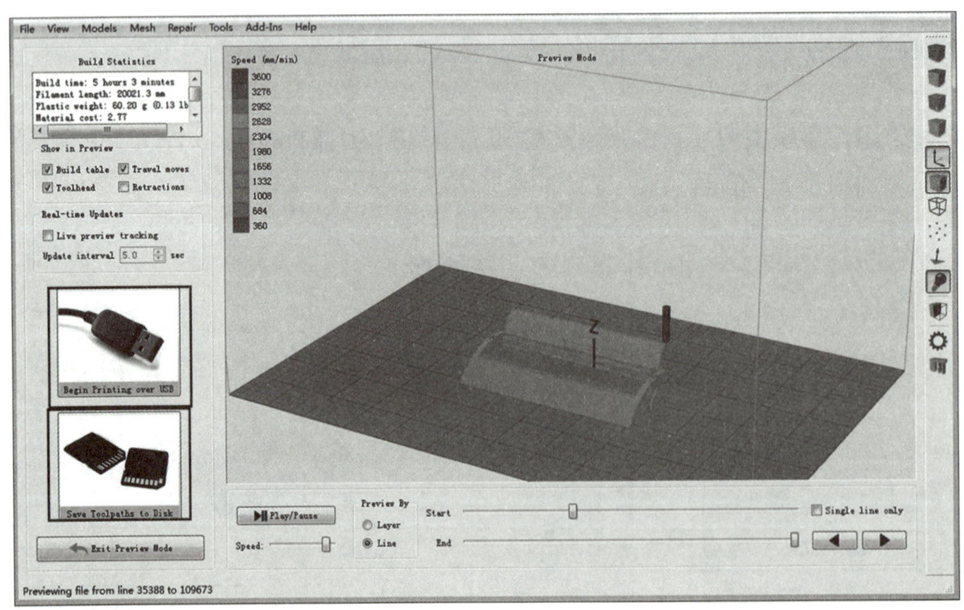

图 2–64　选择打印方式

本任务以脱机打印为例，选择脱机打印【Save Toolpaths to Disk】命令，弹出文件保存位置对话框，选择文件保存位置，单击【保存】，生成“.gcode”和“.x3g”两种后缀名的文件，如图 2-65 所示。

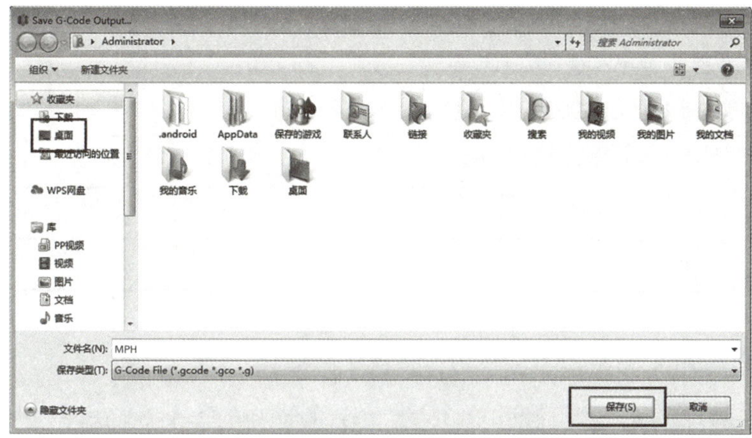

图 2-65 生成切片文件

任务评价

在本次任务中，将工匠时光主题的名片盒模型文件进行了修复和切片，请同学们根据今天的学习情况进行评价。

自评表（30 分）						
小组		姓名	日期			
评价主体	评价项目	评价要素	优秀	良好	待改进	自评分
学生自评	学习态度	学习积极认真，服从教师安排	9 ~ 10	6 ~ 8	0 ~ 5	
	学习能力	能掌握 3D 打印机支持的文件格式和模型存在的问题	9 ~ 10	6 ~ 8	0 ~ 5	
	任务完成度	能完成模型修复并生成切片文件	9 ~ 10	6 ~ 8	0 ~ 5	
互评表（30 分）						
小组		姓名	日期			
评价主体	评价项目	评价要素	优秀	良好	待改进	互评分
学生互评	团队意识	组内合作，有集体荣誉感	9 ~ 10	6 ~ 8	0 ~ 5	
	小组合作	组员分工明确，积极配合	9 ~ 10	6 ~ 8	0 ~ 5	
	沟通交流	积极讨论	9 ~ 10	6 ~ 8	0 ~ 5	

续表

教师评价表（40分）					
小组		姓名		日期	
评价主体	评价要点			配分	得分
教师评价	了解 3D 打印机支持的文件格式			8	
	熟练掌握自动修复方法			8	
	了解切片软件 Simplify3D 的各项功能			8	
	能独立完成模型切片			10	
	遵守规则，无不良课堂记录			6	

任务巩固

1. 请同学们查阅资料，列举出几种不同 3D 打印机对应的文件格式。

2. 同学们在上个任务中完成了创意笔筒的设计，请将设计的模型进行修复和切片，创意笔筒样例如图 2–66 所示。

图 2–66 创意笔筒模型

完成任务心得

1. 完成这次任务，你有什么收获？

2. 在完成这次任务的过程中，你认为有哪些不足的地方？

3. 你认为还有哪些可以改进的地方？

任务三　工匠时光名片盒模型打印

任务目标

1. 掌握 FDM 3D 打印机的使用。
2. 了解模型的打印过程。
3. 能独立完成工匠时光名片盒的打印。

任务描述

使用 FDM 3D 打印机打印名片盒模型，如图 2-67 所示。

图 2-67　名片盒模型

课前讨论

1. 模型打印过程中，会出现哪些问题？
2. 模型打印完成后可以直接使用吗？还需要进行哪些处理？

知识准备

一、FDM 打印机的成形过程

FDM 3D 打印机采用熔融沉积快速成形（Fused Deposition Modeling ）技术，通俗来讲就是利用高温将材料熔化成液态，通过喷头挤出后固化，最后在立体空间上排列成立体实物。FDM 3D 打印成形流程如图 2-68 所示。

FDM 3D 打印机工作原理是将低熔点丝状材料通过加热的喷头熔化成液体，再通过喷头挤出，喷头沿模型每一截面的轮廓准确运动，挤出半流动的热塑材料沉积固化成精确的实际部件薄层，覆盖于已建造的模型之上，并在 0.1 s 内迅速凝固。每完成一层，工作台便下降一层高度，喷头再进行下一层截面的扫描喷丝，如此反复逐层沉积，直到最后一层，这样逐层由底到顶地堆积成一个实体模型或零件。FDM 3D 打印机工作原理如图 2–69 所示。

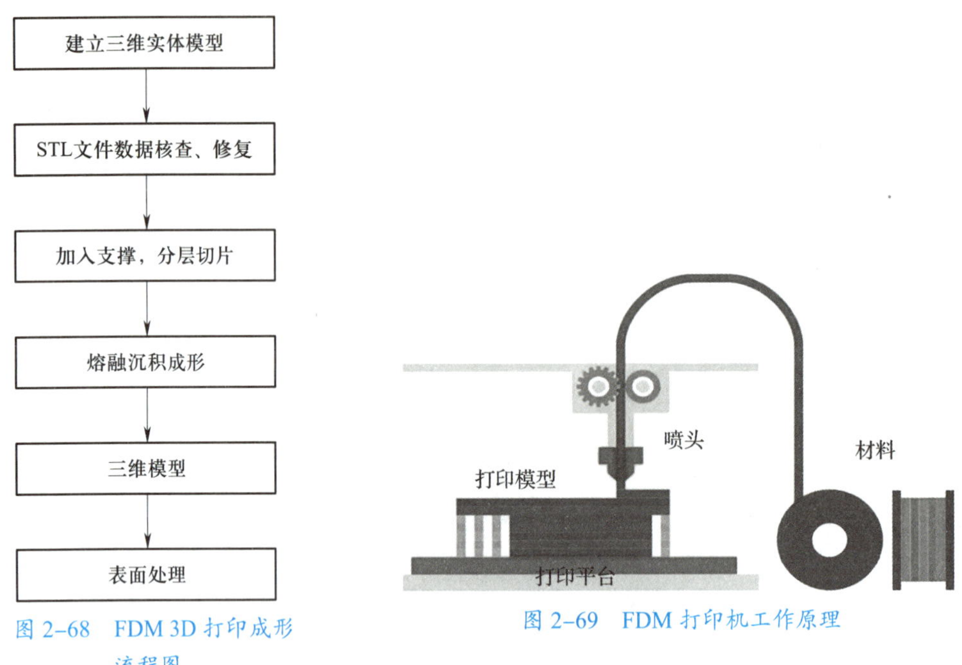

图 2–68　FDM 3D 打印成形流程图

图 2–69　FDM 打印机工作原理

二、任务分析

前面两个任务介绍了名片盒模型的设计与切片，现在就让我们用 FDM 3D 打印机将自己设计的名片盒打印出来，本任务包含以下知识点。

（1）FDM 3D 打印机的使用。

（2）模型打印。

（3）模型成形后处理。

任务实施

一、FDM 3D 打印机的使用

1. 开机

打开打印机开关通电，打印机显示屏如图 2–70 所示。

图 2-70　FDM 3D 打印机显示屏

2. 粘贴美纹胶带

机器加热前，在打印平台上粘贴美纹胶带，如图 2-71 所示。在打印过程中，将美纹胶带粘在打印平台上，可以大幅度增加模型和平台之间的附着力，防止模型在打印过程中翘边，进而有效减少打印时间。

图 2-71　粘贴美胶带

3. 校准打印平台

单击显示屏上的【平台校准】选项，将打印平台底部的调平螺母逆时针拧紧 4 圈，然后将平台上升到最高处，接着拿一张 A4 纸检查工作台和喷头之间的高度，要保证 A4 纸能顺利通过工作台和喷头之间且带轻微阻力，如果 A4 纸能轻松被拉出，说明喷头子工作台的间隙过大应顺时针拧松螺母。校准打印平台如图 2-72 所示。

4. 加载耗材

将打印材料的自由端用剪刀剪成尖状，点击打印机显示屏上的【耗材更换】选项，选择装载右边，喷头开始加热，当喷头加热完毕听到提示音，将丝材顶端从导管穿出，并把它慢慢送到挤出机上面的洞里，如图 2-73 所示。当看到有丝材从喷嘴中顺畅挤出，按返回键，完成耗材装载工作。出丝如图 2-74 所示。

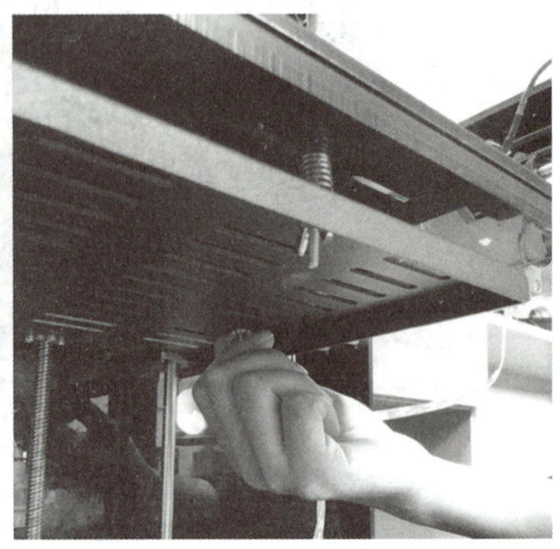

图 2-72 校准打印平台

图 2-73 装载耗材

图 2-74 出丝

二、打印模型

（1）将前面保存的切片文件“MPH.x3g”拷贝到 SD 卡中，把 SD 卡插入打印机卡槽内，如图 2-75 所示。然后单击打印机显示屏中的【SD 卡】选项，单击名称为“MPH”的文件，打印机开始打印。选择打印文件如图 2-76 所示。

（2）刚开始打印时，需要时刻关注喷头与平台之间的距离，可以通过打印平台底

图 2-75　插入 SD 卡

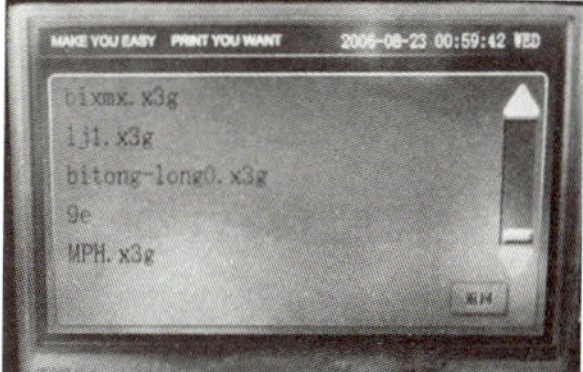

图 2-76　选择打印文件

下的三个调节螺母适当调节高度，当挤出的丝能平铺在美纹胶带上时，距离调节完毕。

（3）平台调整好后，需要观察一段时间，确保送丝顺畅。打印过程中应有人值守。

（4）当打印完成后，将打印平台降下来，使用铲子和镊子将打印件从平台上移除，如图 2-77 所示。

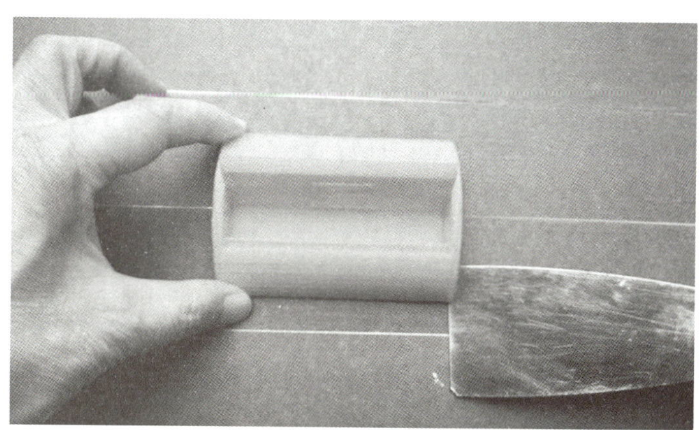

图 2-77　取件

三、模型的后处理

打印后模型的后处理一般分为去支撑、打磨以及上色。本任务模型仅底部有少许支撑，可以手动去除，因此取件完成后，仅需用砂纸对模型表面进行适当打磨即可。具体后处理方法在后续章节进行详细介绍。

任务评价

在本次任务中，用 FDM 3D 打印机打印工匠时光主题的名片盒，请同学们根据今天的学习情况进行评价。

自评表（30 分）						
小组		姓名		日期		
评价主体	评价项目	评价要素	优秀	良好	待改进	自评分
学生自评	学习态度	学习积极认真，服从教师安排	9 ~ 10	6 ~ 8	0 ~ 5	
	学习能力	掌握 FDM 3D 打印机的使用	9 ~ 10	6 ~ 8	0 ~ 5	
	任务完成度	能完成名片盒的打印	9 ~ 10	6 ~ 8	0 ~ 5	

互评表（30 分）						
小组		姓名		日期		
评价主体	评价项目	评价要素	优秀	良好	待改进	互评分
学生互评	团队意识	组内合作，有集体荣誉感	9 ~ 10	6 ~ 8	0 ~ 5	
	小组合作	组员分工明确，积极配合	9 ~ 10	6 ~ 8	0 ~ 5	
	沟通交流	积极讨论	9 ~ 10	6 ~ 8	0 ~ 5	

教师评价表（40 分）			
小组	姓名	日期	
评价主体	评价项目	配分	得分
教师评价	了解 FDM 3D 打印机的成形过程	8	
	能正确调节打印平台	8	
	能完成耗材的加载与卸载	8	
	能独立完成打印，符合要求	10	
	遵守规则，无不良课堂记录	6	

任务巩固

1. 工匠时光名片盒已打印完成，请同学们拿着自己设计并打印完成的名片盒进行讲演，说明设计思路以及创新点，并由全体师生投选出最有创意的作品。

2. 请同学们打印自己设计的创意笔筒，并简述在设计、修复、切片、打印过程中遇到的问题及解决方法。

完成任务心得

1. 完成这次任务，你有什么收获？

2. 在完成这次任务的过程中，你认为有哪些不足的地方？

3. 你认为还有哪些可以改进的地方？

项目三　活动机器人模型的设计与打印

项目说明

增材制造技术应用于文化创意产业，能够节省产品的制作时间，为设计者提供广阔的思维发展空间，使模型制作更加多样化、个性化，让模型的精细度更高，真实感更强。近年来在影视作品中出现了很多各式各样的机器人形象，2008 年由安德鲁·斯坦顿执导的科幻动画电影《机器人总动员》曾获得第 81 届奥斯卡最佳动画长片奖。影片中的机器人瓦力给我们留下了深刻的印象，同学们能不能根据机器人瓦力的形象（见图 3–1）设计一个自己专属的机器人模型呢?

图 3–1　机器人瓦力

本项目任务为采用 FDM 3D 打印技术制作一个可以活动的机器人模型，该模型由多个零件构成，零件间通过连接轴连接形成关节，各个零件通过关节可以活动。机器人模型一次打印成形，打印完成后无需装配即可实现机器人各关节处的活动。

项目内容提示

- 任务一　活动机器人模型的设计（12 学时）。
- 任务二　活动机器人模型的切片（2 学时）。
- 任务三　活动机器人模型的打印（6 学时）。

任务一　活动机器人模型的设计

任务目标

1. 了解活动机器人模型的设计思路。
2. 掌握活动机器人模型的设计方法。
3. 能够通过三维建模软件设计出一次打印成形可活动的装配体。

任务描述

通过对之前项目的学习，我们已经成功设计出了实用的、个性化的名片盒。接下来请同学们发挥想象力设计一个自己专属的机器人模型，参考模型如图 3–2 所示。

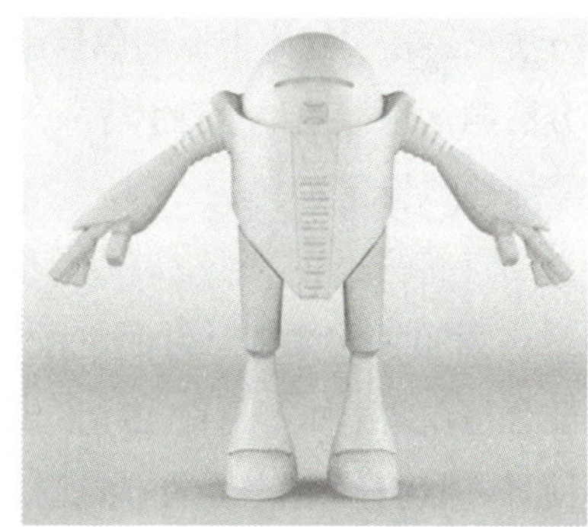

图 3–2　机器人模型图片

该机器人模型由多个零件构成，要求零件间连接的关节能够活动。机器人模型装配体通过 FDM 3D 打印一次成形，打印成形后无须手动装配。具体设计要求如下。

（1）机器人模型的总高度小于 100 mm。

（2）机器人模型的外观可根据自己的设计进行定制，但要保证能用现有的 FDM 3D 打印设备制造完成。

（3）机器人模型的头、手臂、手、腿、脚尽量能够活动。

（4）设计时应满足 FDM 3D 打印一次成形的要求，机器人模型的各关节处无需装配。

课前讨论

1. 机器人模型由多少个零件组装而成？它们分别是什么？
2. 我们可以通过什么软件对机器人模型进行实体建模？

知识准备

一、装配体设计的步骤

（1）启动 SolidWorks，进入装配体工作模式。

（2）插入第 1 个零件模型放置在装配体的原点处，即零件原点与装配体原点重合。

（3）插入一个与第 1 个零件模型有装配关系的零件模型，分析两个零件之间的装配约束关系，然后选取相应的约束选项进行零件装配操作。

（4）插入其他与已装配零件有装配关系的零件模型并进行装配。

（5）全部零件装配完毕后，将装配体命名存盘。

二、在 SolidWorks 中导入零部件

可通过多种方法将零部件添加到新的或现有的装配体中。

方法一：使用【插入零部件】属性管理器。

方法二：从一个打开的文件窗口中拖动。

方法三：在装配体中拖动以复制添加现有的零部件。

方法四：选择菜单【工具】→【特征调色板】命令，在特征调色板窗口中拖动所需的零部件到装配体中。

三、添加装配体零部件间的配合关系

配合是在装配体零部件之间生成几何约束的关系。通过配合减少零部件的自由度，从而使零件具有确定的运动方式或者空间位置。配合可以分为标准配合和高级配合，具体形式及其功能说明见表 3–1。

表 3-1　标准、高级配合约束形式及其功能说明

配合类型	配合名称	功能说明
标准配合	重合	将所选点、边线、面及基准面重合在一个点、一条线或者一个面上
	平行	在所选项目之间加入平行约束关系
	垂直	在所选项目之间加入垂直约束关系
	相切	在所选项目之间加入相切约束关系，所选项目至少有一项为圆柱面、圆锥面或球面
	同轴心	使所选项目保持同轴，常用在圆柱面、锥面、球面、轴线、直线等
	锁定	保持两个零部件之间的相对位置和方向，零部件相对于对方被完全约束
	距离	使所选项目之间保持指定的距离
	角度	使所选项目之间保持指定的角度
高级配合	对称	强制使两个相似的实体相对于零部件的基准面或平面或装配体的基准面对称
	宽度	使标签位于凹槽宽度内的中心
	路径配合	将零部件上所选的点约束到路径，用户可以在装配体中选择一个或多个实体来定义路径
	线性 / 线性耦合	在一个零部件的平移和另一个零部件的平移之间建立几何关系
	轮廓中心配合	将矩形和圆形轮廓互相中心对齐，并完全定义组件
	限制配合	允许零部件在距离配合和角度配合的一定数值范围内移动

四、镜像零部件

镜像零部件可以生成具有对称结构的新零部件。如果“源”零部件更改，所镜像的零部件也随之更改。

镜像零部件的操作步骤为：单击菜单栏【插入】→【镜像零部件】按钮，弹出【镜像零部件】属性管理器，选择镜像基准面和需要镜像的零部件，单击【确定】按钮，完成镜像。

五、移动零部件

当零部件所在的位置不便于装配操作时，可以移动零部件。

移动零部件的操作步骤为：单击【装配体】选项卡中的【移动零部件】按钮（或单击【旋转零部件】按钮），弹出【移动零部件】属性管理器，在【移动】栏中将移动方式设为【自由拖动】，选择要进行移动的零部件，然后就可以在配合约束限制的范围内移动零部件了。

六、对装配体进行干涉检查

结构较为复杂的装配体具有多个零部件，通过肉眼很难确定零部件之间是否有冲突的地方，此时可以使用【干涉检查】命令来检查装配体中的任意零件在空间上是否存在重叠。

干涉检查的操作步骤为：单击菜单栏【工具】→【干涉检查】按钮，弹出【干涉检查】属性管理器，选择要进行干涉检查的配合实体，单击【计算】按钮，干涉结果会列在【结果】框中，干涉区域在绘图区域中将显示为红色。

任务实施

一、活动机器人模型设计的初步构想

以下图机器人模型为例，用 SolidWorks 软件设计一个自己专属的机器人模型。

（1）初步构想机器人模型的形状。机器人模型如图 3–3、图 3–4 所示，可以根据这个模型进行设计，也可以在此基础上进行创新，满足任务要求即可。

图 3–3　机器人模型正面

图 3–4　机器人模型反面

（2）完成机器人模型头、身体、手臂、手、腿和脚的设计。设计时应仔细考虑各零件间的连接方式（见图 3–5）及尺寸，保证后期能够正确打印。机器人模型的头部可以上下小幅度移动，可以 360°转动；手臂、手、腿分别可以绕轴旋转；脚作为轮子也可以滚动。

（3）装配机器人模型（见图 3–6）。转动机器人模型的腿、手，并进行干涉检查，为后期的 3D 打印做准备。

（4）导出 STL 格式文件。

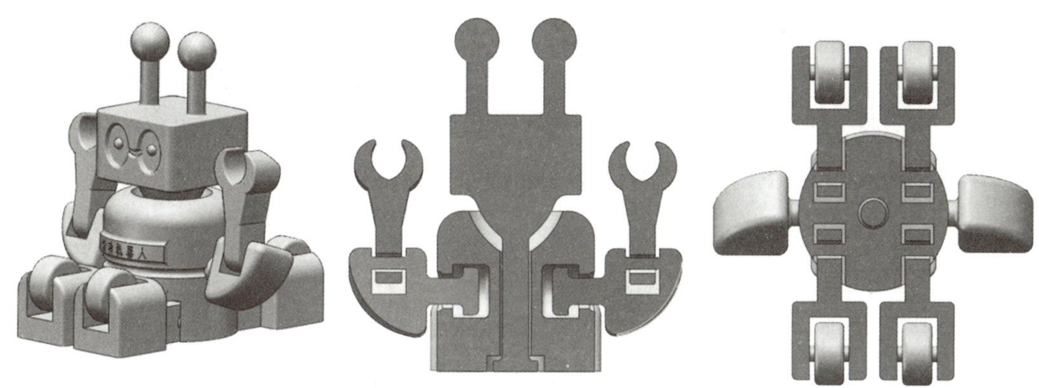

图 3-5　机器人模型零件间连接处结构

图 3-6　机器人模型装配体

二、机器人模型头部设计

因为机器人模型的头部可以旋转，因此将机器人模型头部的正反面设计出不同的表情，可以通过旋转进行变换。参考模型如图 3-7 所示。

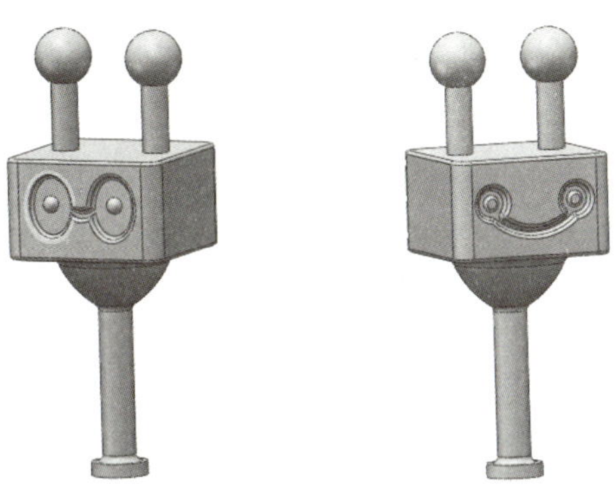

图 3-7　机器人模型的头部

1. 设计机器人模型头部主体

将上视基准面确定为草图平面，绘制一个 25 mm × 25 mm 的正方形，如图 3–8 所示。使用【拉伸凸台】命令将该草图拉伸 15 mm，拉伸完成后将锐边倒圆角，四边圆角半径为 2.5 mm，上下两面圆角半径为 0.5 mm，如图 3–9 所示。

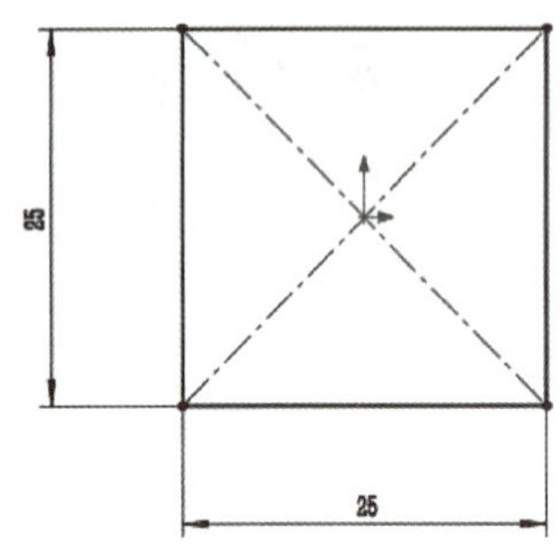

图 3–8　头部草图 1

图 3–9　拉伸和倒圆角

2. 设计机器人模型头与身体的连接部分

将前视基准面确定为草图平面，按照图 3–10 进行绘制。绘制完成后使用【旋转凸台】命令将该草图旋转 360°，旋转完成后将锐边倒圆角，圆角半径分别为 2.5 mm 和 1 mm，如图 3–11 所示。

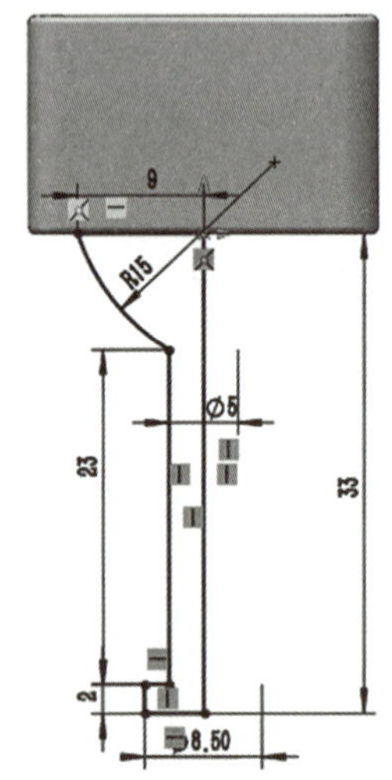

图 3–10　头部草图 2

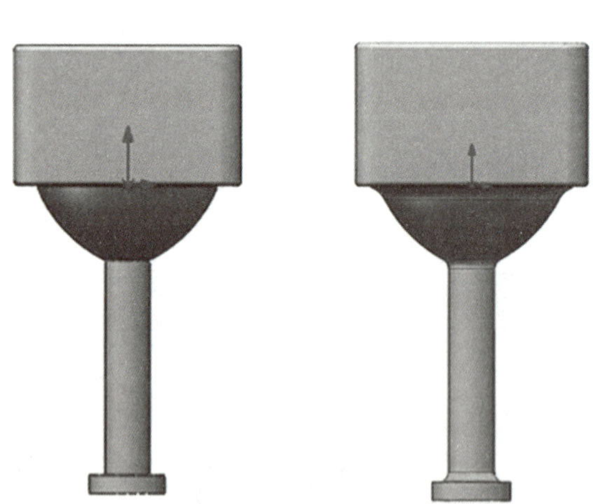

图 3–11　旋转生成头与身体的连接部分

3. 设计机器人模型头顶形状

将头部主体上表面确定为草图平面，按照图 3–12 进行绘制。绘制完成后，使用【拉伸凸台】命令将该草图拉伸 10 mm，如图 3–13 所示。

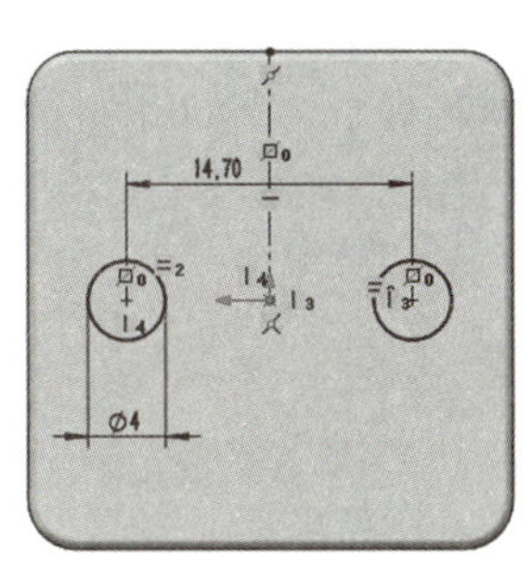

图 3-12 头部草图 3

图 3-13 拉伸后效果

单击菜单栏【插入】→【特征】→【圆顶】按钮，弹出【圆顶 1 】属性管理器，选中左边圆柱顶面，其他参数设置如图 3-14 所示，单击【确定】按钮，完成左边圆顶的创建，用同样方法创建右边圆顶，如图 3-15 所示。

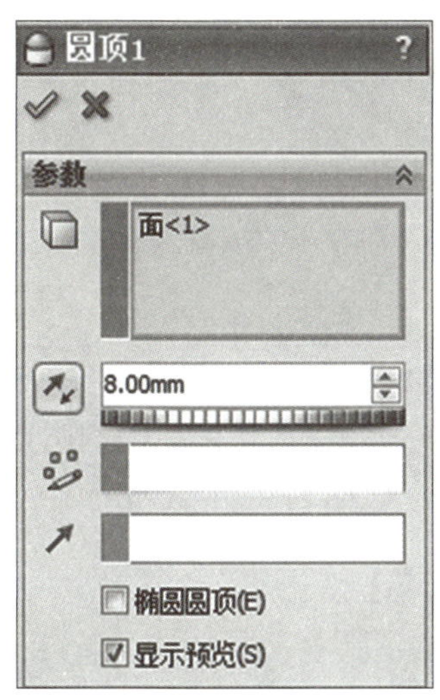

图 3-14 圆顶参数设置

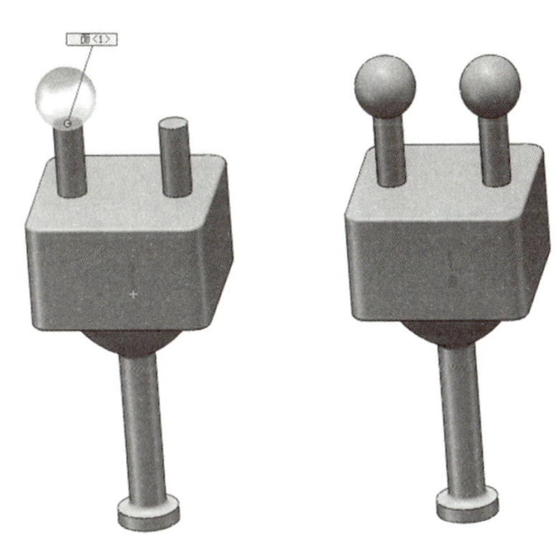

图 3-15 创建圆顶

4. 设计机器人模型面部表情

同学们可以根据自己的设计，通过【拉伸凸台】、【拉伸切除】、【圆顶】、【圆角】等命令来完成机器人面部表情的设计（见图 3-16）。

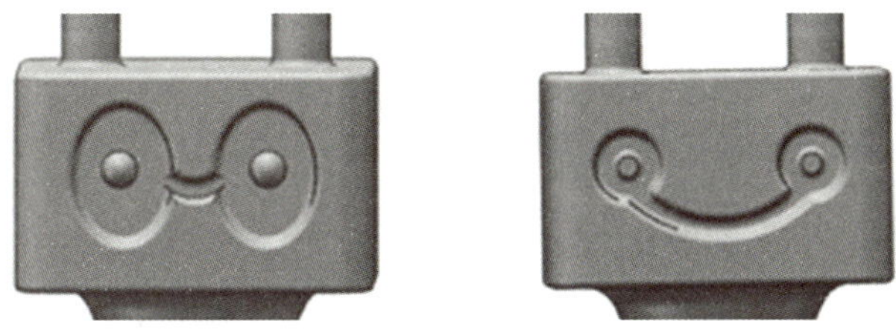

图 3-16 机器人模型的面部表情

小贴士

进行机器人面部表情设计时，拉伸切除的深度最好不要超过 1 mm，并尽量采用圆角过渡，这样可以减少支撑，便于后期的 3D 打印成形。

三、机器人模型身体的设计

机器人模型的身体部分作为整个模型的支撑零件，将与头部、手臂、腿连接起来，并实现各零件间的相对活动，形成动连接，参考模型如图 3–17 所示。

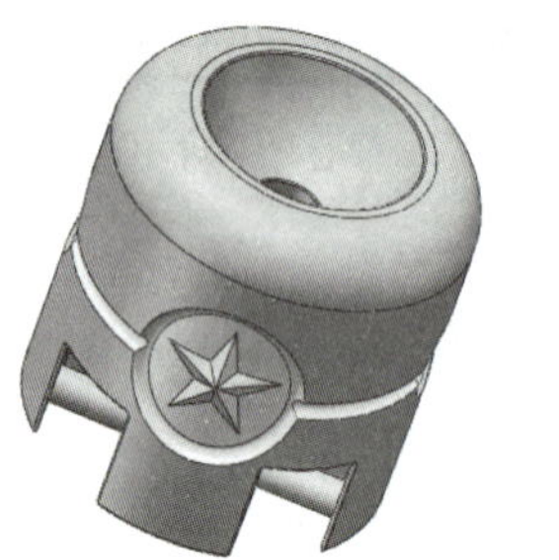

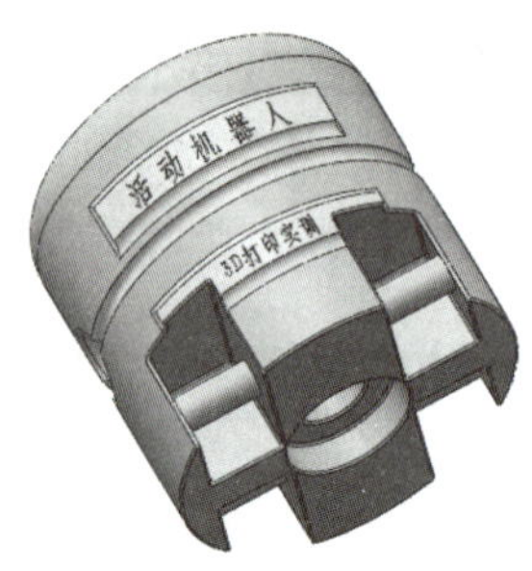

图 3–17　机器人模型的身体

1. 设计机器人模型身体

将上视基准面确定为草图平面，绘制直径为 30 mm 的圆形，如图 3–18 所示。使用【拉伸凸台】命令将该草图两侧对称拉伸 30 mm，拉伸完成后将上边线倒圆角，圆角半径为 5 mm，如图 3–19 所示。

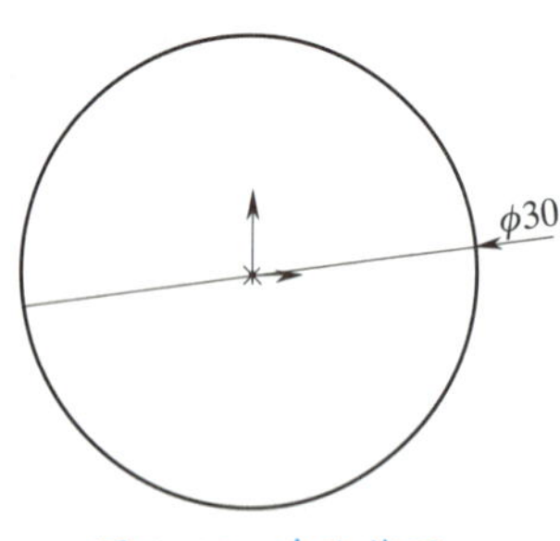

图 3–18　身体草图 1

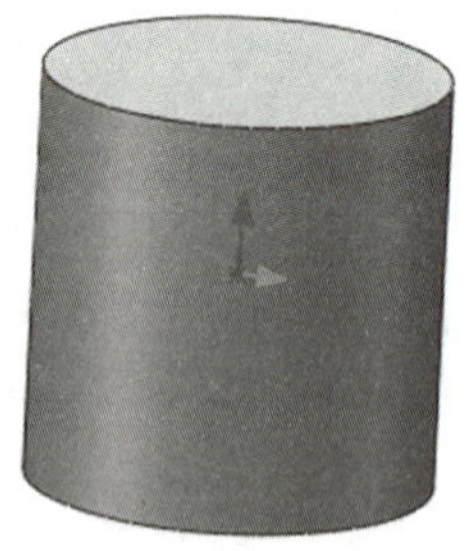

图 3–19　拉伸和倒圆角

2. 设计机器人模型身体与头的连接部分

将前视基准面确定为草图平面，按照图 3–20 绘制草图。使用【旋转切除】命令将该草图旋转切除 360°，如图 3–21 所示。旋转切除完成后将锐边倒圆角，未标注圆角半径为 0.2 mm。

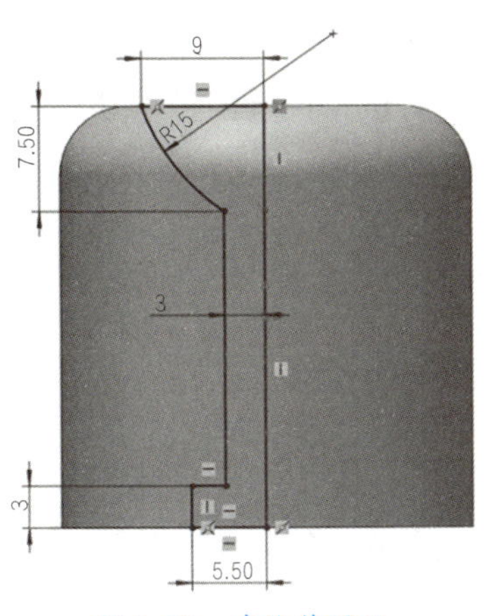

图 3-20 身体草图 2

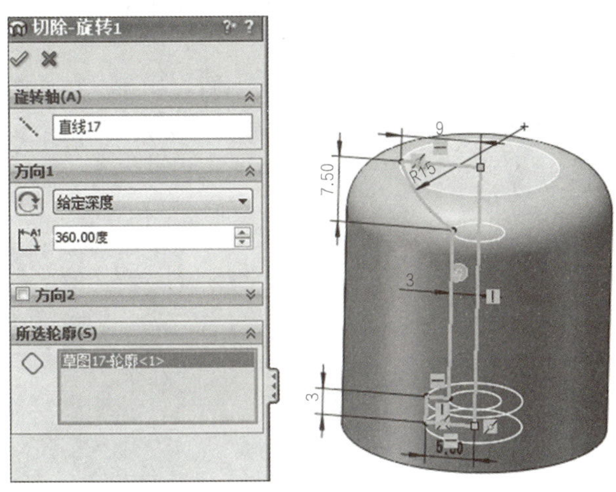

图 3-21 旋转切除生成身体与头的连接部分

3. 设计机器人模型身体与手臂的连接部分

将前视基准面确定为草图平面，按照图 3-22 绘制草图。使用【旋转切除】命令将该草图旋转切除 360°，如图 3-23 所示。

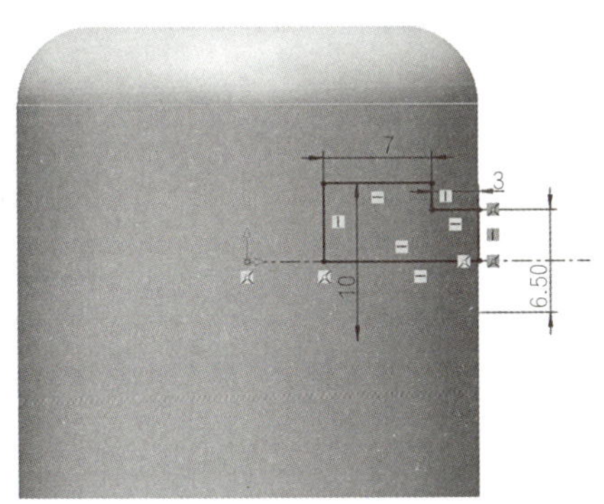

图 3-22 身体草图 3

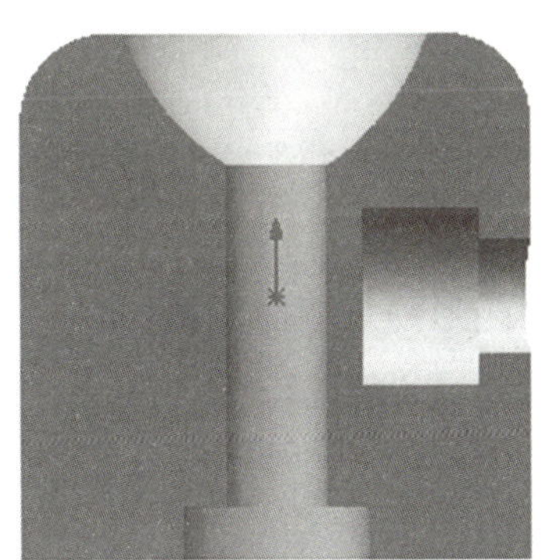

图 3-23 旋转切除生成身体与手臂的连接部分

旋转切除完成后将图 3-24 所示的四条锐边倒圆角，圆角半径为 0.4 mm。使用【镜像】命令生成身体与手臂的左边连接部分，如图 3-25 所示。

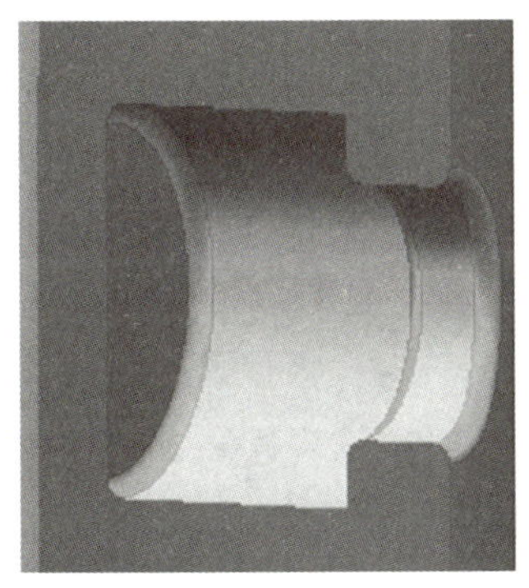

图 3-24 倒圆角

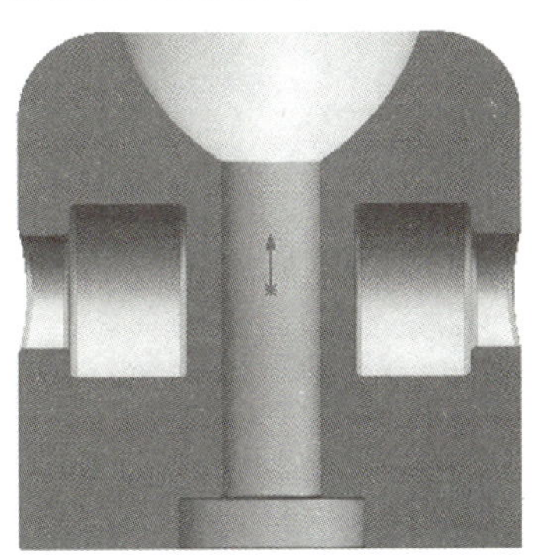

图 3-25 镜像

4. 设计机器人模型身体与腿的连接部分

将前视基准面确定为草图平面，绘制 9 mm × 6.5 mm 的矩形，如图 3–26 所示。使用【拉伸切除】命令，拉伸切除参数设置如图 3–27 所示，将该草图等距拉伸切除至完全贯穿。

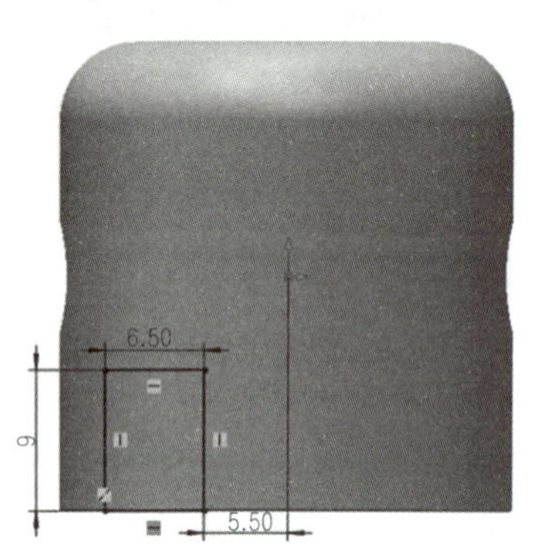

图 3–26　身体草图 4

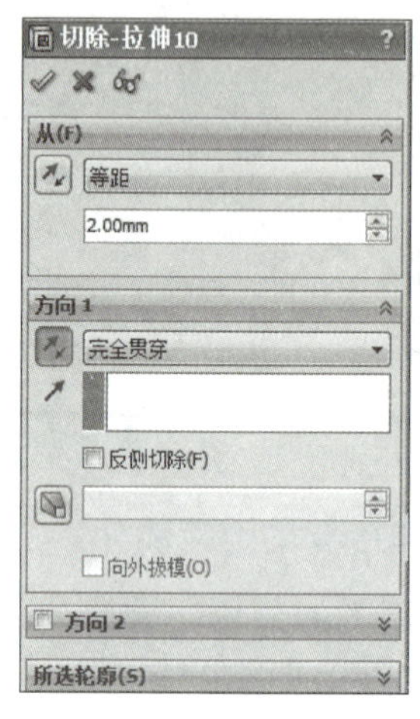

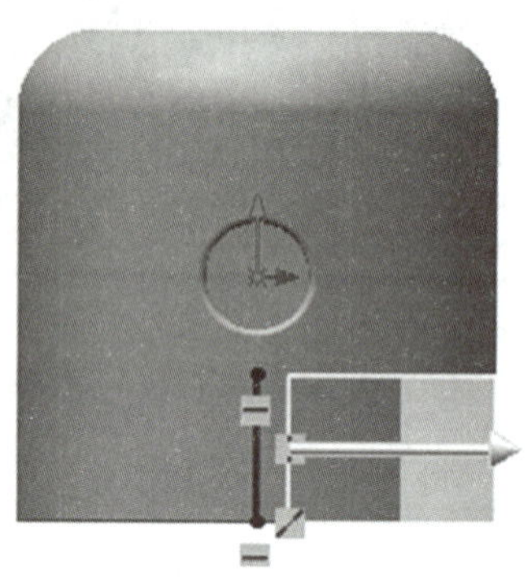

图 3–27　拉伸切除生成身体与腿的连接部分

将拉伸切除后的侧面设置为草图平面，绘制如图 3–28 所示的草图，使用【拉伸凸台】命令将该草图拉伸成形到下一面。拉伸完成后将锐边倒圆角，未标注圆角半径为 0.2 mm，如图 3–29 所示。最后使用两次【镜像】命令生成身体与腿的四个连接部分，如图 3–30 所示。

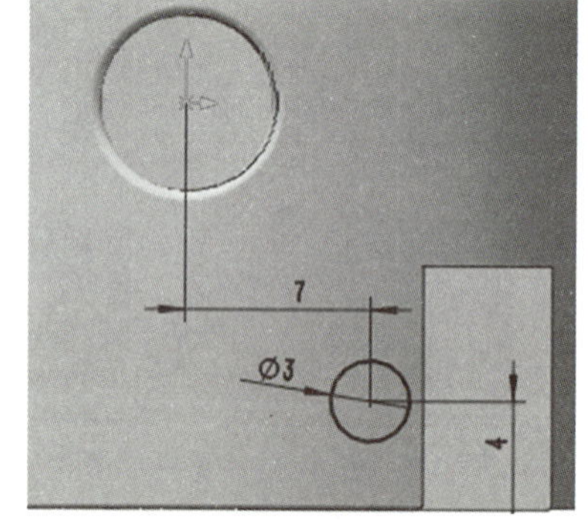

图 3–28　身体草图 5

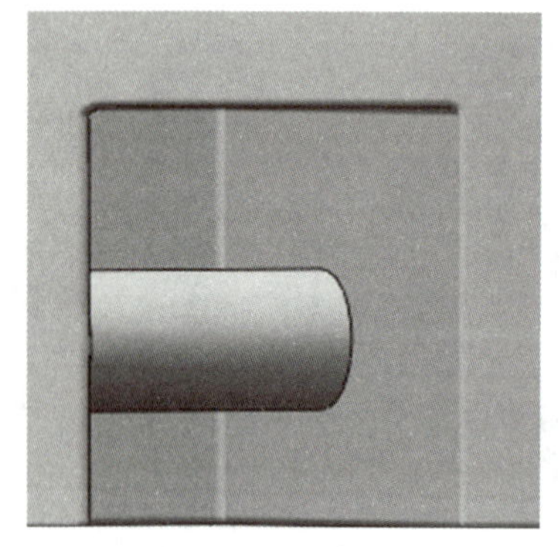

图 3–29　拉伸凸台

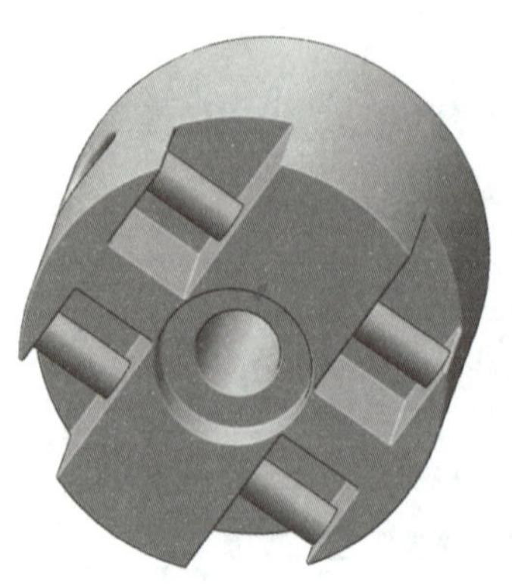

图 3–30　两次镜像

5. 设计机器人模型身体表面的装饰部分

机器人模型身体表面的装饰同学们可以根据自己的设计，利用【拉伸切除】、【扫描切除】、【放样凸台】、【包覆】、【圆角】等命令来完成（见图 3–31）。

图 3–31　机器人模型身体表面的装饰部分

> **小贴士**
>
> 进行机器人模型身体表面的装饰部分设计时，凸台或切除的深度最好不要超过 1 mm，并尽量采用平滑过渡，这样可以减少支撑，便于后期的 3D 打印成形。

四、机器人模型手臂的设计

机器人模型有左、右两个手臂。手臂一端连接身体，一端连接手。手臂可以围绕轴线转动，也可以少量地在身体内左右伸缩，参考模型如下图 3–32 所示。

1. 设计机器人模型手臂主体

将前视基准面确定为草图平面，绘制如图 3–33 所示的草图。使用【拉伸凸台】命令将该草图两侧拉伸 12 mm，拉伸完成后将锐边倒圆角，圆角半径为 2 mm，如图 3–34 所示。

2. 设计机器人模型手臂与身体的连接部分

将拉伸凸台侧面确定为草图平面，绘制如图 3–35 所示的草图。使用【拉伸凸台】命令将该草图拉伸 7 mm，如图 3–36 所示。

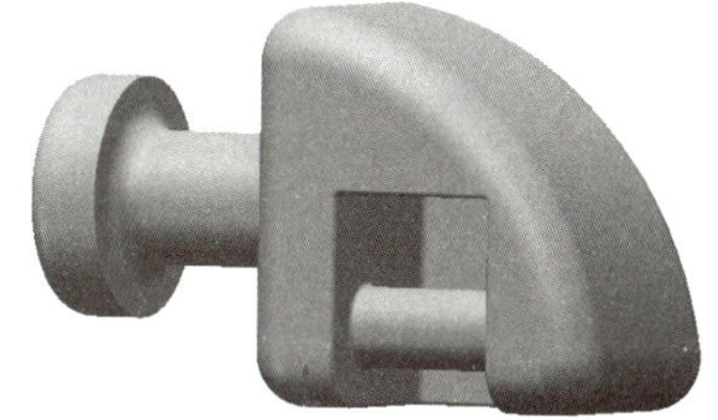

图 3–32　机器人模型的手臂

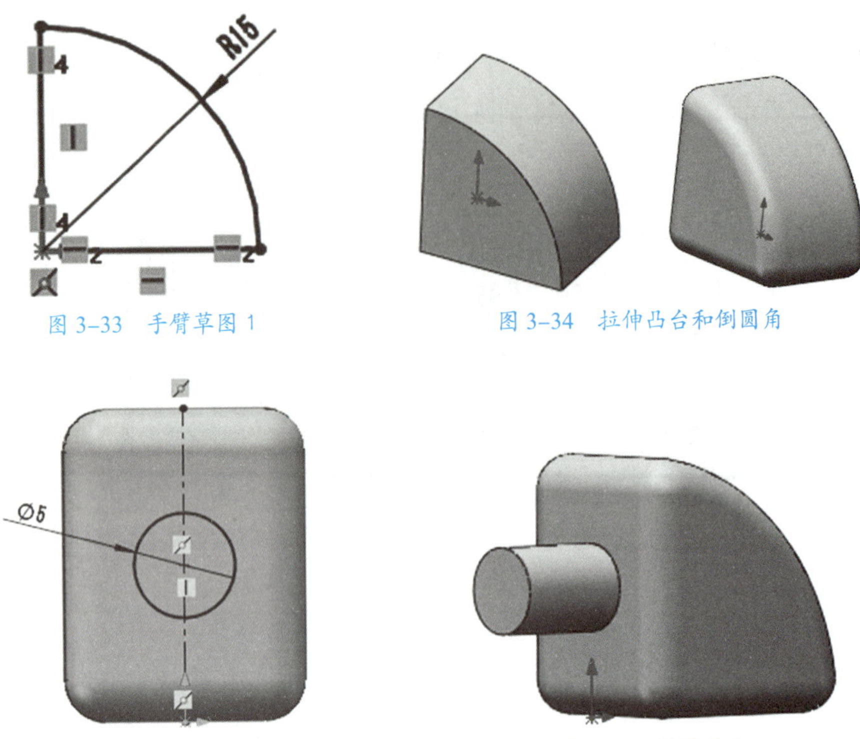

图 3-33 手臂草图 1

图 3-34 拉伸凸台和倒圆角

图 3-35 手臂草图 2

图 3-36 拉伸凸台

将拉伸凸台的顶面确定为草图平面，绘制如图 3-37 所示的草图。使用【拉伸凸台】命令将该草图拉伸 3 mm。拉伸凸台完成后锐边倒圆角，圆角半径为 1 mm，如图 3-38 所示。

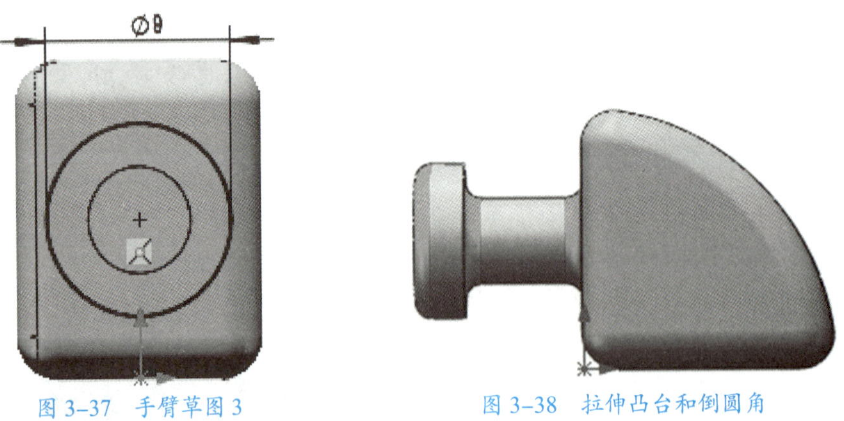

图 3-37 手臂草图 3

图 3-38 拉伸凸台和倒圆角

3. 设计机器人模型手臂与手的连接部分

将手臂主体侧面确定为草图平面，绘制如图 3-39 所示的草图。使用【拉伸切除】命令将该草图拉伸切除 8 mm，如图 3-40 所示。

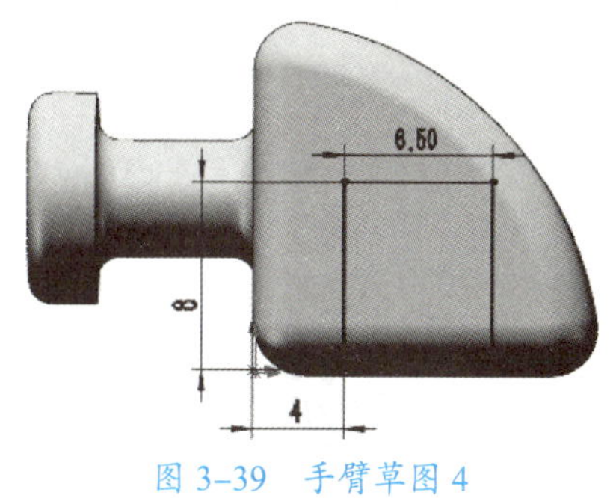

图 3-39　手臂草图 4

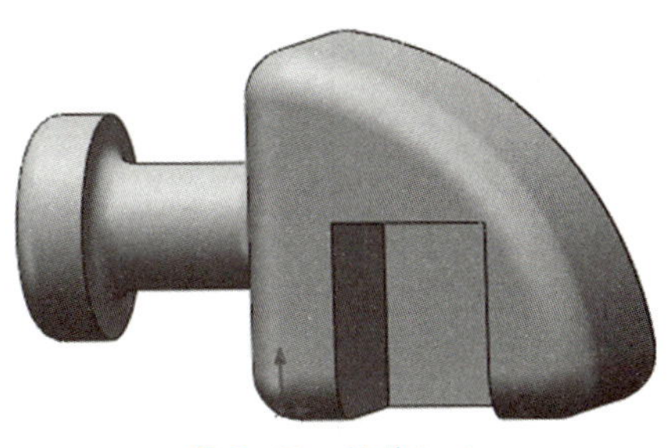
图 3-40　拉伸切除

将拉伸切除后的侧面设置为草图平面，绘制如图 3-41 所示的草图，使用【拉伸凸台】命令将该草图拉伸成形到下一面。拉伸凸台完成后将锐边倒圆角，未标注圆角半径为 0.2 mm，如图 3-42 所示。

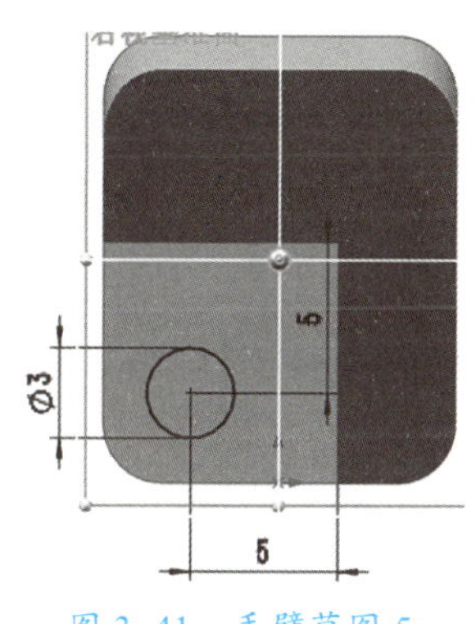

图 3-41　手臂草图 5

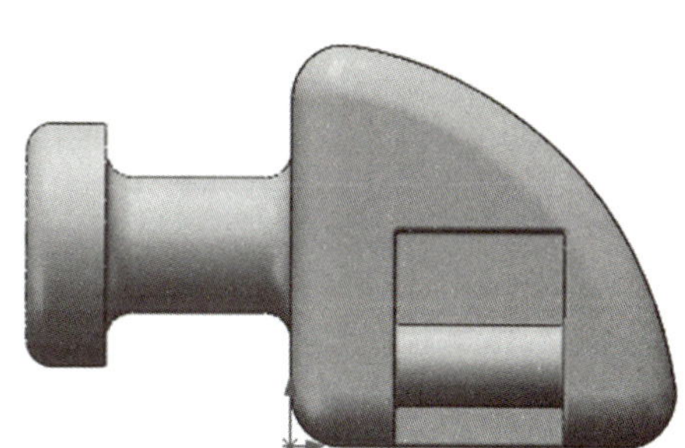
图 3-42　拉伸凸台

4. 设计机器人模型的另外一只手臂

重复上述步骤设计机器人模型的另外一只手臂。

五、机器人模型手的设计

机器人模型手部的一端连接手臂，可以围绕手臂上的轴转动；另一端设计成钳子形，可以用来握住一些装饰物（如枪、刀、剑等）。参考模型如图 3-43 所示。

1. 设计机器人模型手与手臂的连接部分

将前视基准面确定为草图平面，绘制如图 3-44 所示的草图。使用【拉伸凸台】命令将该草图两侧拉伸 5 mm，如图 3-45 所示。

图 3-43　机器人模型的手

2. 设计机器人模型手的主体部分

将右视基准面确定为草图平面，绘制如图 3-46 所示的草图。使用【拉伸凸台】命令将该草图两侧拉伸 8 mm。拉伸完成后将锐边倒圆角，圆角半径为 0.5 mm，如图 3–47 所示。

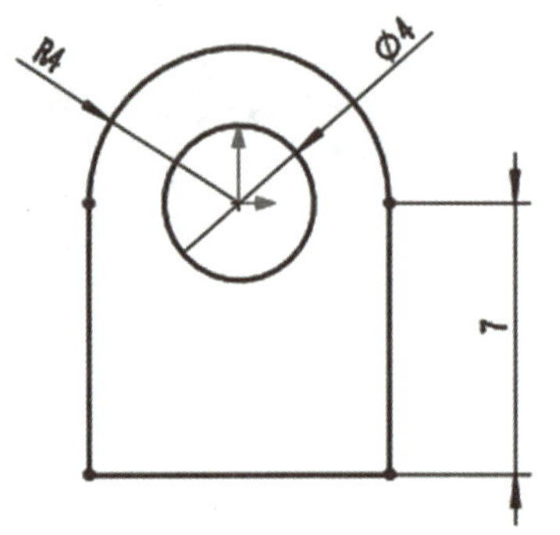

图 3–44　手部草图 1

图 3–45　拉伸凸台

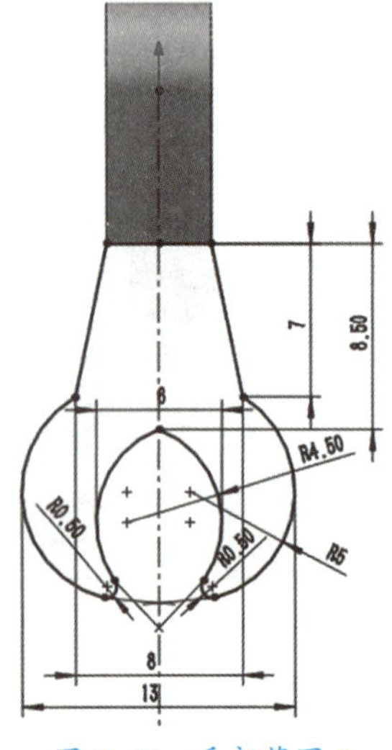

图 3–46　手部草图 2

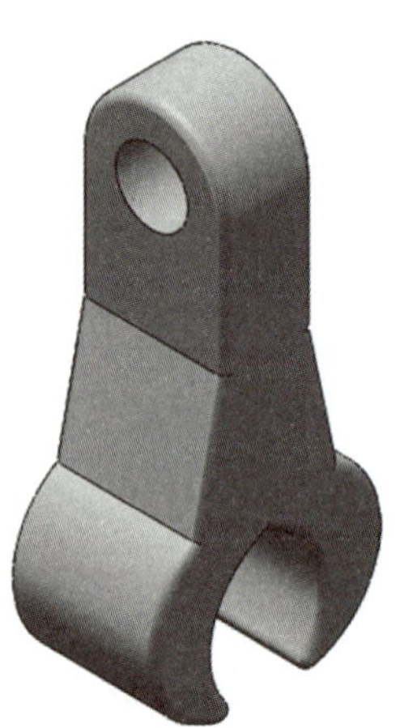

图 3–47　拉伸凸台

六、机器人模型腿的设计

机器人模型共有四条腿。腿的一端连接身体，可以围绕身体上的轴转动；腿的另一端连接脚，将脚设计成轮子，可以站立也可以滚动。参考模型如图 3–48 所示。

图 3–48　机器人模型的腿

1. 设计机器人模型腿与身体的连接部分

将前视基准面确定为草图平面，绘制如图 3–49 所示的草图。使用【拉伸凸台】命令将该草图两侧拉伸 5 mm，如图 3–50 所示。

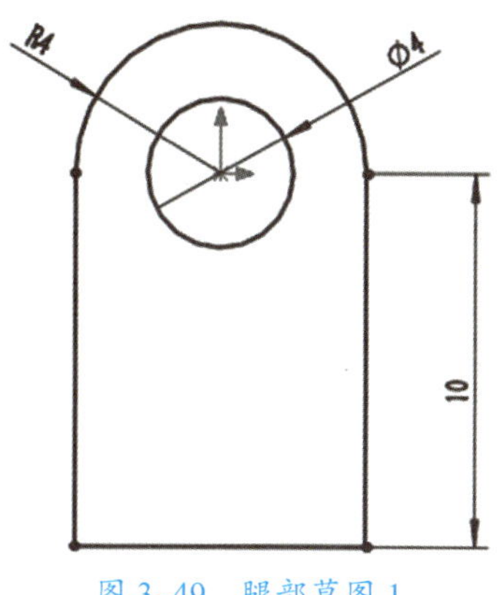

图 3-49 腿部草图 1

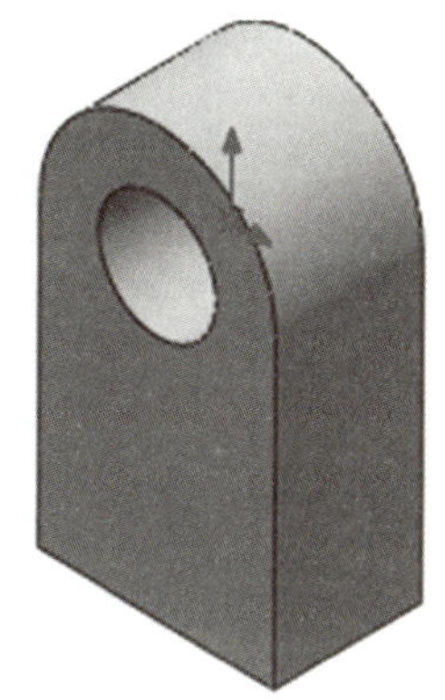
图 3-50 拉伸和倒圆角

2. 设计机器人模型腿的主体部分

将拉伸凸台的侧面确定为草图平面，绘制如图 3-51 所示的草图。使用【拉伸凸台】命令将该草图拉伸 15 mm。拉伸凸台完成后将两条侧边倒圆角，圆角半径为 5 mm，如图 3-52 所示。

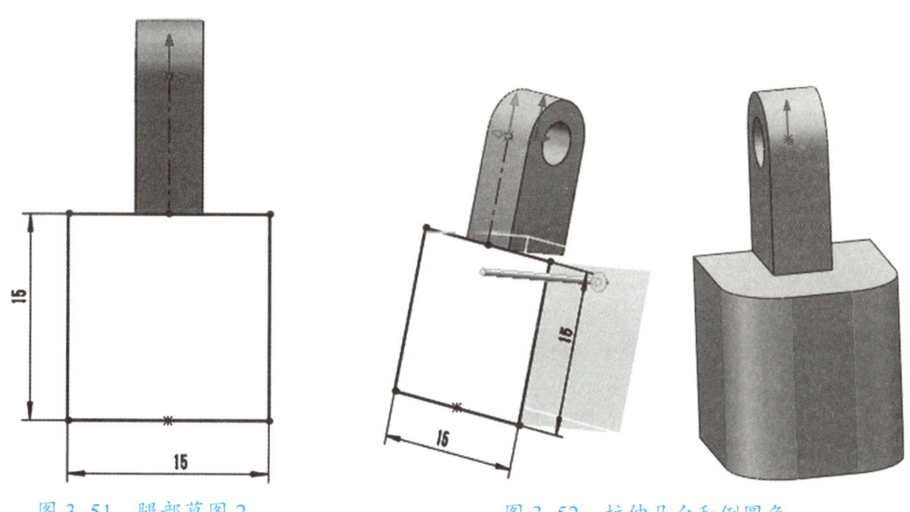

图 3-51 腿部草图 2

图 3-52 拉伸凸台和倒圆角

3. 设计机器人模型腿与脚的连接部分

将拉伸凸台的前面确定为草图平面，绘制如图 3-53 所示的草图。使用【拉伸切除】命令将该草图拉伸切除 10 mm，如图 3-54 所示。

将拉伸切除后的侧面设置为草图平面，绘制如图 3-55 所示的草图。使用【拉伸凸台】命令将该草图拉伸成形到下一面。拉伸凸台完成后将锐边倒圆角，未标注圆角半径为 0.5 mm，如图 3-56 所示。

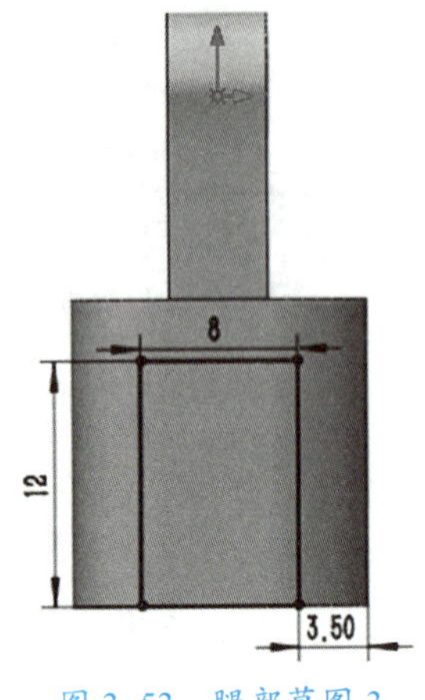

图 3-53　腿部草图 3

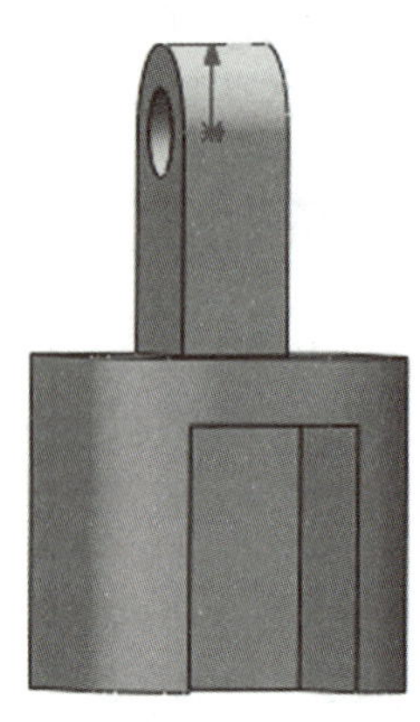

图 3-54　拉伸切除

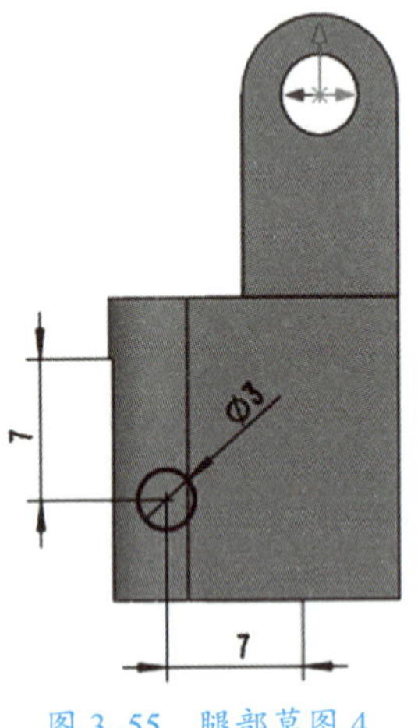

图 3-55　腿部草图 4

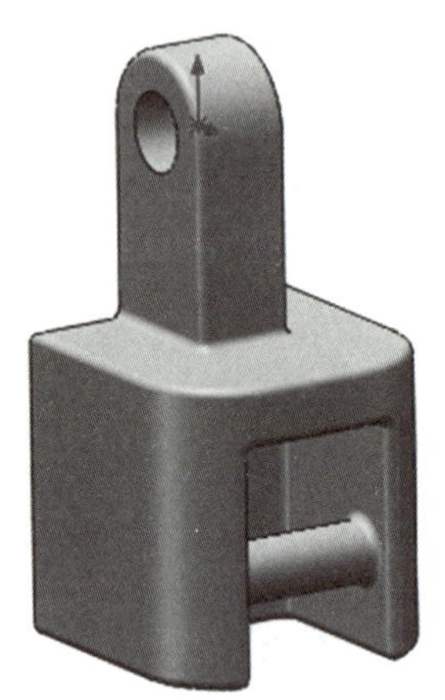

图 3-56　拉伸凸台和倒圆角

小贴士

在设计机器人腿与脚的连接部分时，要考虑连接轴的位置，腿与脚（轮子）装配好后，应保证轮子略低于腿的下平面，否则容易发生干涉，造成轮子不能滚动。

七、机器人模型脚的设计

将机器人模型的脚设计为四个轮子，可以站立也可以滚动。将上视基准面确定为草图平面，绘制如图 3-57 所示草图，使用【拉伸凸台】命令将该草图拉伸 6 mm，如图 3-58 所示。拉伸完成后倒圆角，内边圆角半径为 0.5 mm，外边圆角半径为 2 mm，如图 3-59、图 3-60 所示。

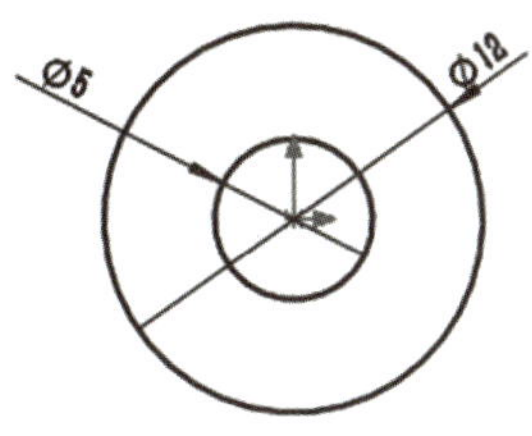

图 3-57　脚部草图 1

图 3-58　拉伸凸台

图 3-59　内边倒圆角

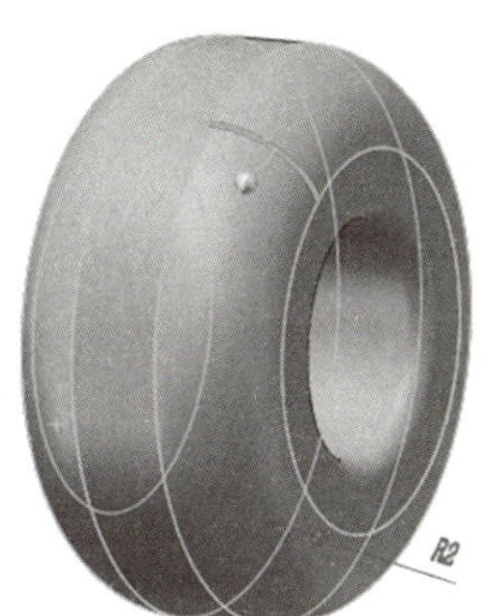

图 3-60　外边倒圆角

八、机器人模型的装配

（1）新建装配体文件，进入装配体工作环境。

（2）插入第 1 个零件（机器人模型的身体），并放置在装配体的原点处，即零件原点与装配体原点重合，如图 3-61 所示。

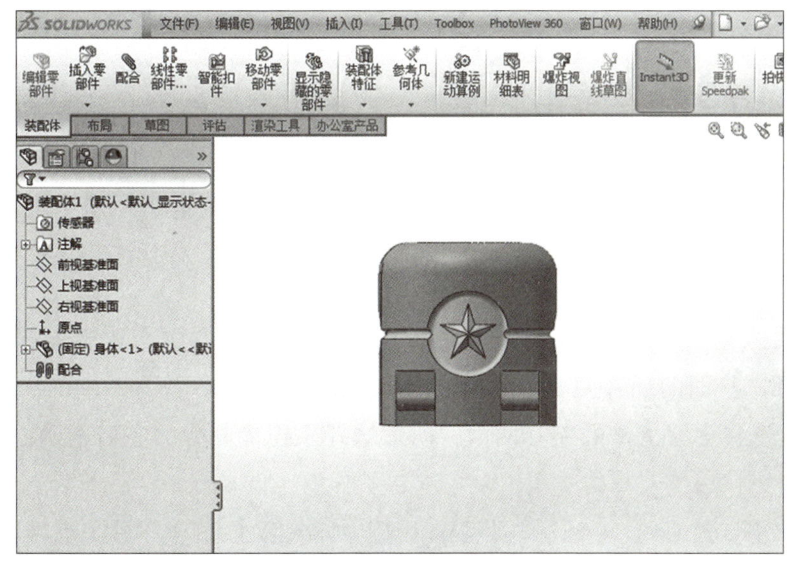

图 3-61　装配第 1 个固定零件

（3）插入第 2 个零件（机器人模型的头），在头与身体间添加配合关系：添加两圆柱面的配合关系为【同轴心】，如图 3–62 所示；添加两底面的配合关系为【重合】，如图 3–63 所示。

图 3–62　添加【同轴心】配合关系

图 3–63　添加【重合】配合关系

（4）插入第 3 个零件（机器人模型的左手臂），在零件手臂与身体间添加配合关系：添加两圆柱面的配合关系为【同轴心】，如图 3–64 所示；添加两底面的配合关系为【距离】，【距离】的值为 2 mm，如图 3–65 所示。

图 3–64　添加【同轴心】配合关系

图 3–65　添加【距离】配合关系

（5）插入第 4 个零件（机器人模型的左手），在零件手与手臂间添加配合关系：添加两圆柱面的配合关系为【同轴心】，如图 3–66 所示添加高级配合关系【宽度】，宽度选择手臂上槽的左右两面，薄片选择手连接部分的左右两面，如图 3–67 所示。

（6）重复步骤（4）、（5），在装配体模型中插入第 5、6 个零件（机器人模型的右手臂和右手），并添加相应的配合关系，如图 3–68 所示。

图 3-66 添加【同轴心】配合关系

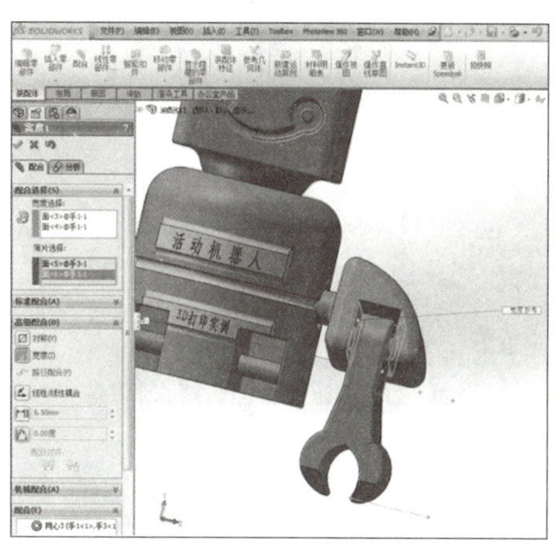

图 3-67 添加【宽度】配合关系

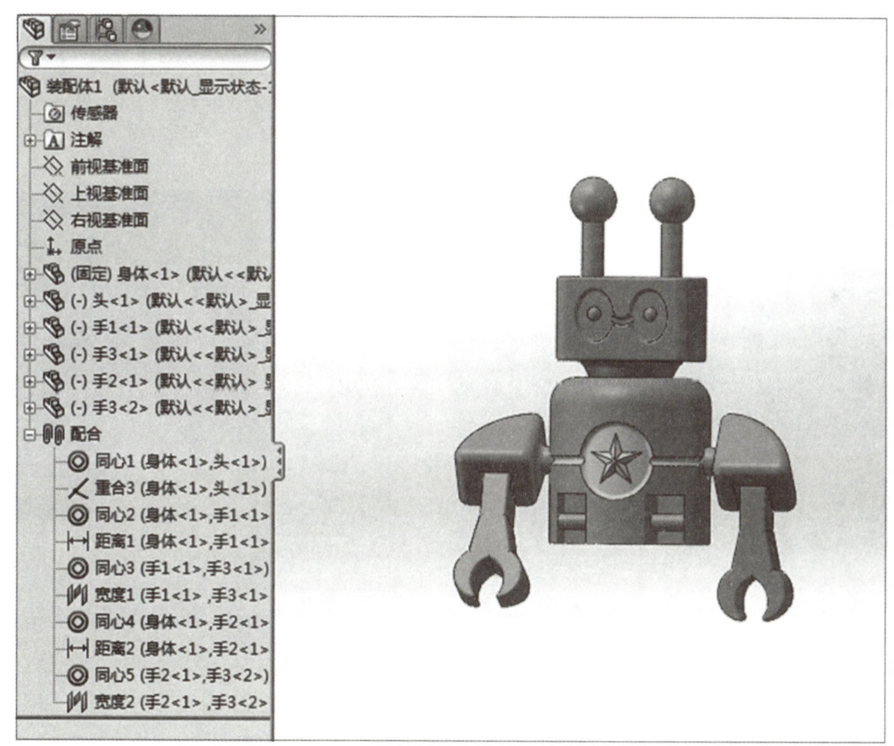

图 3-68 装配右手臂和右手

（7）插入第 7 个零件（机器人模型的腿），在腿与身体间添加配合关系：添加两圆柱面的配合关系为【同轴心】，如图 3-69 所示；添加高级配合关系【宽度】，宽度选择身体上槽的左右两面，薄片选择腿连接部分的左右两面，如图 3-70 所示。

图 3–69　添加【同轴心】配合关系

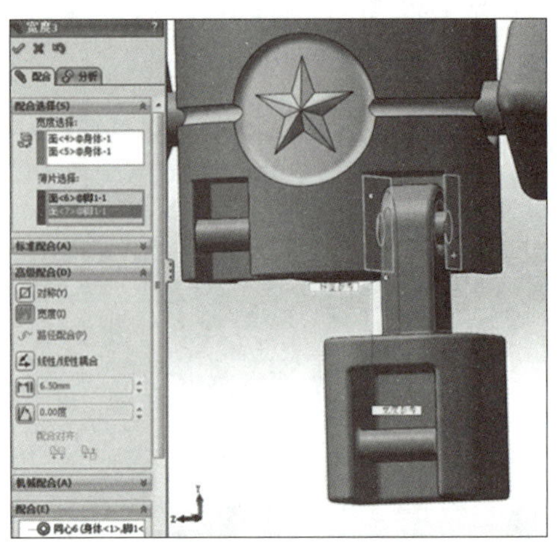

图 3–70　添加【宽度】配合关系

（8）插入第 8 个零件（机器人模型的脚），在脚与腿间添加配合关系：添加两圆柱面的配合关系为【同轴心】，如图 3–71 所示；添加高级配合关系【宽度】，宽度选择腿上槽的左右两面，薄片选择轮子的左右两面，如图 3–72 所示。

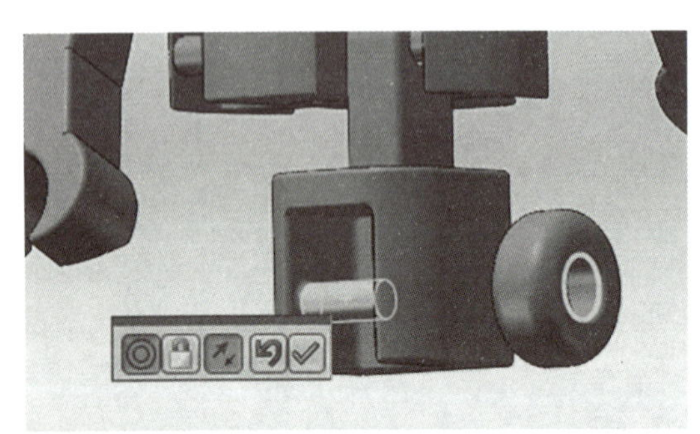

图 3–71　添加【同轴心】配合关系

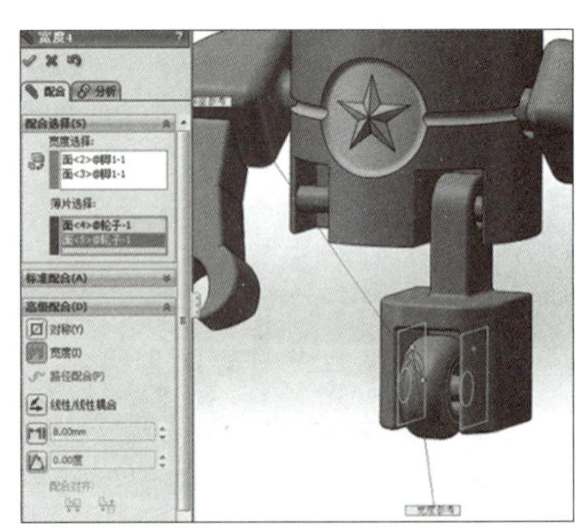

图 3–72　添加【宽度】配合关系

（9）通过两次【镜像零部件】命令，装配机器人模型的四条腿和脚，如图 3–73 所示。

（10）为了便于 3D 打印成形，需要将装配体模型摆放成 3D 打印时所需的位置。添加腿的底面和身体底面的配合关系为【重合】，如图 3–74 所示；按照图 3–75 所示正确摆放机器人模型手臂和手的位置。

（11）对装配体模型进行干涉检查，单击菜单栏【工具】→【干涉检查】按钮，弹出【干涉检查】属性管理器，选择要进行干涉检查的配合实体，单击【计算】按钮，

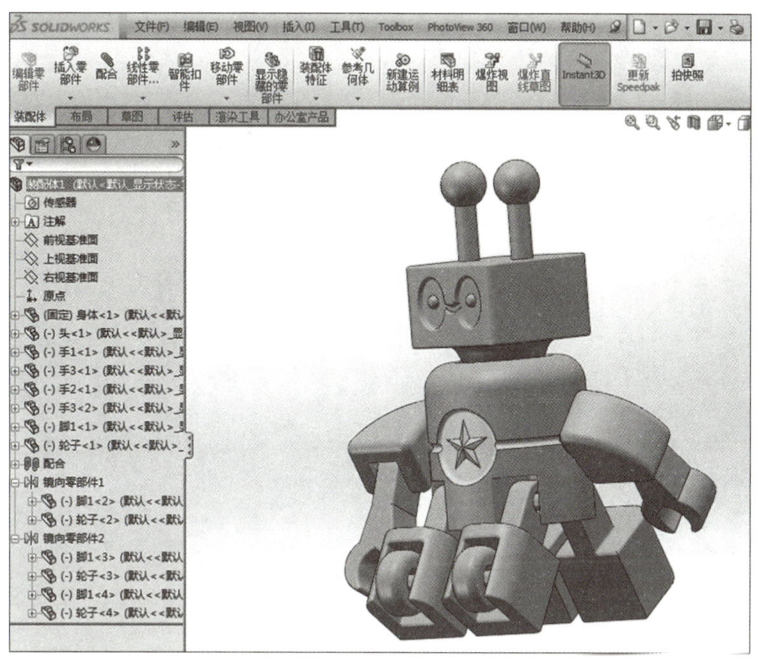

图 3-73　镜像零部件

图 3-74　添加【重合】配合关系

图 3-75　手臂和手的摆放位置

干涉结果会列在【结果】框中，如图 3-76 所示。调整机器人模型各零件的位置或尺寸，直到装配体各零件间没有干涉。

（12）全部零件装配完毕后，将装配体命名，保存为扩展名为“*.asm”的装配体文件，如图 3-77 所示。

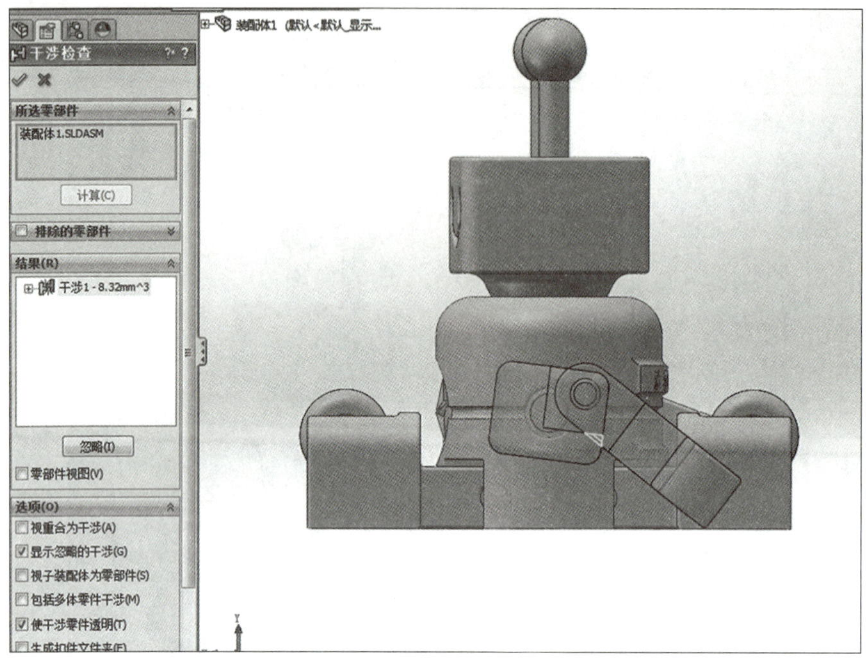

图 3-76　干涉检查

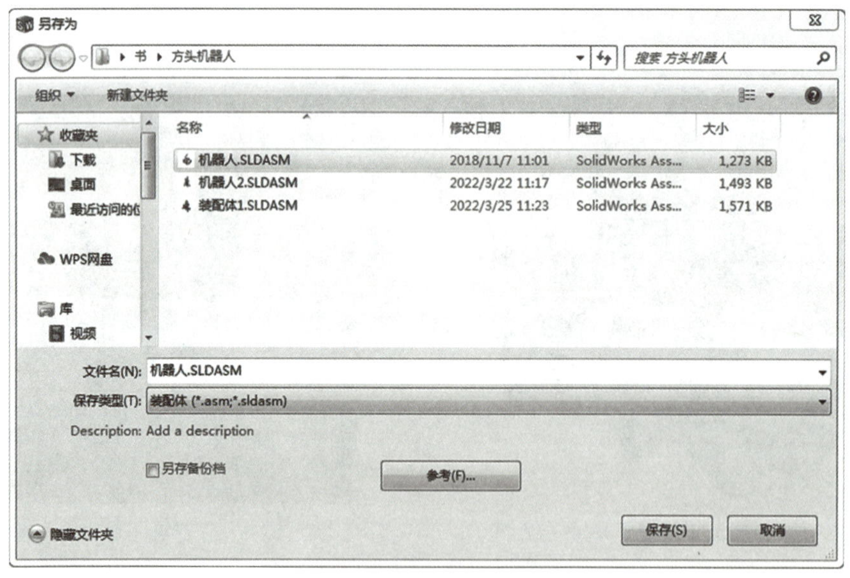

图 3-77　保存装配体文件

九、导出 STL 格式文件

模型设计完成后，需将文件另存为 STL 格式的文件，以便于打印时使用。选择

【文件】→【另存为】命令，弹出【另存为】对话框，如图 3–78 所示。在对话框中选择【保存类型】为“STL（*.stl）”，单击对话框中的【选项】按钮，弹出【输出选项】对话框，在【在单一文件中保存装配体的所有零件】选项前打钩，单击【确定】按钮，如图 3–79 所示。最后在另存为对话框中输入文件名。保存文件，完成 STL 格式文件的导出。

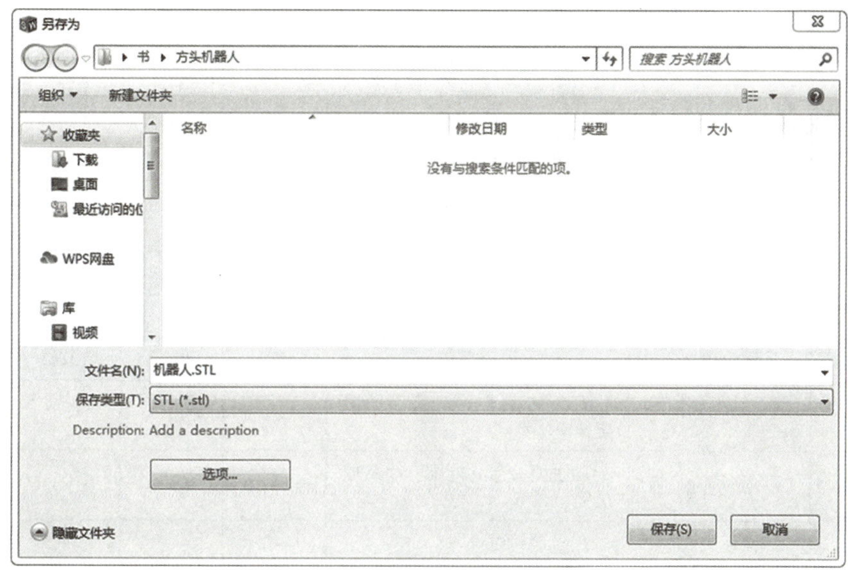

图 3–78 【另存为】对话框

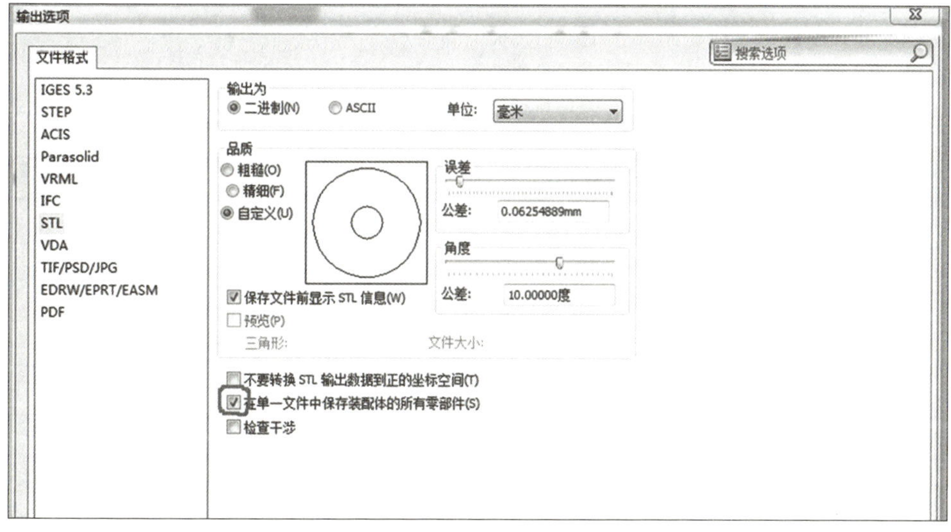

图 3–79 【输出选项】对话框

 任务评价

在本次任务中，设计了一个可活动机器人模型，请同学们根据本次任务的学习情况进行评价。

自评表（30分）							
小组		姓名		日期			
评价主体	评价项目	评价要素		优秀	良好	待改进	自评分
学生自评	学习态度	学习积极认真，服从老师安排		9 ~ 10	6 ~ 8	0 ~ 5	
	学习能力	按照老师要求完成任务		9 ~ 10	6 ~ 8	0 ~ 5	
	任务完成	机器人模型的完整性和美观性		9 ~ 10	6 ~ 8	0 ~ 5	
互评表（30分）							
小组		姓名		日期			
评价主体	评价项目	评价要素		优秀	良好	待改进	互评分
学生互评	团队意识	有集体荣誉感，遵守团队纪律		9 ~ 10	6 ~ 8	0 ~ 5	
	小组合作	动手能力强，能配合小组成员完成任务		9 ~ 10	6 ~ 8	0 ~ 5	
	沟通交流	积极参与讨论		9 ~ 10	6 ~ 8	0 ~ 5	
教师评价表（40分）							
小组		姓名		日期			
评价主体	评价要点					配分	得分
教师评价	机器人模型身体的设计					8	
	机器人模型头的设计					5	
	机器人模型手臂的设计					5	
	机器人模型手的设计					5	
	机器人模型腿的设计					5	
	机器人模型脚的设计					2	
	机器人模型的装配是否正确，间隙是否合理					6	
	操作设备规范性					2	
	安全文明生产					2	

 任务巩固

动画电影《赛车总动员》中有很多有趣的汽车造型，同学们可以参考影片中的汽车造型（见图3-80）设计一个自己专属的汽车模型，要求模型由多个零件构成，整体打印成形，并可实现零件间的动连接。

图 3-80　汽车模型

1. 请将你设计的汽车模型画在下面的方框中。

2. 请简述你设计的模型由多少个零件构成？它们是如何连接的？可以通过什么软件对机器人模型进行实体建模？

3. 完成汽车模型的设计（图 3–81 为参考模型）。

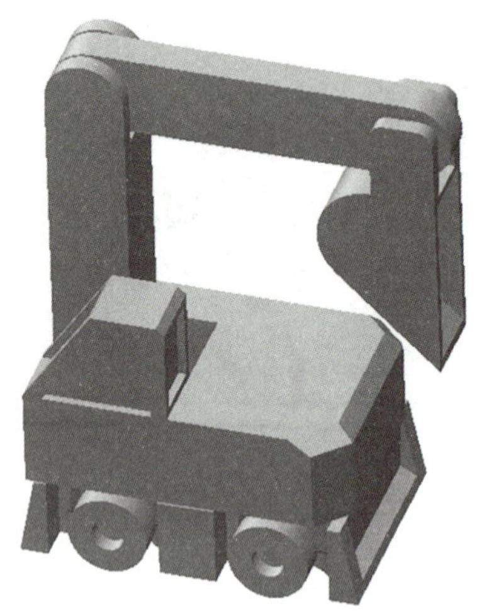

图 3–81　挖掘机汽车模型

完成任务心得

1. 完成这次任务，你有什么收获？

2. 在完成这次任务的过程中，你认为有哪些不足的地方？

3. 你认为还有哪些可以改进的地方？

任务二　活动机器人模型的切片

任务目标

1. 了解支撑添加的时机、技巧以及特殊支撑添加的方法。
2. 掌握 Simplify3D 切片软件的常用功能命令及切片方法。
3. 能够使用 Simplify3D 软件对装配体模型进行切片。

任务描述

众所周知，3D 打印模型的成功与否，很大程度取决于切片的好坏，本任务将采用 Simplify3D 切片软件对机器人模型进行切片。切片要既能合理减少支撑量，又能提高打印速度、打印质量，同时还能保证机器人的各部位活动自如。切片具体操作步骤如下。

（1）修复检测模型。

（2）选择配置文件，并设置切片参数（层高、底座、填充率、支撑、温度、打印速度等）。

（3）导入机器人模型，并编辑模型（角度摆放、放大缩小、移动等）。

（4）切片及切片预览。

（5）导出切片后的文件。

课前讨论

1. 你所知道的常用的 3D 打印修复软件和切片软件有哪些？
2. 模型的摆放与支撑有什么关系，摆放与支撑是否会影响打印效果？

知识准备

打印 3D 模型悬空的部分都需要添加一些支撑，以防止因为重力作用而落丝或者打印时部分坍塌，导致打印失败。支撑添加时需要考虑支撑添加的方式，可以根据模型选择手动添加还是自动添加。当模型有较多的关节部位，且必须保证各部位能够活动，而各关节部位的间隙又比较小时，就应该选择手动添加支撑。

一般情况下，模型悬空部位角度小于 45°就需要添加支撑，如图 3–82 的生肖兔模型，兔耳朵部位的悬空角度明显大于 45°，切片时就不需要添加支撑，打印效果不受影响。

支撑之间的距离数值越小，支撑之间的距离越大，即打印的支撑面片数越少，整个支撑的打印时间就越少，从而整个模型的打印时间也会相应减少。模型摆放与支撑之

图 3-82 生肖兔模型

间也有着紧密的联系，模型摆放角度决定支撑生成情况，支撑越多越复杂，打印难度越大，打印时间越长。

任务实施

一、检测修复模型

在打印之前，将机器人模型的 STL 格式文件导入到 Magics 软件中进行诊断。从 CAD（计算机辅助设计）软件导出 STL 格式文件时会有将近 70% 的文件存在各种不同的错误，如果对这些错误不做处理，会影响后面的切片和打印，导致严重的后果。所以一般先对 STL 格式文件进行检测和修复，然后再进行切片和打印。Magics 软件针对每一种错误都有相对应的修复工具，可以手动修复，也可以使用修复向导，根据向导的提示逐步进行修复，具体修复方法参考项目二。

二、模型的切片

1. 选择配置文件，并设置切片参数

在开始切片前选择符合自己机型的配置文件，并在配置文件编辑框中设置层高为 0.18 mm，填充率为 30%，打印时添加底座，取消自动添加支撑，其他参数默认，如图 3-83 所示。

2. 导入机器人模型，并编辑模型

通过导入命令将修复后的机器人模型 STL 格式文件导入到 Simplify3D 切片软件中，导入模型之后需要调整模型的角度和位置，尺寸比例不变，模型摆放位置如图 3-84 所示。

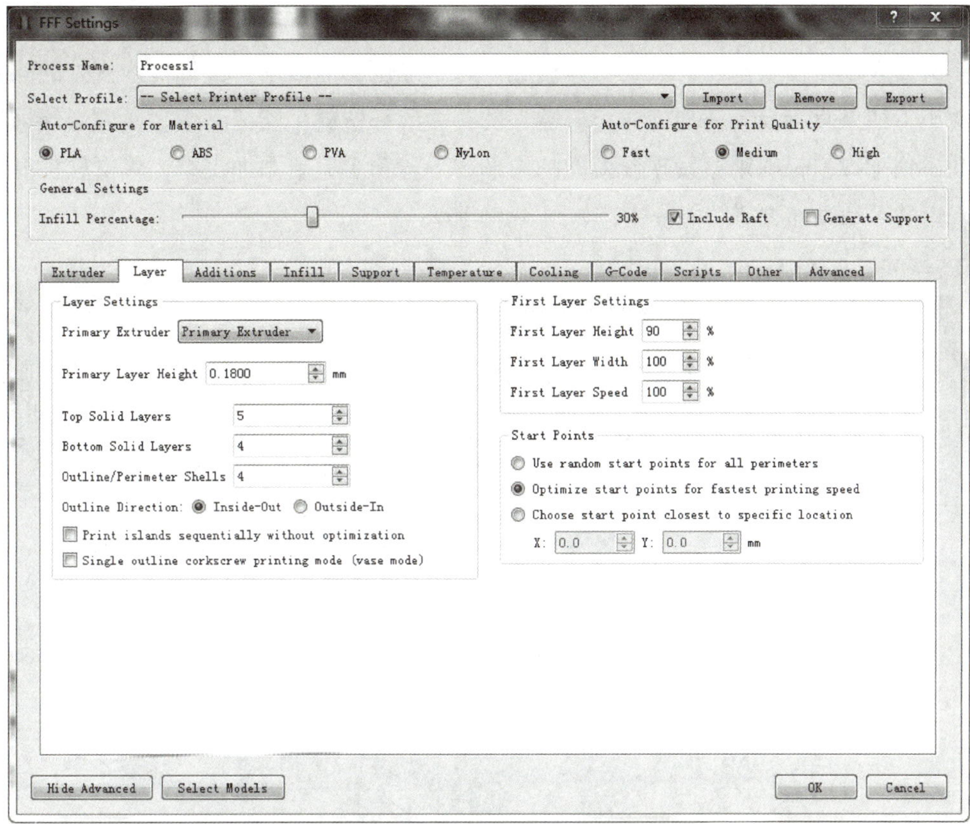

图 3-83　切片参数设置

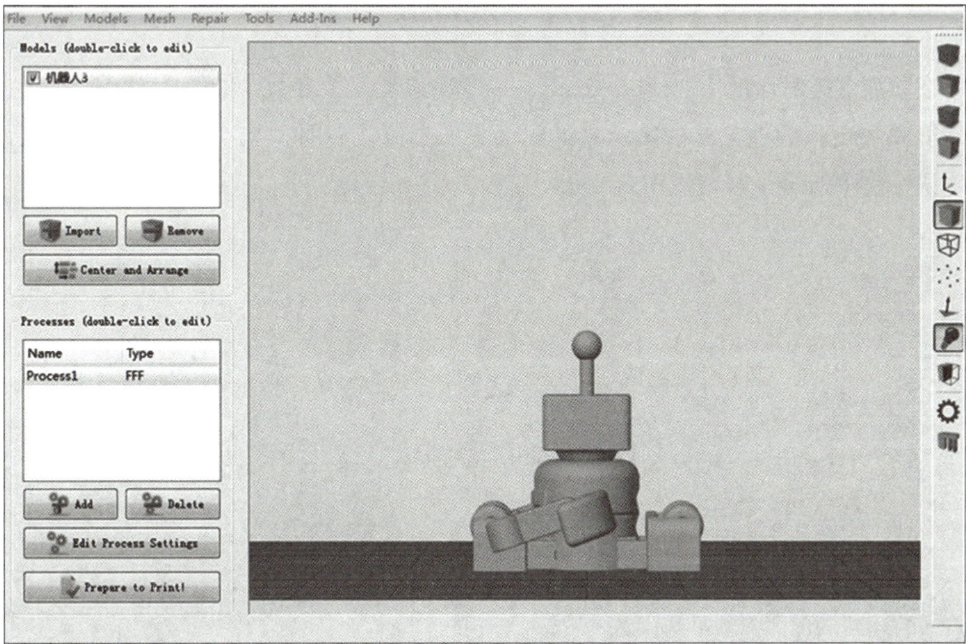

图 3-84　模型摆放位置

3. 手动添加支撑

机器人模型由头部、四肢、身体组成，每个部位都能活动。各部位连接处的间隙非常小，如果直接自动添加支撑，机器人的各关节部位就不能活动了，所以必须采用手动添加支撑。根据观察发现，模型的头部、手臂和手需要添加支撑，单击软件窗口右下角的手动添加支撑功能按钮，如图 3–85 所示。

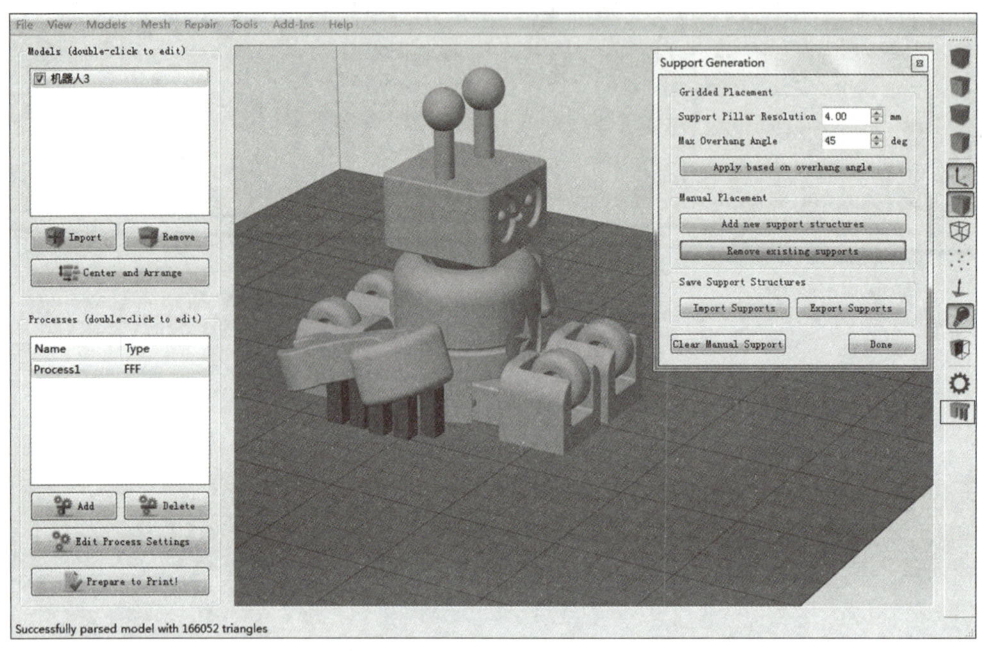

图 3–85　启动手动添加支撑功能

在添加支撑对话框【Support Generation】中设置相关参数，如图 3–86 所示。然后在需要添加支撑的地方单击鼠标左键即可添加支撑，如图 3–87 所示。添加完成后单击确认按钮【Done】结束操作。

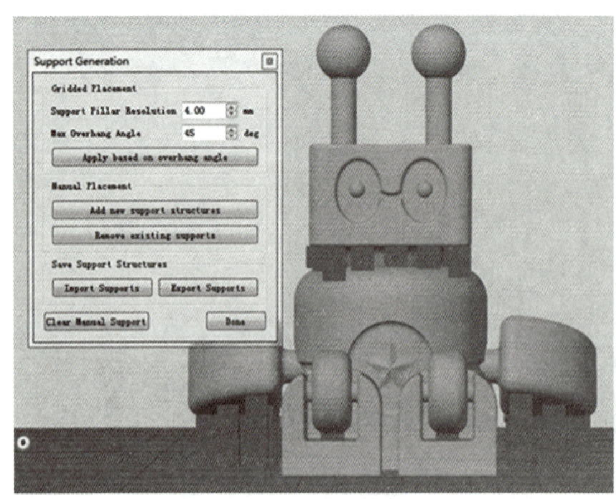

图 3–86　添加支撑对话框

图 3–87　手动添加支撑

4. 切片及切片预览

手动添加支撑后，就可以执行切片命令了。切片后，Simplify3D 软件可以模拟打印过程，观察每层打印情况。

5. 导出切片后的文件

切片结束后选择打印方式，既可以选择联机打印，也可以选择脱机打印，如图 3-88 所示。

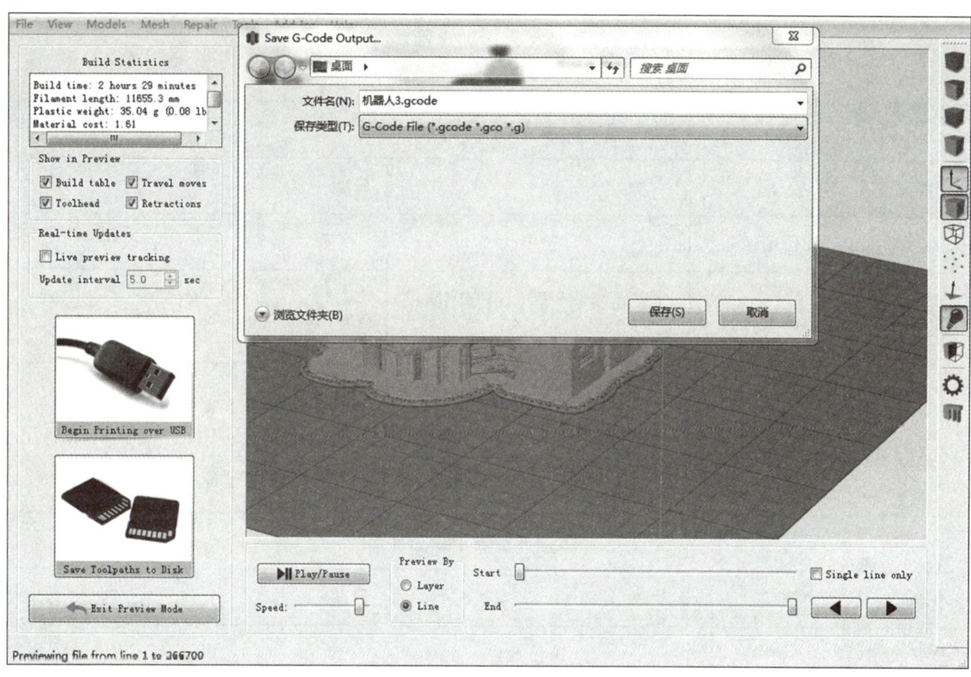

图 3-88　选择打印方式

小贴士

Simplify3D 切片软件能够生成“.gcode”和“.x3g”两种格式，选择打印文件的时候一定不能选错。

任务评价

在本次任务中，我们对可活动机器人模型进行了切片操作，请同学们根据本次任务的学习情况进行评价。

<table>
<tr><th colspan="7">自评表（30分）</th></tr>
<tr><td>小组</td><td></td><td>姓名</td><td></td><td colspan="3">日期</td></tr>
<tr><td>评价主体</td><td>评价项目</td><td>评价要素</td><td>优秀</td><td>良好</td><td>待改进</td><td>自评分</td></tr>
<tr><td rowspan="3">学生自评</td><td>学习态度</td><td>学习积极认真，服从老师安排</td><td>9 ~ 10</td><td>6 ~ 8</td><td>0 ~ 5</td><td></td></tr>
<tr><td>学习能力</td><td>按照老师要求完成任务</td><td>9 ~ 10</td><td>6 ~ 8</td><td>0 ~ 5</td><td></td></tr>
<tr><td>任务完成</td><td>切片参数、支撑添加正确，切片成功</td><td>9 ~ 10</td><td>6 ~ 8</td><td>0 ~ 5</td><td></td></tr>
<tr><th colspan="7">互评表（30分）</th></tr>
<tr><td>小组</td><td></td><td>姓名</td><td></td><td colspan="3">日期</td></tr>
<tr><td>评价主体</td><td>评价项目</td><td>评价要素</td><td>优秀</td><td>良好</td><td>待改进</td><td>互评分</td></tr>
<tr><td rowspan="3">学生互评</td><td>团队意识</td><td>有集体荣誉感，遵守团队纪律</td><td>9 ~ 10</td><td>6 ~ 8</td><td>0 ~ 5</td><td></td></tr>
<tr><td>小组合作</td><td>动手能力强，能配合小组成员完成任务</td><td>9 ~ 10</td><td>6 ~ 8</td><td>0 ~ 5</td><td></td></tr>
<tr><td>沟通交流</td><td>积极参与讨论</td><td>9 ~ 10</td><td>6 ~ 8</td><td>0 ~ 5</td><td></td></tr>
<tr><th colspan="7">教师评价表（40分）</th></tr>
<tr><td>小组</td><td></td><td>姓名</td><td></td><td colspan="3">日期</td></tr>
<tr><td>评价主体</td><td colspan="4">评价要点</td><td>配分</td><td>得分</td></tr>
<tr><td rowspan="7">教师评价</td><td colspan="4">修复模型，模型无错误</td><td>2</td><td></td></tr>
<tr><td colspan="4">切片参数的设置</td><td>10</td><td></td></tr>
<tr><td colspan="4">机器人模型摆放位置正确</td><td>6</td><td></td></tr>
<tr><td colspan="4">机器人模型大小调节合适</td><td>2</td><td></td></tr>
<tr><td colspan="4">支撑添加正确</td><td>10</td><td></td></tr>
<tr><td colspan="4">切片正确</td><td>5</td><td></td></tr>
<tr><td colspan="4">正确导出切片后文件</td><td>5</td><td></td></tr>
</table>

任务巩固

1. 请想一想，打印3D模型时什么情况需要手动添加支撑？
2. 请将上个任务中设计的汽车装配体模型进行切片操作，图3-89为参考模型。

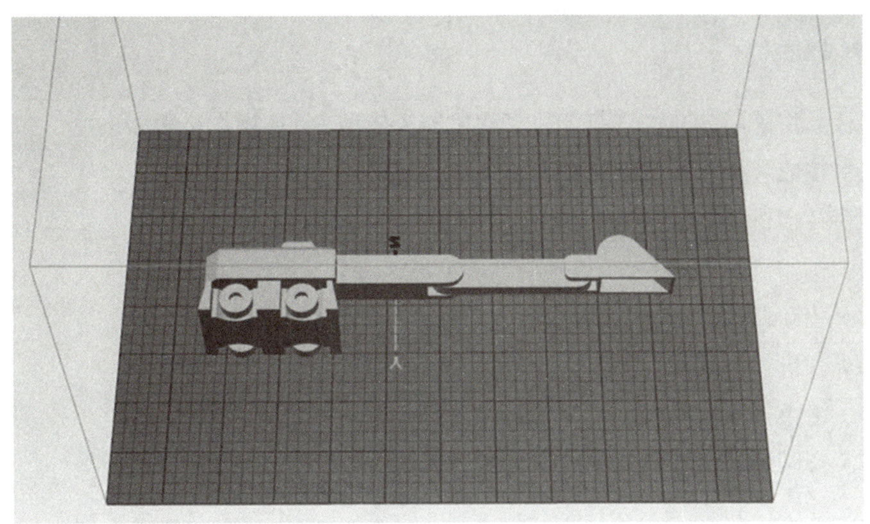

图 3-89　挖掘机汽车模型切片

完成任务心得

1. 完成这次任务，你有什么收获？

2. 在完成这次任务的过程中，你认为有哪些不足的地方？

3. 你认为还有哪些可以改进的地方？

任务三　活动机器人模型的打印

任务目标

1. 了解 FDM 3D 打印机打印时的注意事项、常见问题及解决方法。
2. 掌握 FDM 3D 打印机的操作流程。
3. 能够熟练操作 FDM 3D 打印机打印 3D 模型。

任务描述

本任务将采用 FDM 3D 打印机打印机器人模型，具体操作步骤如下。

（1）在成形板上粘贴美纹胶带。

（2）打印机工作台调平校准。

（3）打印机预热。

（4）装卸耗材。

（5）联机打印或 SD 卡打印。

（6）结束打印。

（7）打印后处理。

课前讨论

1. 请查阅相关资料，说一说 3D 打印机的种类和常用的打印材料有哪些?

2. 什么是熔融沉积成形工艺? 简述它的原理、特点、工艺过程、材料和常用设备。

知识准备

在打印模型前，需要对打印机进行检查，例如，打印平台上是否有残留的打印丝材、打印机开机状态是否良好、耗材颜色是否合适等。

打印平台的位置直接影响打印产品的质量，为了确保打印产品始终粘贴在平台上，平台必须和喷头保持一张 A4 纸厚度左右的距离。平台距离喷头太远或平台两端不平，都会导致打印出来的物品无法粘贴在平台上；若平台距离喷头太近，则会阻碍喷头送丝，并且喷头会刮坏平台表面。

在完成打印时，切勿在还没有取下打印平台时去取件，应该拿下上层打印平台再进行取件，这样简单易取，也不会损坏打印平台。

打印完成后不要立刻把打印耗材拉出来，应先把喷头加热到 180 ℃，按挤出键之后再拉出来，否则喷头容易被堵死。

不要用带有酸性或碱性的液体清洗机器表面，否则会掉色掉漆，一般只需用清水或干毛巾擦拭表面灰尘即可。

所有打印都完成后，应及时给 *X*、*Y*、*Z* 轴各个光杆打上润滑油进行润滑（*Z* 轴的光杆与丝杆尤为重要），以防生锈。

任务实施

一、在成形板上粘贴美纹胶带

为了使打印的产品能够更好地粘贴在打印平台上，取出打印平台上的成形板，将美纹胶带粘贴到成形板上，且最好全部覆盖（见图 3-90）。

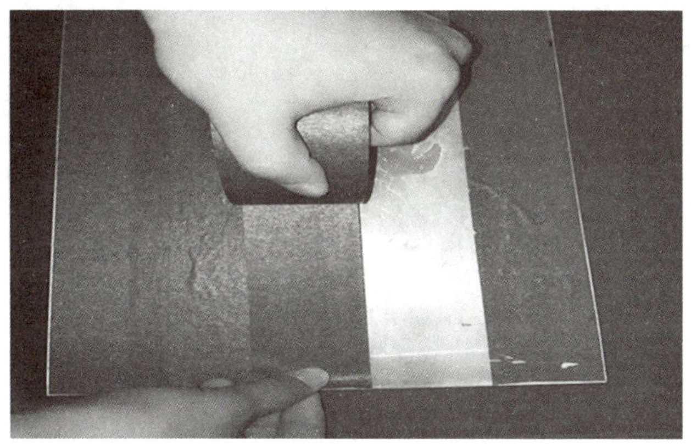

图 3-90　粘贴美纹胶带

二、打印平台调平校准

调节平台前首先选择打印机操作界面中的【平台校准】，再点击【Z-】，使平台上升到最高点，此时 Z 轴限位开关灯会亮起，平台会停止上升。

为了确保打印产品始终粘贴在平台上，平台和喷头之间应有一张 A4 纸厚度左右的距离。将 A4 纸放到喷头与平台之间，来回抽动，如果距离过大或者过小，则调节平台下的旋钮（见图 3-91），直至距离合适。

图 3-91　工作台调平校准

三、打印机预热

任何模型的打印都需要打印机的喷头和平台温度合适，所以要对机器进行预热。选择操作界面中的【设定工具】→【预热设定】来设置喷头和平台的温度，再通过【预热设置】对机器进行预热，如图 3–92、图 3–93 所示。

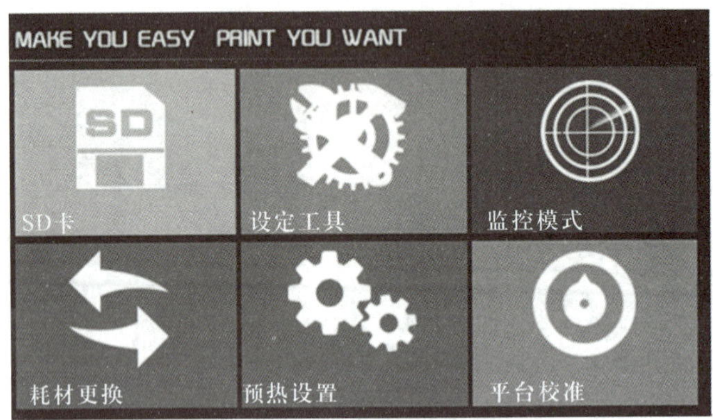

图 3–92 打印机操作界面

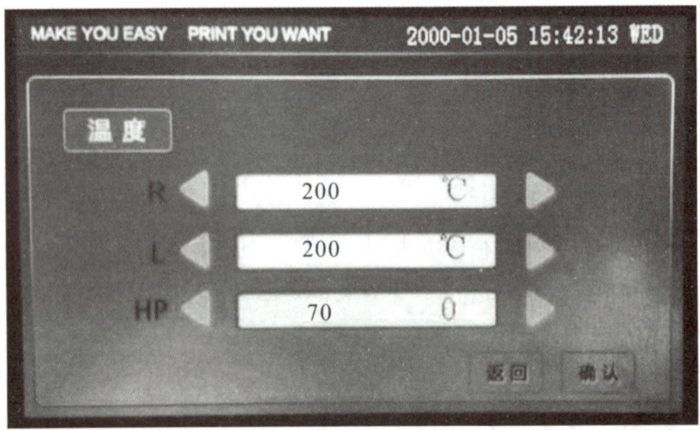

图 3–93 【预热设定】菜单

四、装载耗材

选择打印机操作界面中的【耗材更换】，按照屏幕提示操作，当喷头加热完毕听到提示音（提醒可以开始装载耗材），将丝材顶端垂直插入喷头进丝孔（确保耗材前端无弯曲），并慢慢送进，当感到耗材有往内的拉力时，即可松开耗材，当有丝材从喷嘴中顺畅挤出，按取消键停止送丝（见图 3–94）。

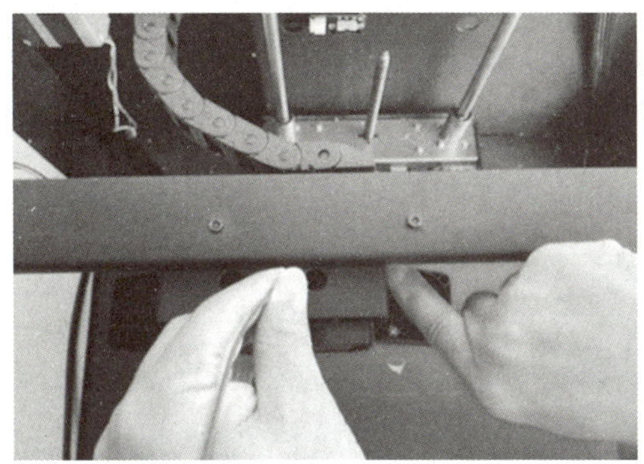
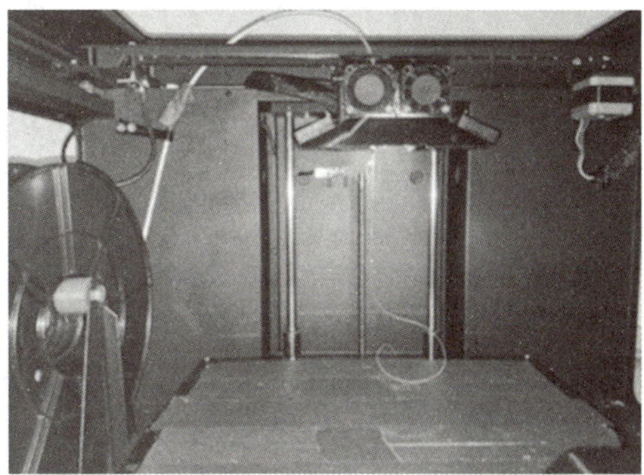

图 3-94　装载耗材

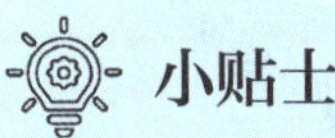

小贴士

当喷头在装载耗材时，喷头温度会上升到 200 ℃左右，禁止触摸。

五、打印

我们选择 SD 卡模式打印，先将所要打印的文件拷贝到 SD 卡中，再将 SD 卡插入机器右侧下方卡槽中，在【菜单】→【SD 卡】中选择需要打印的文件，进入文件打印监控界面，开始打印，如图 3-95 所示。

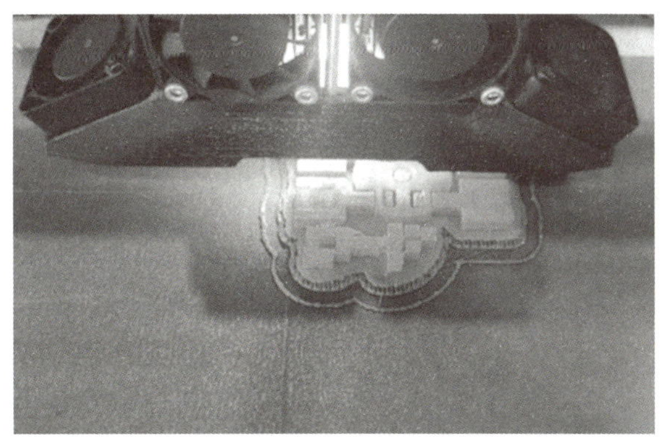

图 3-95　打印过程

小贴士

可以在文件打印监控界面调节速度和温度参数，以达到更好的打印效果。

六、结束打印

打印结束后，喷头自动归位。为方便取下打印好的模型，可以先降下打印平台，然后把工作台板连同模型一起从打印机上取下，再用刮板轻轻地将模型从平台上刮下来，如图 3–96 所示。如果模型全部都打印完成，需要将耗材从打印机上卸下来。

图 3–96　结束打印时的模型

七、打印后处理

模型打印完成后要将模型的底座和支撑剥离（见图 3–97），然后根据要求对模型进行后期处理。关于后期处理的相关操作将在后面的项目中进行说明。

图 3–97　打印出来的模型

任务评价

在本次任务中，我们使用 FDM 3D 打印机打印了机器人模型，请同学们根据本次任务的学习情况进行评价。

自评表（30 分）						
小组		姓名		日期		
评价主体	评价项目	评价要素	优秀	良好	待改进	自评分
学生自评	学习态度	学习积极认真，服从老师安排	9 ~ 10	6 ~ 8	0 ~ 5	
	学习能力	按照老师要求完成任务	9 ~ 10	6 ~ 8	0 ~ 5	
	任务完成	能够成功打印模型	9 ~ 10	6 ~ 8	0 ~ 5	

互评表（30 分）						
小组		姓名		日期		
评价主体	评价项目	评价要素	优秀	良好	待改进	互评分
学生互评	团队意识	有集体荣誉感，遵守团队纪律	9 ~ 10	6 ~ 8	0 ~ 5	
	小组合作	动手能力强，能配合小组成员完成任务	9 ~ 10	6 ~ 8	0 ~ 5	
	沟通交流	积极参与讨论	9 ~ 10	6 ~ 8	0 ~ 5	

教师评价表（40 分）					
小组		姓名		日期	
评价主体	评价要点			配分	得分
教师评价	打印参数设置正确			4	
	能够正确装卸耗材			5	
	模型打印完整并且各关节能够活动			10	
	模型打印精度（是否有翘边、错层、表面水波纹等）			10	
	去除支撑与修磨			5	
	操作设备规范性			3	
	安全文明生产			3	

任务巩固

1. 你所知道的FDM 3D打印机常见的打印问题有哪些，应如何解决？

2. 请使用FDM 3D打印机将上一任务中设计的汽车装配体模型打印出来，图3–98为参考模型。

图 3–98 挖掘机汽车模型

完成任务心得

1. 完成这次任务，你有什么收获？

2. 在完成这次任务的过程中，你认为有哪些不足的地方？

3. 你认为还有哪些可以改进的地方？

项目四　多功能签字笔的设计与打印

项目说明

签字笔作为最常见的办公用品，与我们的生活息息相关。拥有一支符合自己品味的签字笔，不仅可以愉悦自我，更可以让自己的学习、工作充满动力。本项目我们以日常生活中常见的签字笔为参考（见图 4–1），结合自我需要，使用 Cero Parametric 软件进行设计，制作一款个性化定制的 3D 打印签字笔。

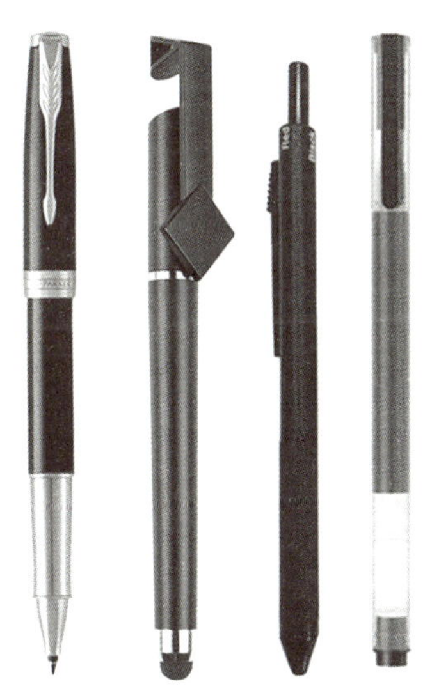

图 4–1　日常生活中常见的签字笔

项目实施过程中不仅涉及 Creo Parametric 软件中拉伸特征、旋转特征、阵列特征、倒角特征、螺旋扫描、曲面造型、偏移等命令的使用，也需要对装配体相连接部分尺寸进行换算，以达到整体尺寸的把握，满足使用要求。建模完成后，本项目还包含模型切片、模型打印、模型装配的方法和步骤。

项目内容提示

- 任务一　多功能签字笔模型的设计（4 学时）。
- 任务二　多功能签字笔模型的切片（4 学时）。
- 任务三　多功能签字笔模型的打印与装配（6 学时）。

任务一　多功能签字笔模型的设计

任务目标

1. 掌握螺纹连接、卡口连接设计。
2. 掌握零件各部件配合设计方法。
3. 能够对零件装配部分的尺寸进行换算。

任务描述

笔是我们工作、学习中必不可少的工具之一，本任务要求结合实际量取笔芯的尺寸，使用 Creo Parametric 软件设计一款既实用又美观的专属签字笔，签字笔参考模型如图 4–2 所示。

图 4–2　签字笔参考模型

课前讨论

1. 你是否使用过 Creo Parametric 软件？如果使用过，你觉得使用 Creo Parametric 软件前应具备哪些基础知识？

2. 思考签字笔模型在设计过程中都有哪些注意事项？

知识准备

一、Creo Parametric 软件简介

Creo Parametric 软件集零件设计、零件装配、模具设计、钣金设计、管路设计、运动分析、有限元分析、热流分析、逆向工程、自动测量、NC 加工、产品数据管理等模块于一体，提供了目前所能达到的较为全面和紧密的产品开发环境，功能覆盖整个产品开发领域，本项目使用 Creo Parametric 2.0 版本。

Creo Parametric 2.0 软件的突出优势主要表现在：新的现代化用户体验，包括简化的工作流程和工具操作；新的曲面设计功能，可以快速创建自由形状和新颖的设计方案；改进的草绘，包括快速访问草绘、更轻松地参照和增强的工作流程；处理大型装配，包括轻量化的图形、拖放式的装配重建；利用更高效灵活的 3D 详细设计功能提高工作效率，自由的设计风格能加快概念设计速度；提高模型质量，促进原始零件和 CAD 零件的再利用，减少模型错误。

二、Creo Parametric 2.0 软件建模的一般思路

（1）特征分解。分析零件的形状特点，然后把它分隔成几个主要的特征区域，接着对每个区域进行粗线条分解，规划总体的建模思路、草拟粗略的特征图，同时列出难点和容易出问题的地方。

（2）基础特征设计。用扫描特征或基本体素建立零件的最原始形状。

（3）详细设计。设计时遵循先粗后细、先大后小、先外后里的原则。先粗后细：先设计粗略的形状，再逐步细化；先大后小：先设计大尺寸形状，再完成局部的细化；先外后里：先设计外表面形状，再细化内部形状。

（4）细节设计。用成形特征（如孔、凸台等）和特征操作（如倒圆角、倒斜角等）方法进行产品的细节设计。

三、任务分析

使用 Creo Parametric 2.0 软件完成多功能签字笔的设计，需要完成的工作包括以下方面。

（1）根据笔芯尺寸，设计签字笔各部分的尺寸，对签字笔的外观进行构想。

（2）对签字笔的各部分进行详细设计。

（3）对签字笔的细节进行设计。

（4）将签字笔各部分在 Creo Parametric 2.0 中进行装配，查看螺纹配合、卡口配合状态。

任务实施

一、任务分析

1. 测量笔芯尺寸

使用三角板测量签字笔笔芯长度为 110 mm，直径为 6 mm，如图 4–3、图 4–4 所示。

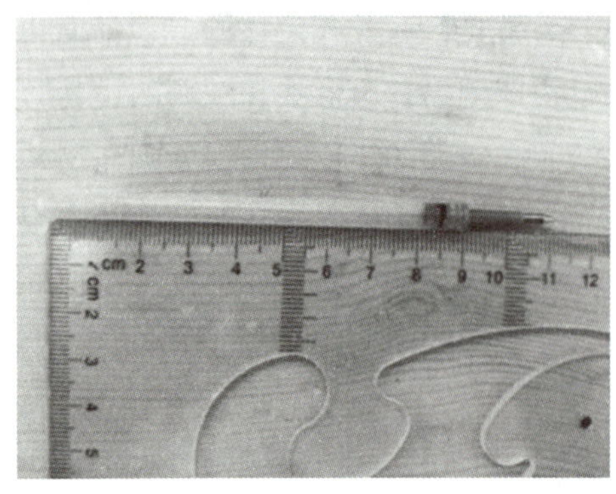
图 4-3 笔芯长度

图 4-4 笔芯直径

2. 设计笔各部分尺寸

设计笔上端长为 58 mm，直径为 15 mm，内孔半径为 12 mm，如图 4-5 所示。笔帽总长为 40 mm，半径为 9.5 mm，内孔半径为 8 mm，如图 4-6 所示。笔下端总长为 55 mm，外圆直径为 15 mm，螺纹外径为 11.5 mm，螺纹内孔为 7.5 mm，如图 4-7 所示。

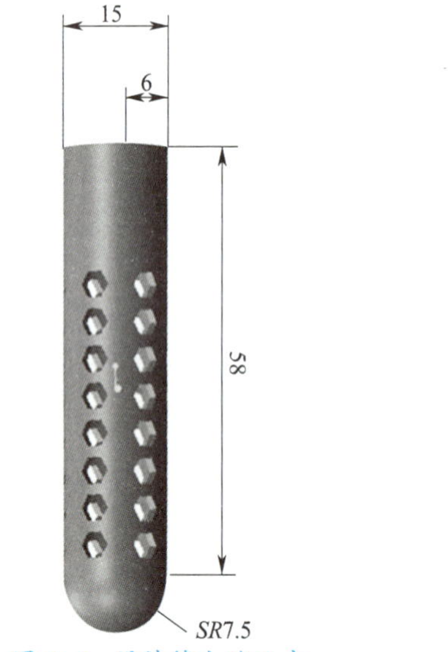

图 4-5 设计笔上端尺寸

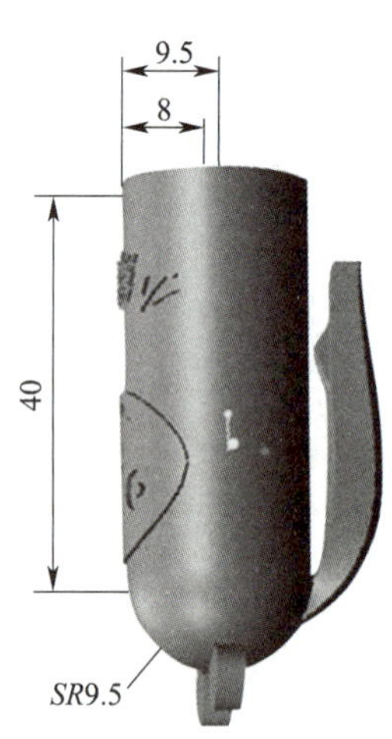

图 4-6 设计笔帽尺寸

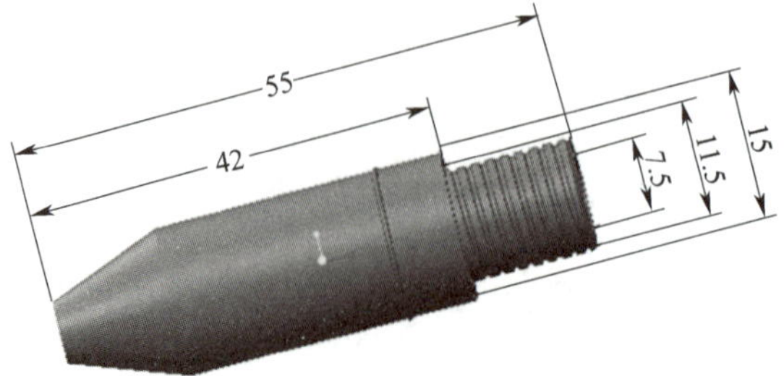

图 4-7 设计笔下端尺寸

二、任务实施

1. 笔上端模型的创建

（1）启动三维建模软件 Creo Parametric 2.0。双击 Creo Parametric 2.0 软件图标，打开 Creo Parametric 2.0 的主界面。

（2）选择工作目录。将新建的三维模型保存到指定的文件夹，如图 4–8 所示。

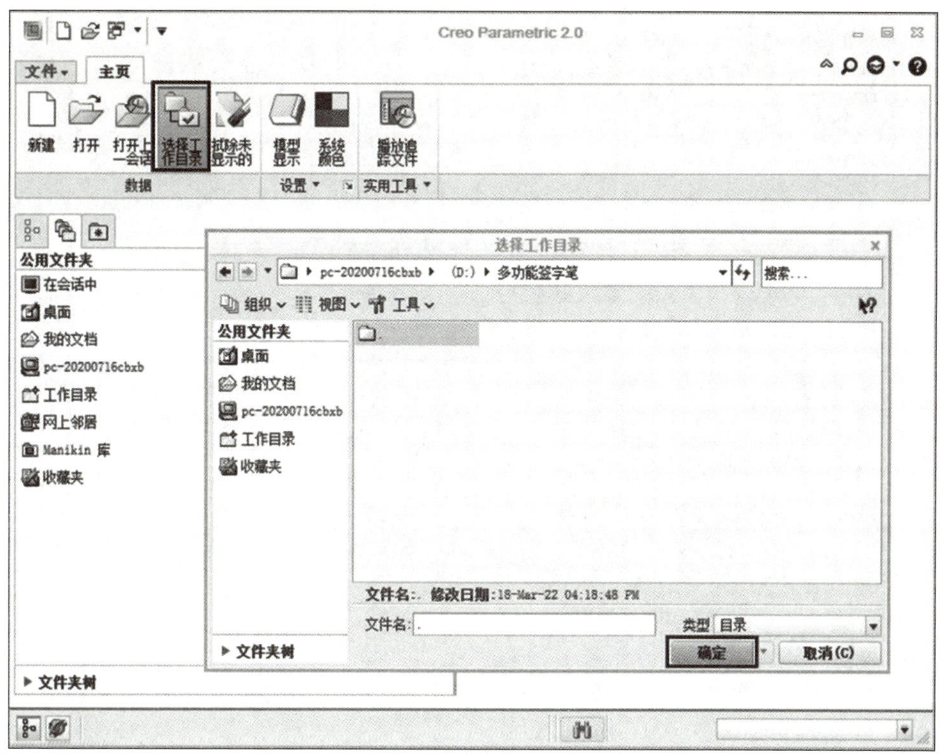

图 4–8　选择工作目录

（3）新建零件。单击【主页】工具栏上的【新建】命令，在弹出的【新建】对话框中选择【零件】类型，在【名称】文本框中修改名称为 Bi–1，单击【使用默认模板】复选框，单击【确定】按钮，进入【新文件选项】对话框，选择【mmns_part_solid】选项，单击【确定】按钮，进入零件环境，如图 4–9 所示。

（4）创建笔上端主体

1）①单击【模型】工具栏上的【拉伸】特征；②在弹出的【拉伸】工具栏中，单击【放置】按钮，再单击【定义】按钮，系统自动弹出【草绘对话框】；③选择 TOP 面作为草绘平面；④单击【草绘】按钮，进入草绘界面，如图 4–10 所示。

2）①单击草绘区中【草绘视图】按钮，软件自动将草绘平面修正到与屏幕平行；②单击【草绘】工具栏中的【圆】命令，捕捉绘图区原点为圆心绘制直径分别为 12 mm、15 mm 的同心圆；③单击【确定】按钮，退出草绘环境，如图 4–11 所示。

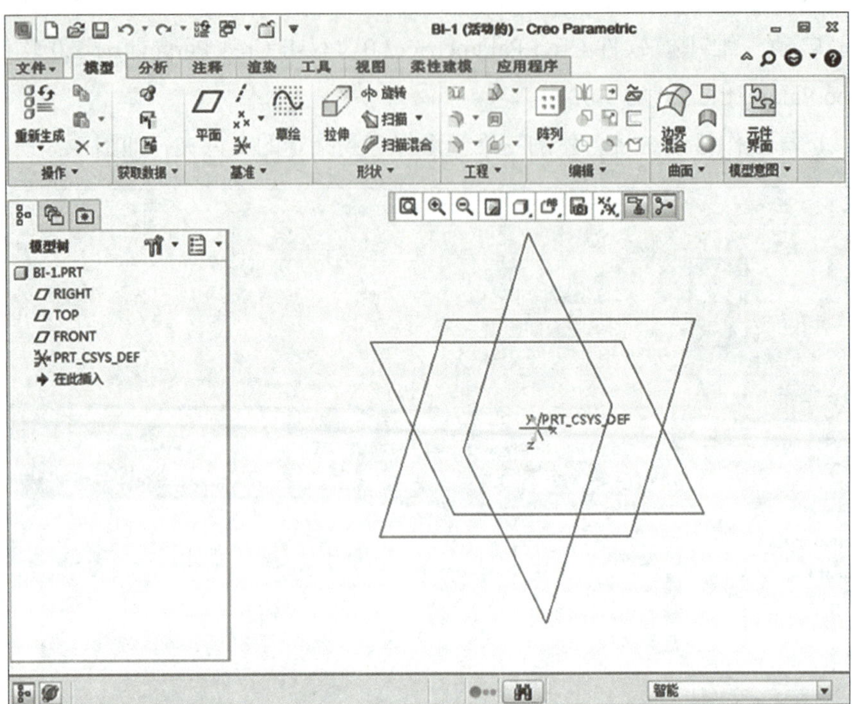

图 4-9　零件环境

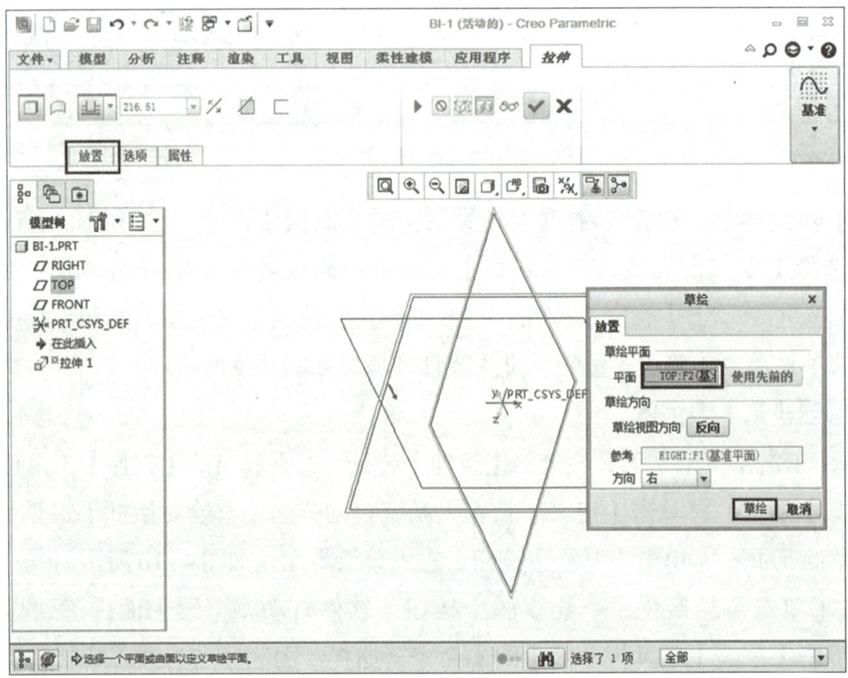

图 4-10　进入草绘界面

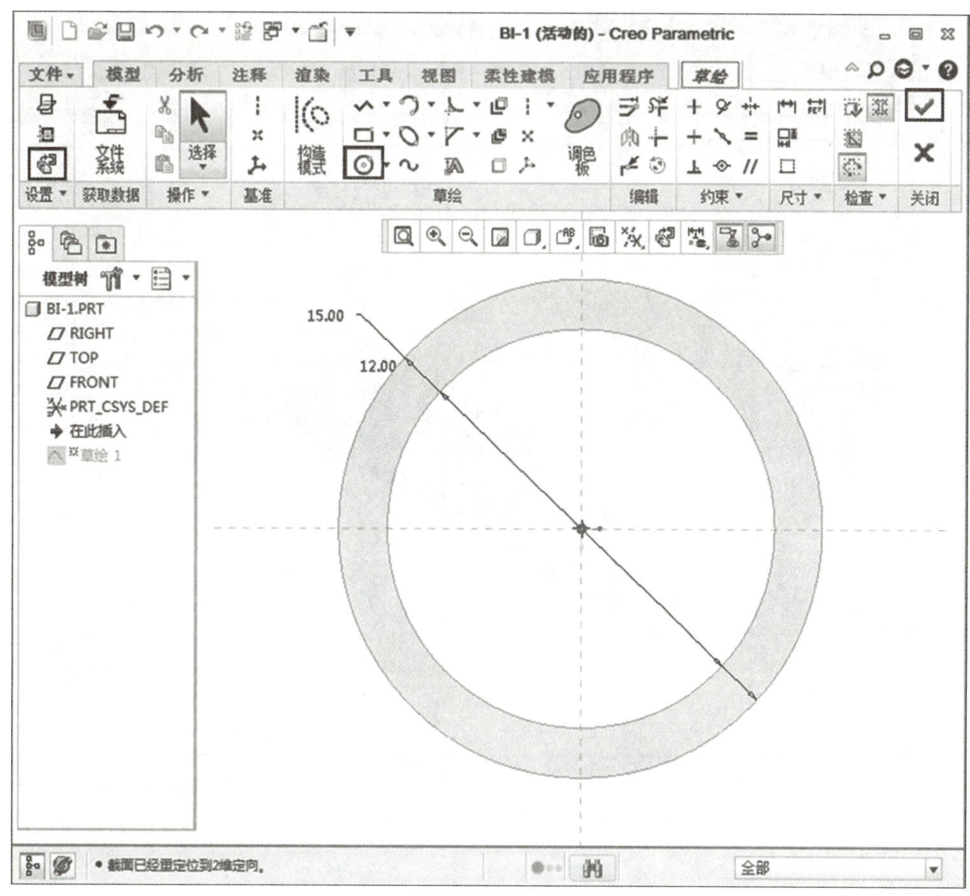

图 4-11　绘制笔主体

小贴士

双击草绘区中的尺寸，可以直接修改草图尺寸。

3）①系统自动返回到【拉伸】工具栏；②在【拉伸】工具栏上选择【两侧对称拉伸】的方式，设置拉伸距离为 58 mm；③单击【确定】按钮，完成拉伸特征的创建，如图 4–12 所示。

4）①选择【RIGHT】面作为草绘平面，单击【草绘】按钮进入草绘界面，进入草绘环境后，单击【草绘视图】按钮调整窗口；②单击【调色板】命令，选择【侧六边形】，约束六边形与原点重合，修改六边形边长为 2 mm，如图 4–13 所示。

5）切换到【模型】工具栏，单击【拉伸】命令，选择【双向拉伸】去除材料，距离 20 mm，在笔主体上形成镂空的六边形，如图 4–14 所示。

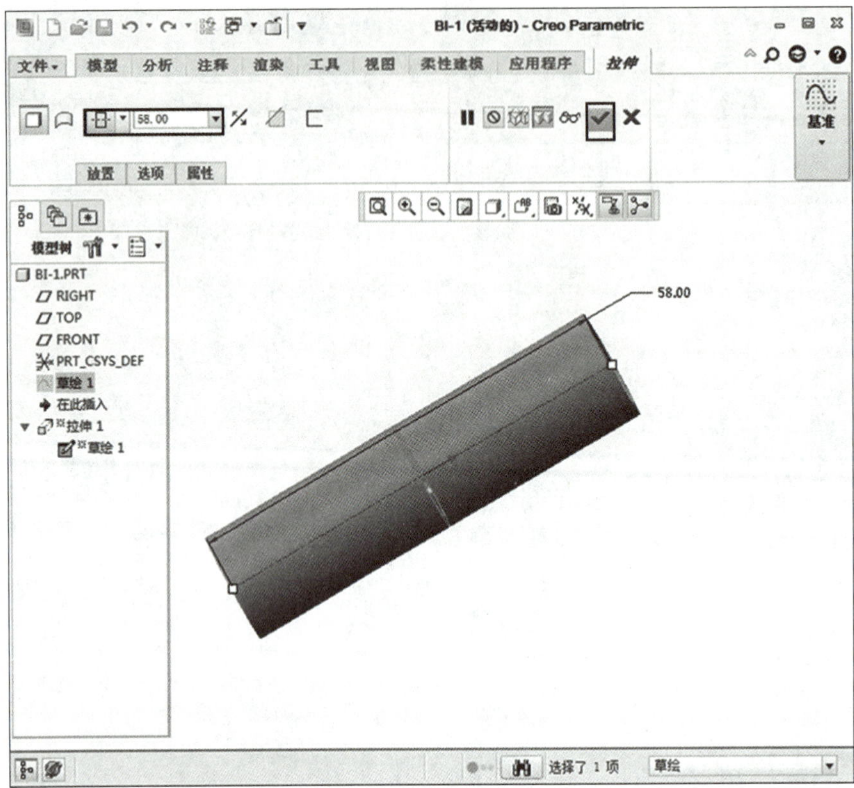

图 4–12　笔主体拉伸

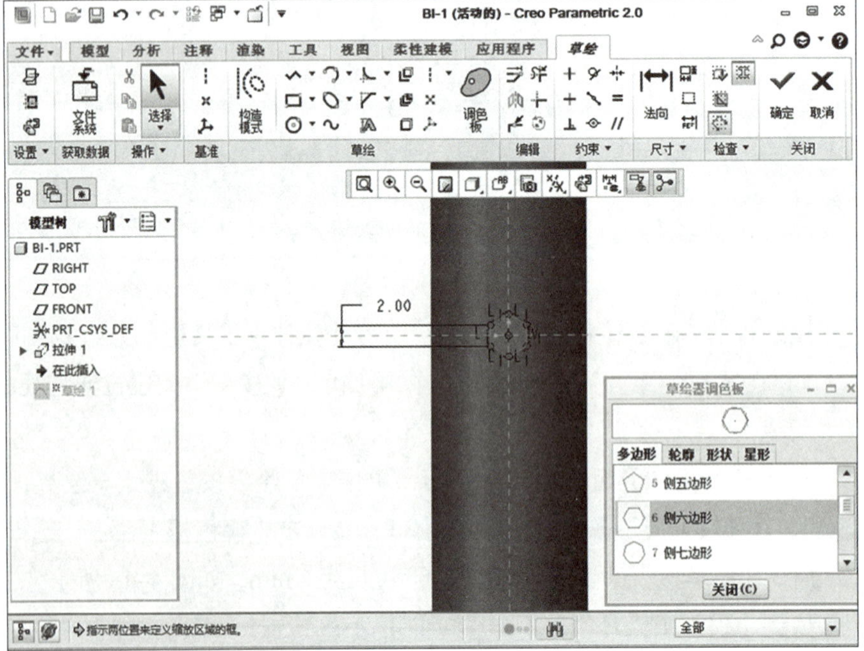

图 4–13　绘制六边形

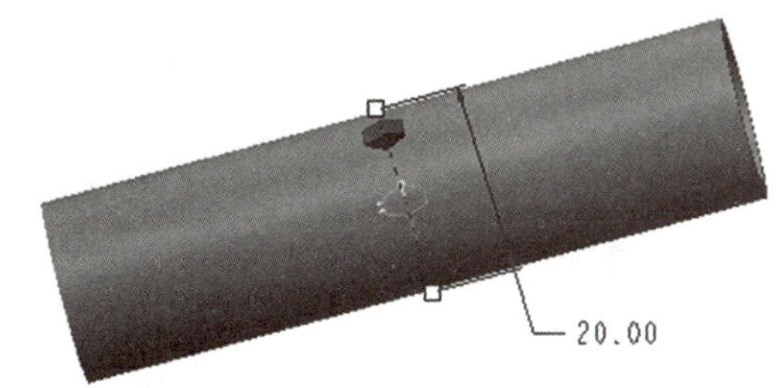

图 4–14　双向拉伸切除

6）①选中上一步骤的【拉伸切除特征】，单击【模型】工具栏上的【阵列】命令，在【阵列】工具栏设置阵列方式为【方向】；②设置方向 1，选择中心轴，阵列数量为 3，距离为 5 mm；③设置方向 2，选择中心轴，阵列数量为 6，距离为 5 mm，注意阵列方向，避免生成的阵列不在模型上；④单击【确定】按钮，完成阵列特征的创建，如图 4–15 所示。

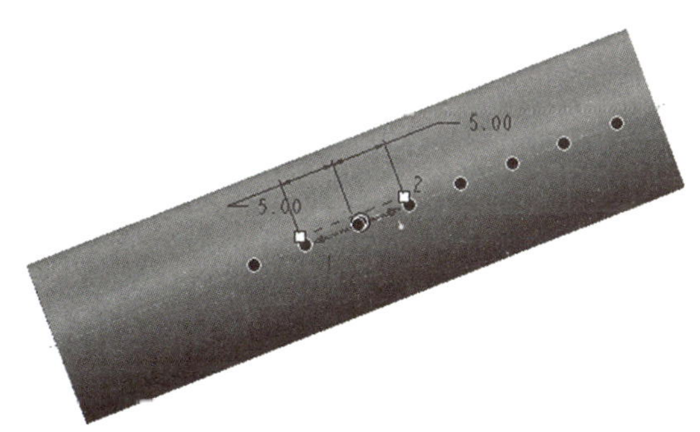

图 4–15　创建方向阵列特征

7）①在模型树中选中上一步骤的阵列特征，单击【模型】工具栏上的【阵列】命令，在【阵列】工具栏上设置阵列方式为【轴】，选择中心轴；②设置阵列数量为 6，角度为 60°；③单击【确定】按钮，完成轴阵列特征的创建，如图 4–16 所示。

8）①单击【模型】工具栏上的【旋转】命令，选取 RIGHT 平面作为草绘平面，在草绘环境下，绘制半径为 7.5 mm 的弧线，并约束弧线一端与笔主体相切，如图 4–17a 所示（弧线样式可自行设计，但需要记下尺寸，为控制笔的总长做准备）；②在【旋转】工具栏上，单击【曲面旋转】按钮，单击【确定】按钮，完成曲面旋转特征的创建，如图 4–17b 所示。

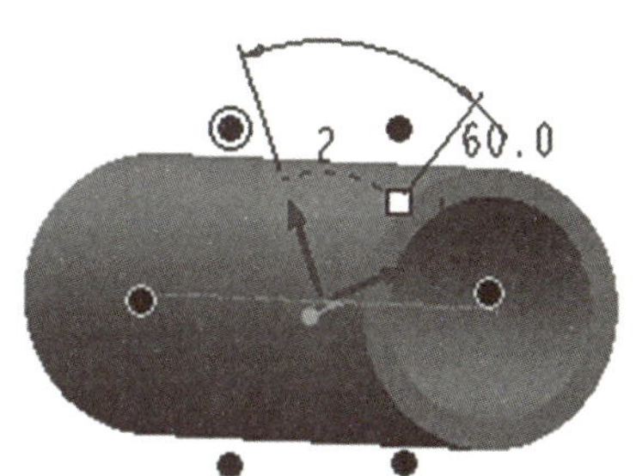

图 4–16　创建轴阵列特征

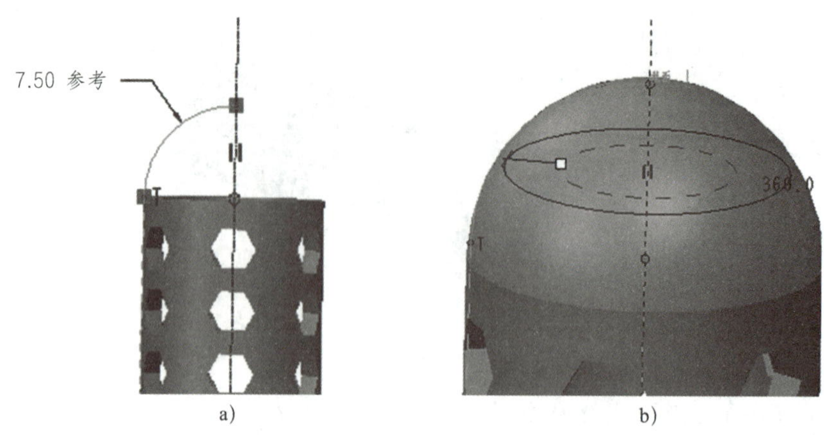

图 4–17　创建曲面特征

9）①在模型树中选择上一步骤的曲面旋转特征，单击【模型】工具栏上的【加厚】命令；②在弹出的【加厚】工具栏上，输入加厚数值 1.5 mm，单击【翻转结果几何的方向】命令，调整加厚方向向里，单击【确定】按钮，完成曲面加厚特征的创建，如图 4–18 所示。

图 4–18　创建曲面加厚特征

10）创建螺旋扫描轮廓轨迹。①单击【模型】工具栏【扫描】命令下拉菜单中的【螺旋扫描】命令，在弹出的【螺旋扫描】工具栏中，单击【参考】按钮，单击【定义】按钮；②选取 RIGHT 平面为草绘平面，进入草绘环境，绘制一条中心线，然后以内孔边界为参考，依据参考线绘制草绘长度为 13 mm 的螺旋扫描轮廓轨迹，如图 4–19 所示；③单击【完成】按钮。

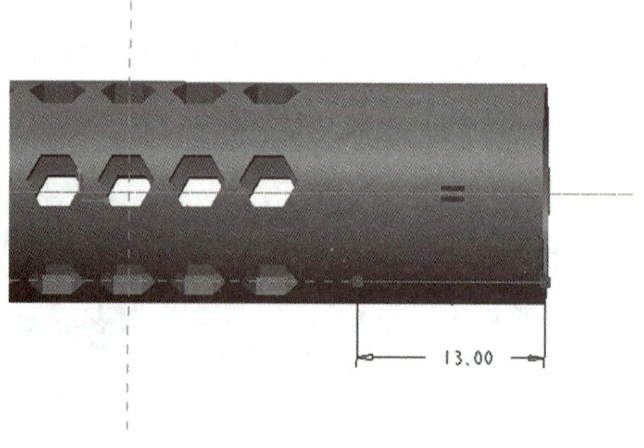

图 4–19　绘制螺旋扫描轮廓轨迹

11）单击【螺旋扫描】工具栏中的【创建或编辑扫描截面】按钮，进入草绘环境，绘制直径为 0.7 mm 的扫描截面，扫描截面如图 4-20 所示。

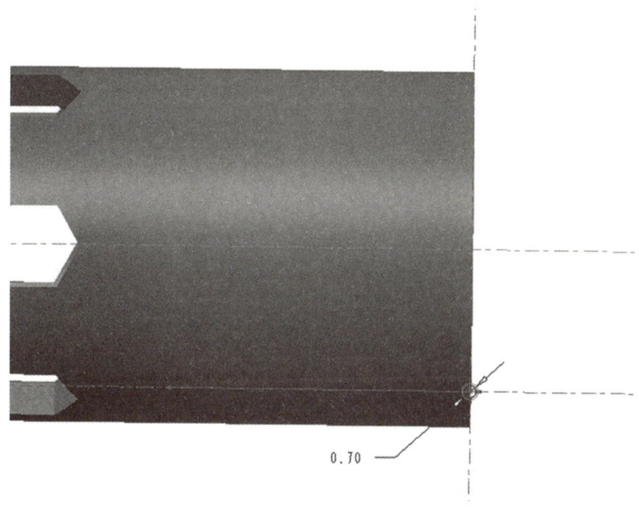

图 4-20　绘制扫描截面

12）单击【螺旋扫描】工具栏中的【扫描为实体】按钮，输入螺距为 1.50 mm，单击【完成】按钮，完成螺纹特征的创建。如图 4-21 所示。

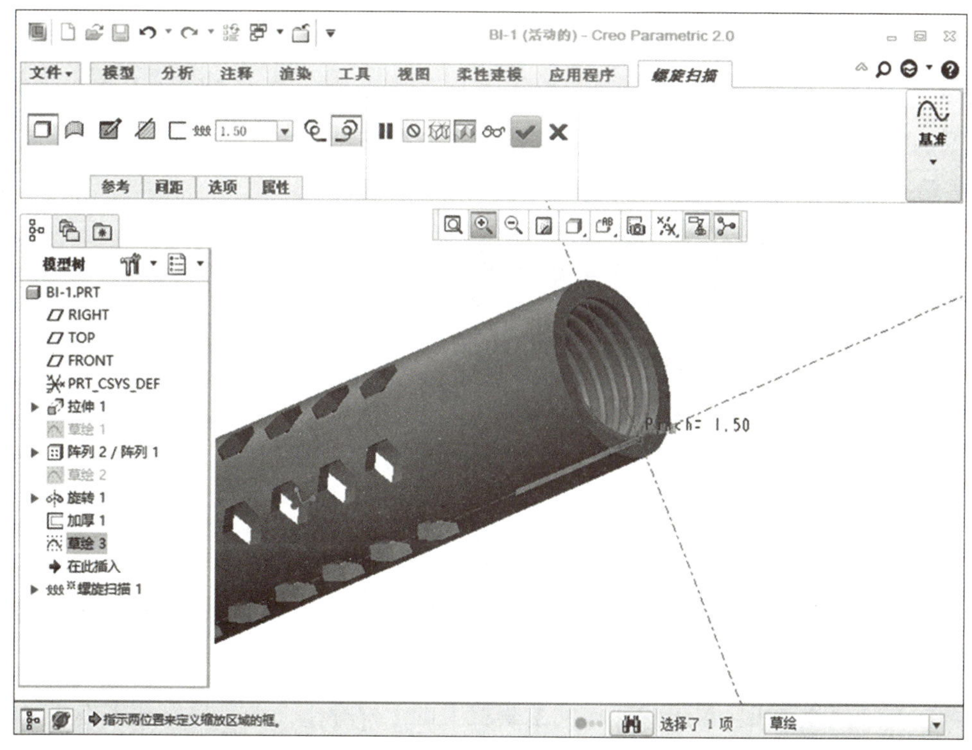

图 4-21　完成螺纹特征的创建

13）在模型工具栏中单击【拉伸】命令，选取笔上部分开口端平面为草绘平面，进入草绘环境，绘制直径为 20 mm 的圆，单击【确定】按钮，退出草绘。在【拉伸】工具栏中单击【移除材料】按钮，设置拉伸长度为 10.00 mm，单击【完成】按钮，完成笔上部分平面材料的去除，如图 4-22 所示。

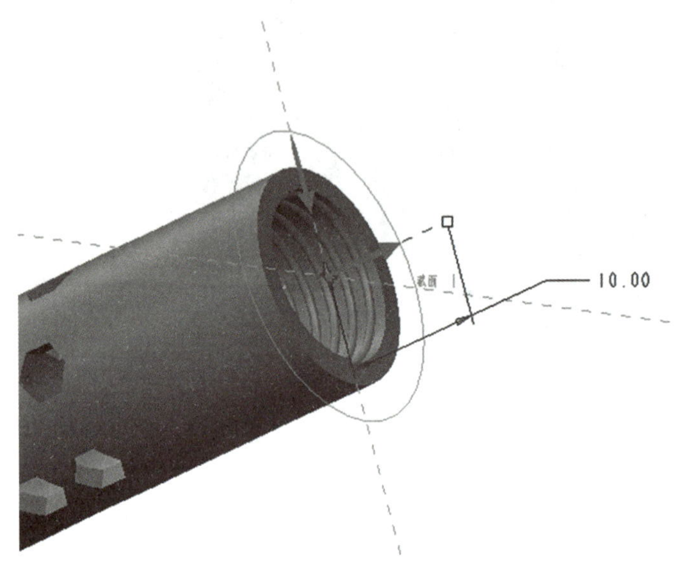

图 4-22　去除螺纹尾端

14）为方便签字笔上部分与下部分的螺纹配合，在螺纹生成开口端旋转切除 3 mm，增加配合起始位置的间隙。在【模型】工具栏中单击【旋转】命令，选取【FRONT】平面作为草绘平面，进入草绘环境，在草绘环境中绘制如图 4-23 所示草图，单击【完成】按钮，退出草图。

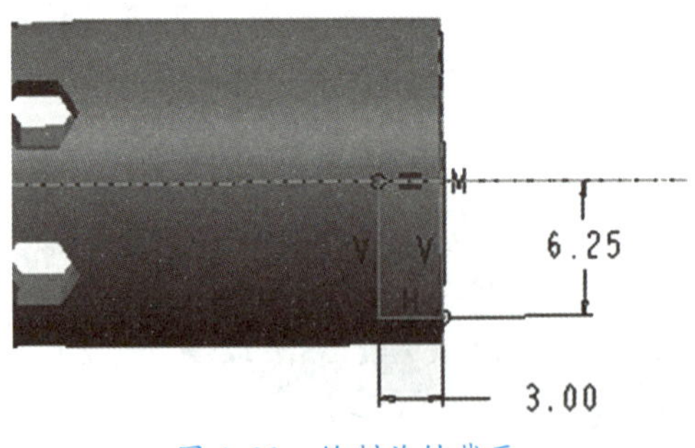

图 4-23　绘制旋转截面

15）在【旋转】工具栏中单击【去除材料】按钮，单击【完成】按钮，完成笔上端装配起始部分材料的去除，效果如图 4-24 所示。

16）保存和退出。单击快速访问工具栏上的【保存】命令，保存在工作目录下，单击【确定】。

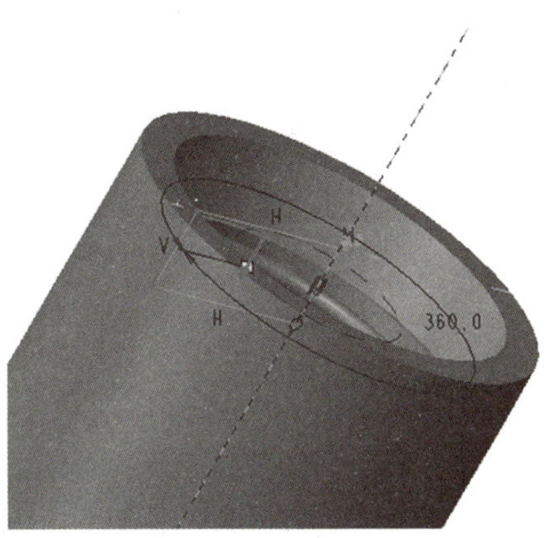

图 4-24　旋转切除效果

2. 笔下端模型的创建

（1）新建零件。新建名称为“Bi-2”的零件。

（2）创建笔下端主体

1）①单击【模型】工具栏上的【旋转】命令，选取【FRONT】平面作为草绘平面，在草绘环境下，绘制如图 4-25 所示的草绘图形；②在【旋转】工具栏上，单击【确定】按钮，完成旋转特征的创建，如图 4-26 所示。

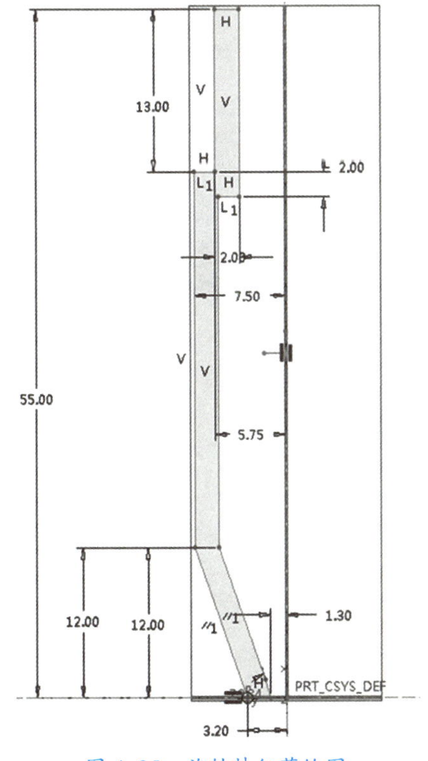

图 4-25　旋转特征草绘图

图 4-26　旋转特征效果图

2）创建螺纹特征。①单击【模型】工具栏上的【螺旋扫描】命令，选取【FRONT】平面为草绘平面，进入草绘环境，绘制一条竖直中心线，接着使用【投影】命令，抓取圆柱边界，作为螺旋扫描轮廓轨迹，如图 4–27 所示；②单击【螺旋扫描】工具栏中的【创建或编辑扫描截面】按钮，进入草绘环境，绘制直径为 0.7 mm 圆形扫描截面；③单击【螺旋扫描】工具栏中的【去除材料】按钮，调整好切口方向，并输入螺距为 1.5 mm，单击【完成】按钮，完成螺纹特征的创建，如图 4–28 所示。

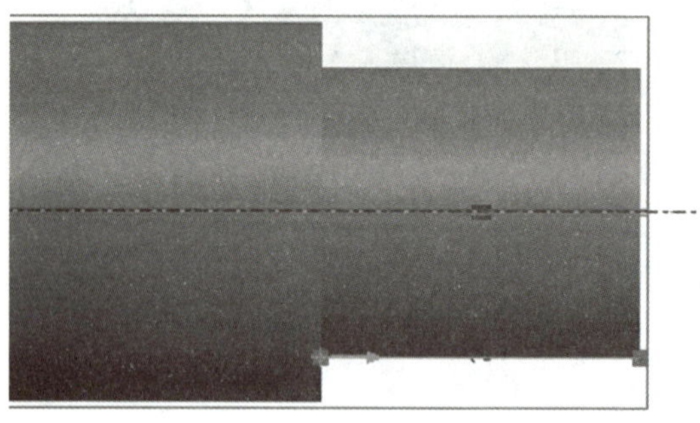

图 4–27　绘制螺纹线段

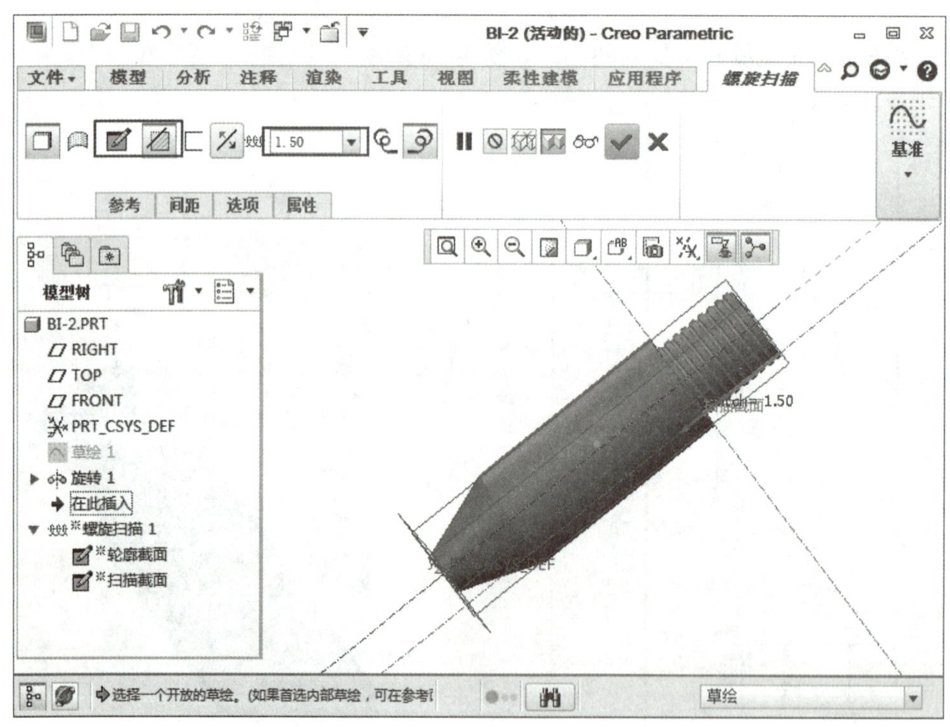

图 4–28　完成螺纹特征的创建

3）①单击【模型】工具栏上的【倒角】命令；②弹出【边倒角】工具栏，在模型上单击鼠标左键选取边线，设置倒角类型为【45 × D】并输入参数值为 0.5；③单击

【确定】按钮，效果如图 4–29 所示。

4）①单击【模型】工具栏上的【平面】命令，选择笔尖平面为偏移平面，调整偏移方向向右；②输入偏移的平移距离为 35；③单击【确定】按钮，完成偏移基准平面特征的创建，如图 4–30 所示。

图 4–29　创建边倒角特征

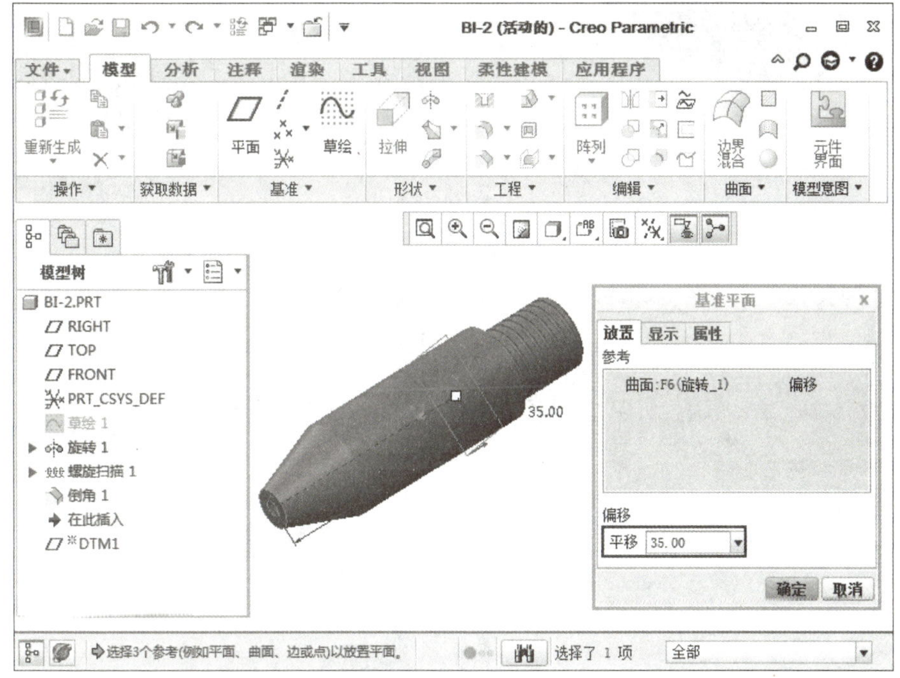

图 4–30　偏移基准平面

5）为方便后续笔盖的装配，在笔尖设置圆环卡扣。①单击【模型】工具栏上的【扫描】命令，进入扫描工具栏工作页后，点击右侧的【基准】下拉列表中【草绘】命令；②选择 DTM1 平面作为扫描路径草绘平面，如图 4–31 所示。

6）①在草绘环境中，单击【投影】命令，选用【链】投影得到圆；②单击【确定】按钮并退出草绘，完成扫描路径的创建，如图 4–32 所示。

7）①系统自动进入【扫描】工具栏中，单击工具栏中的【退出暂停模式】按钮，让【扫描】工具栏恢复激活状态；②在【扫描】工具栏上，单击【创建或编辑扫描轨迹】按钮，如图 4–33 所示；③进入草绘环境，绘制直径为 0.6 mm 的圆形扫描截面；④单击【确定】按钮，完成扫描特征的创建，最后生成图形如图 4–34 所示。

图 4-31　创建扫描路径草绘平面

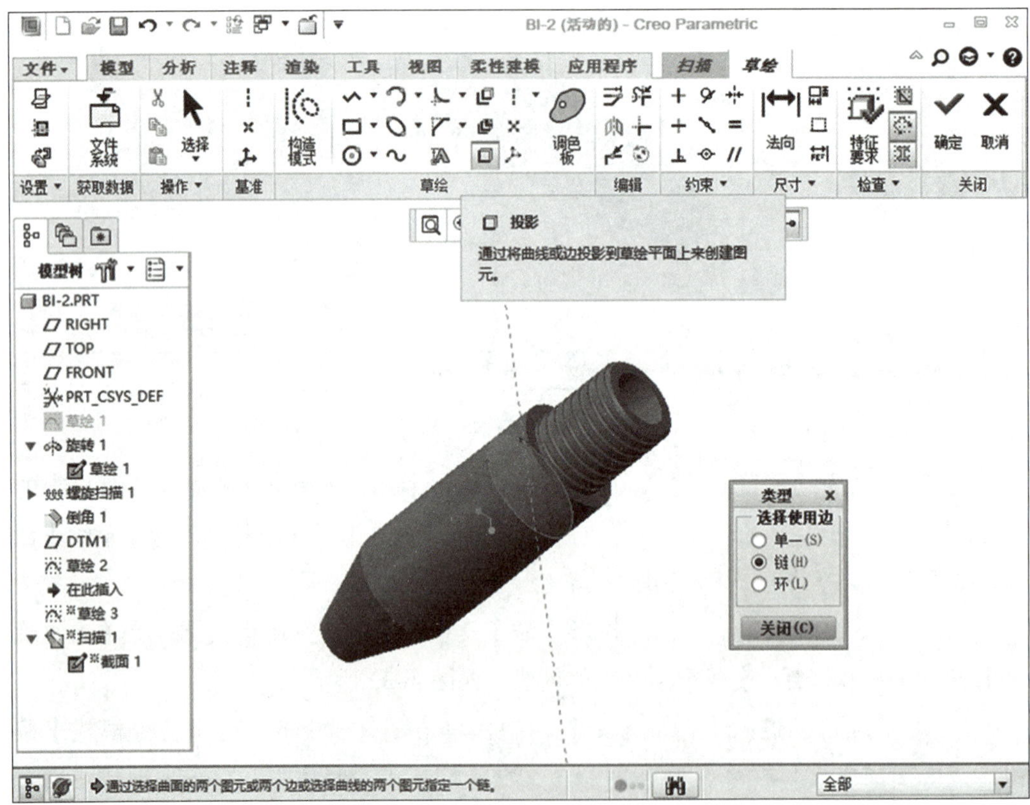

图 4-32　创建扫描路径

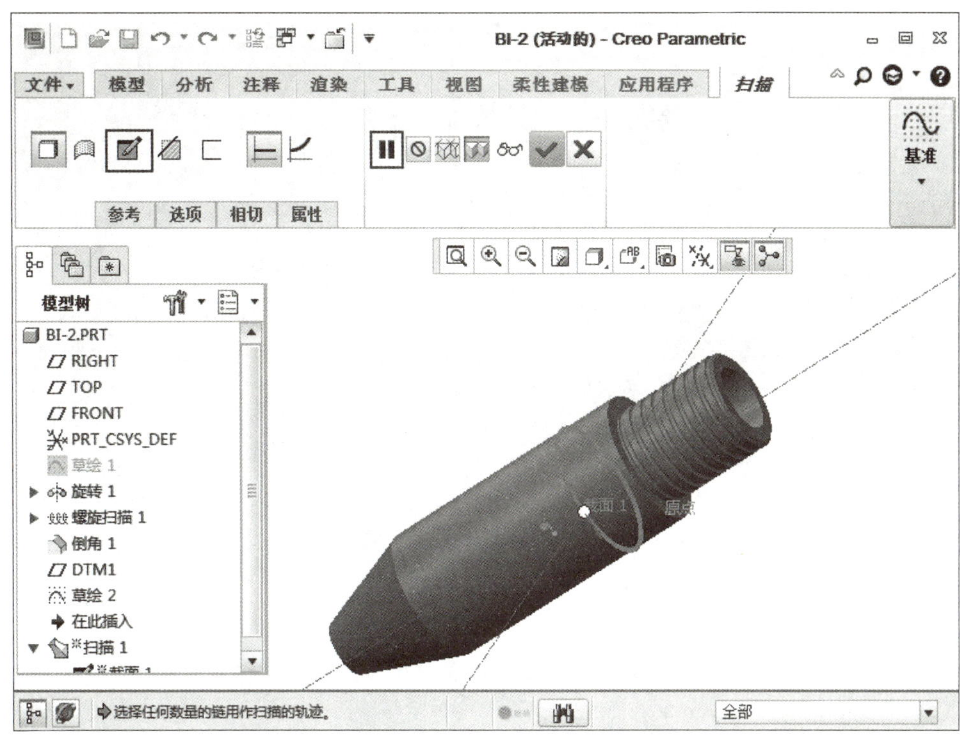

图 4–33　创建或编辑扫描轨迹

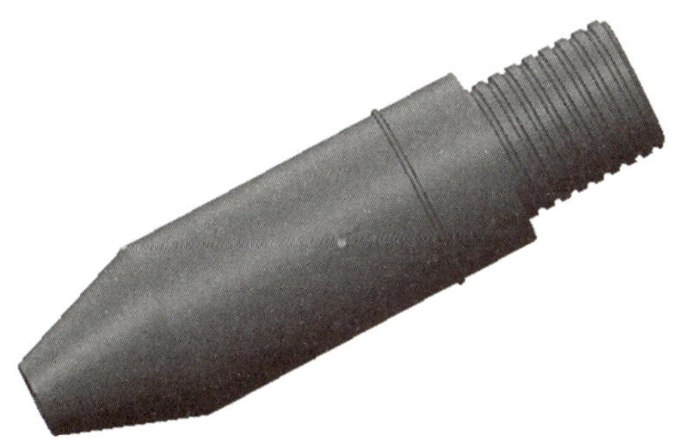

图 4–34　完成扫描特征

8）保存和退出。单击快速访问工具栏上的【保存】命令，保存在工作目录下，单击【确定】按钮。

3. 笔盖模型的创建

（1）新建零件。新建名称为“Bi–3”的零件。

（2）创建笔盖模型

1）①单击【模型】工具栏上的【旋转】命令，选取【RIGHT】平面作为草绘平面，在草绘环境下，绘制如图 4–35 所示的草绘图形；②在【旋转】工具栏上，选择【曲面旋转】按钮，单击【确定】，完成旋转特征的创建。

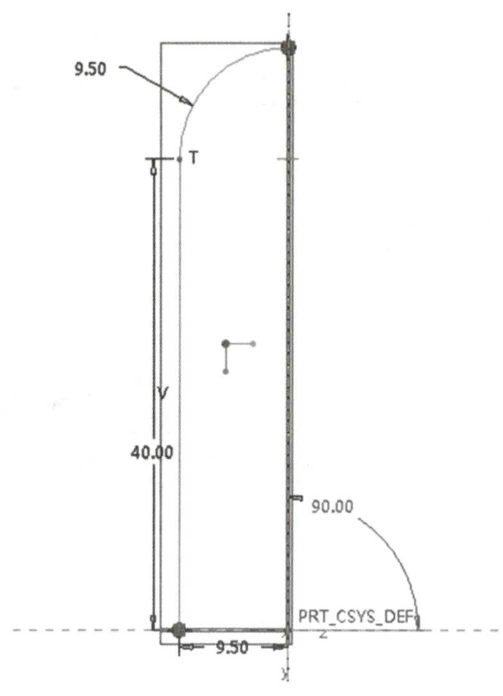

图 4–35　曲面旋转特征草绘图

2）①单击【平面】命令，创建 DTM1 面，选取【TOP】平面为参考平面，向上平移 35；②创建 DTM2 面，选取【TOP】平面为参考平面，向上平移 25；③创建 DTM3 面，选取【TOP】平面为参考平面，向上平移 8。创建三个基准平面，如图 4–36 所示。

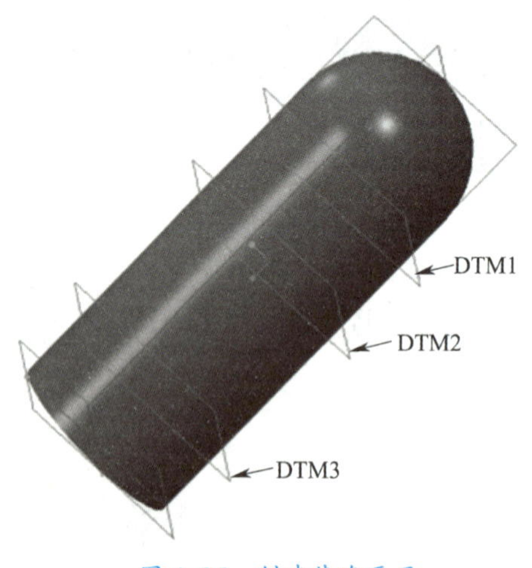

图 4–36　创建基准平面

3）①选取【FRONT】平面，进入草绘环境，绘制出如图 4–37 a 所示的基准曲线 1；②单击【模型】对话框中的【投影】命令，选取如图 4–37 b 所示的面作为投影面。

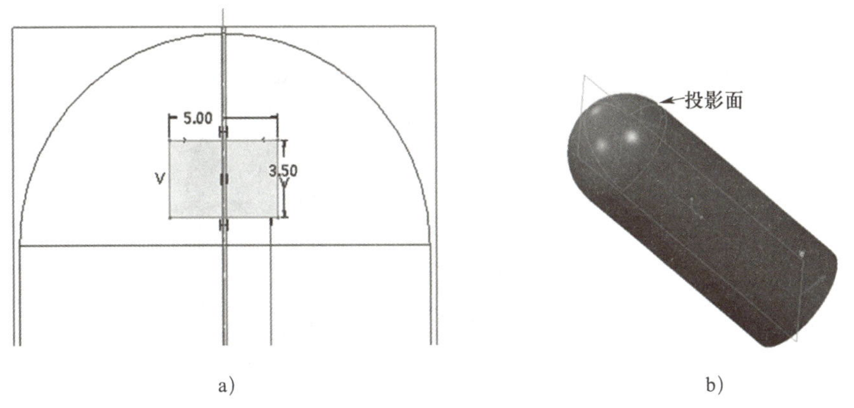

a)　　　　　　b)

图 4-37　投影特征效果图

4）①进入草绘环境，选取 DTM1 平面作为草绘平面，在截面上绘制出如图 4–38 a 所示的基准曲线 2；②选取 DTM2 平面作为草绘平面，在截面上绘制出如图 4–38 b 所示的基准曲线 3；③选取 DTM3 平面作为草绘平面，在截面上绘制出如图 4–38 c 所示的基准曲线 4。

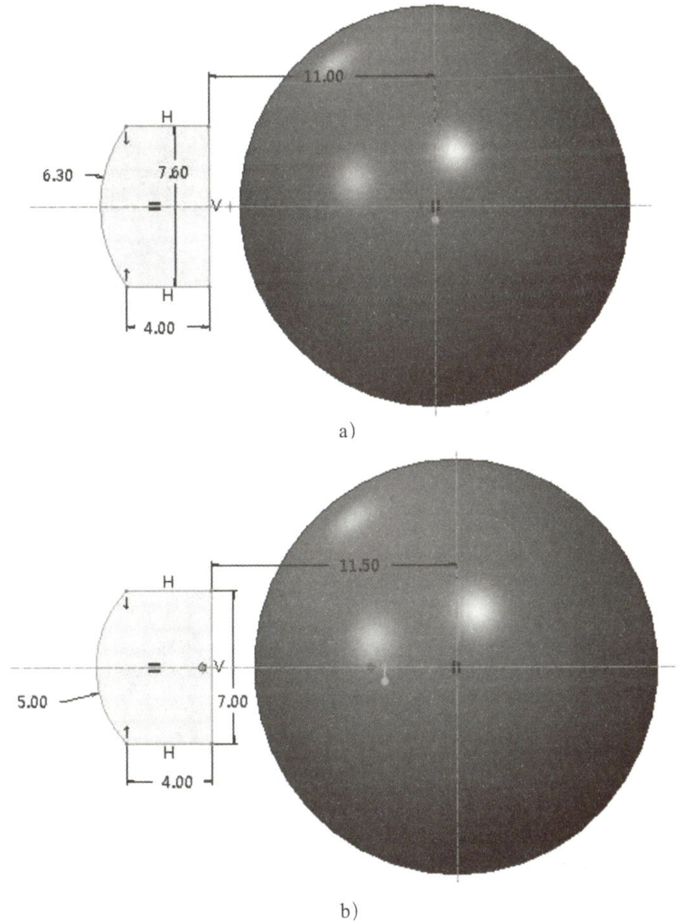

a)

b)

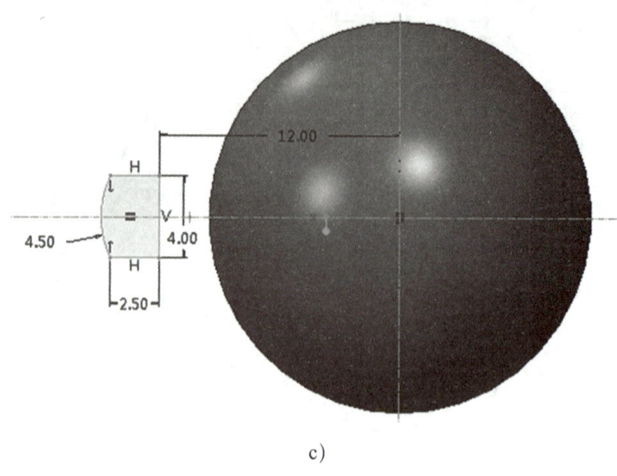

c）

图 4–38　绘制基准曲线

5）①单击【点】命令，按住 Ctrl 键，选取基准曲线 4 和基准平面 FRONT 为参考，完成基准点 PNT0 的创建；②按住 Ctrl 键，选取基准曲线 4 和基准平面 FRONT 为参考，完成基准点 PNT1 的创建，如图 4–39 所示；③按照上述方法，依次在基准曲线 3 投影中创建基准点 PNT2、PNT3，基准曲线 2 投影中创建基准点 PNT4、PNT5，基准曲线 1 投影中创建基准点 PNT6、PNT7。

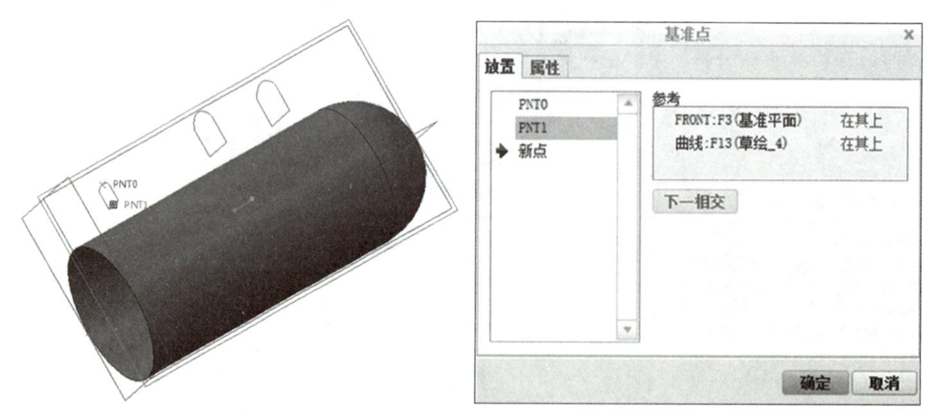

图 4–39　基准点的创建

6）①进入草绘环境，选取【FRONT】平面作为草绘平面；②单击【样条】命令，绘制如图 4–40 所示的基准曲线 5 和基准曲线 6。

7）①单击【模型】工具栏中的【造型】命令，在弹出的【样式】工具栏中单击【曲面】按钮；②在【造型：曲面】工具栏中，单击【参考】按钮，在【首要】对话框中，选取基准曲线 5 为主曲线，在【横切】框中，按住 Ctrl 键，依次选取曲线 1 ~ 4，作为链参照，完成如图 4–41 所示曲面特征 1 的创建。

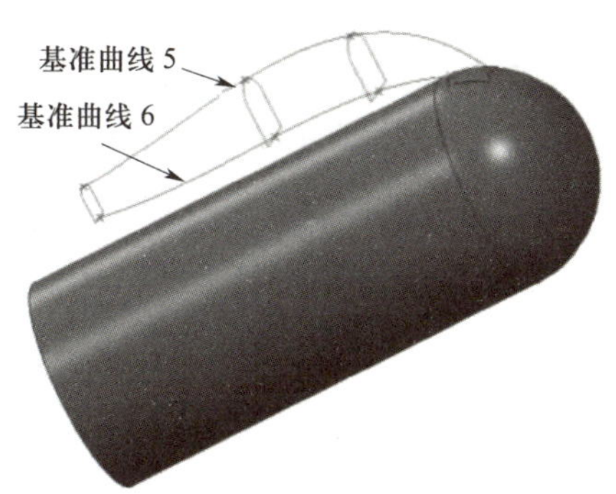

图 4–40　绘制基准曲线

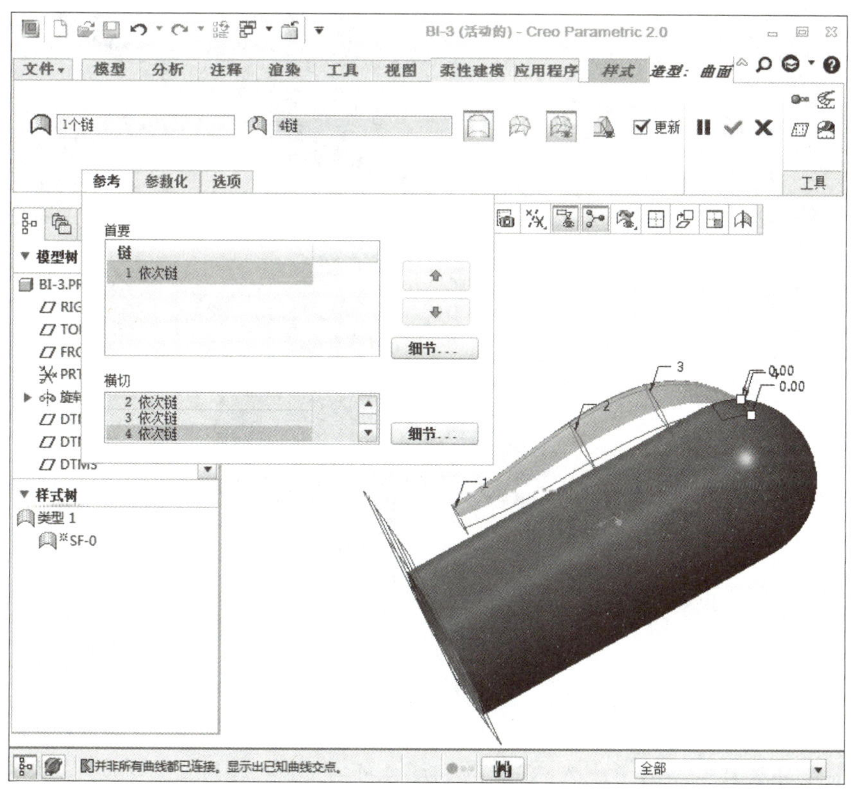

图 4–41　创建曲面特征 1

8）按照上述方法，选取基准曲线 6 为主曲线，按住 Ctrl 键，依次选取曲线 1 ～ 4 作为链参照，完成如图 4–42 所示曲面特征 2 的创建。

9）①按照上述方法，选取曲面特征 1 和曲面特征 2 的边线为主曲线；②按住 Ctrl 键，依次选取曲线 1 ～ 4 作为链参照，完成如图 4–43 所示的曲面特征 3 和曲面特征 4 的创建。

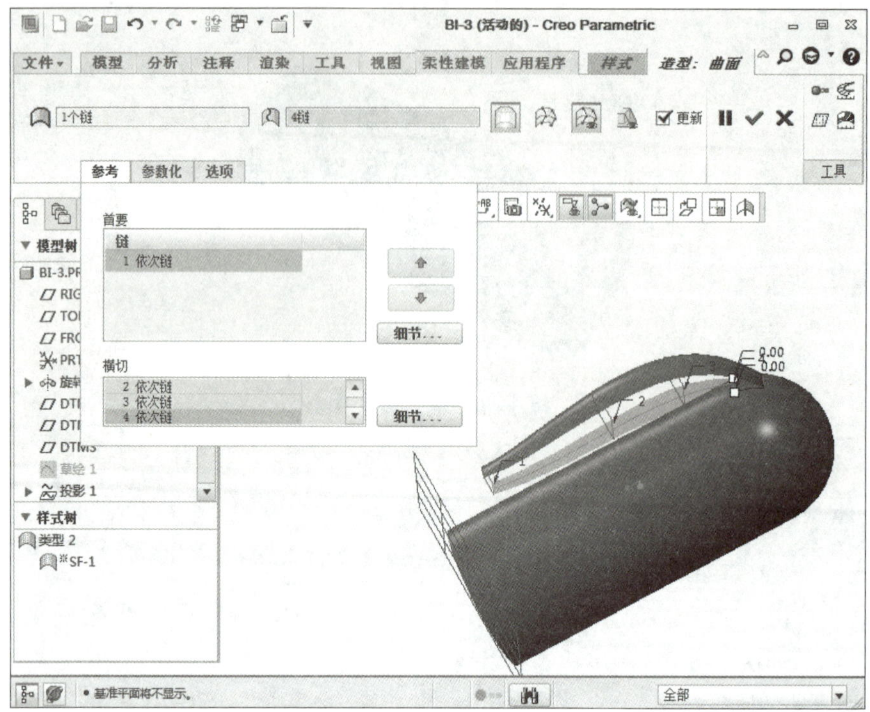

图 4–42　创建曲面特征 2

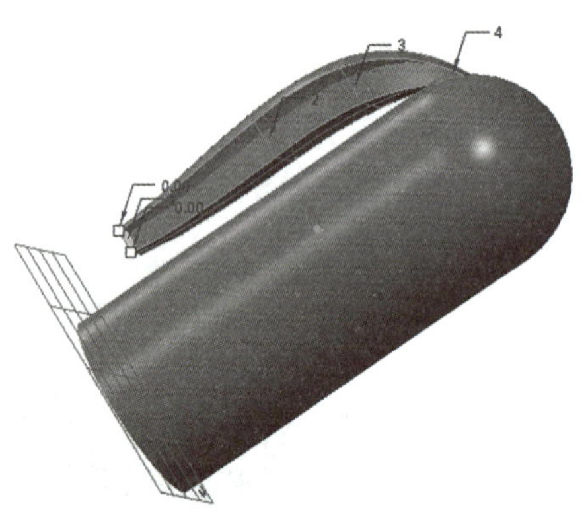

图 4–43　创建曲面特征 3 和曲面特征 4

10）①单击【填充】命令；②选取如图 4–44 所示的轮廓边界曲线作为参照，完成曲面的填充 1。

11）①在模型树中，选取类型 1 和填充 1，单击【合并】按钮，完成曲面合并 1 的创建；②选取合并 1 和旋转 1，单击【合并】按钮，两曲面均为网格选中状，完成曲面合并 2 的创建，如图 4–45 所示。

12）①单击【平面】命令，选取如图 4–46 a 所示的边线作为参照，完成 DTM4 的创建；②选取 DTM4 平面作为草绘平面，绘制出如图 4–46 b 所示的截面，完成曲面填充 2 的创建。

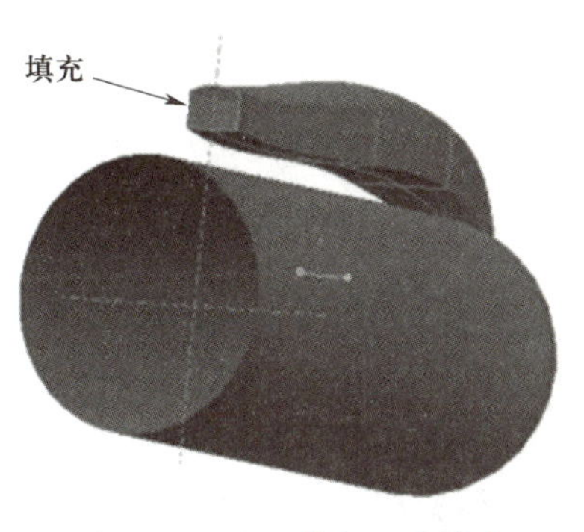

图 4–44　曲面填充 1 的创建

图 4–45　曲面合并 2 的创建

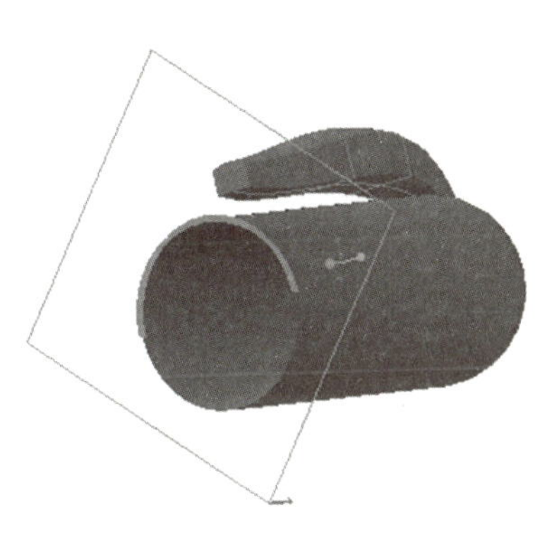

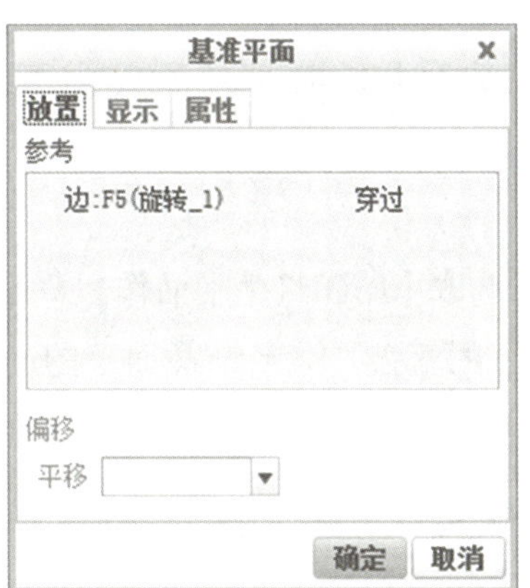

a）

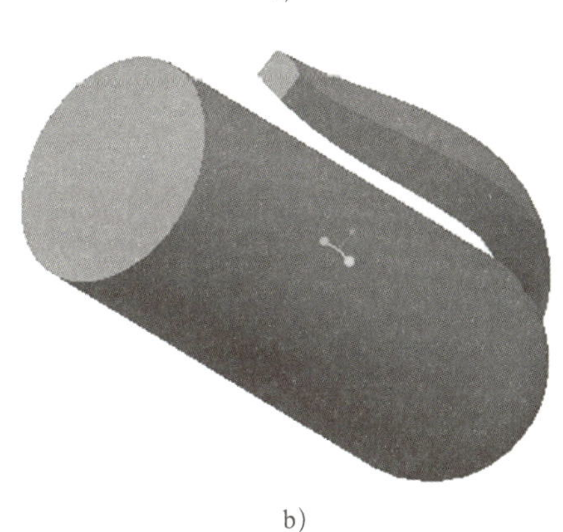

b）

图 4–46　DTM4 的创建和曲面填充 2 特征效果图

13）①在模型树中，选取填充 2 和合并 2，单击【合并】按钮，完成曲面合并 3 的创建；②选取合并 3 的曲面，单击【实体化】命令，完成曲面实体化 1 的创建；③选取【FRONT】平面作为草绘平面，绘制如图 4–47 所示的截面草图；④在【拉伸】工具栏中设置拉伸类型为【对称拉伸】，深度为 3.0，完成拉伸特征 1 的创建。

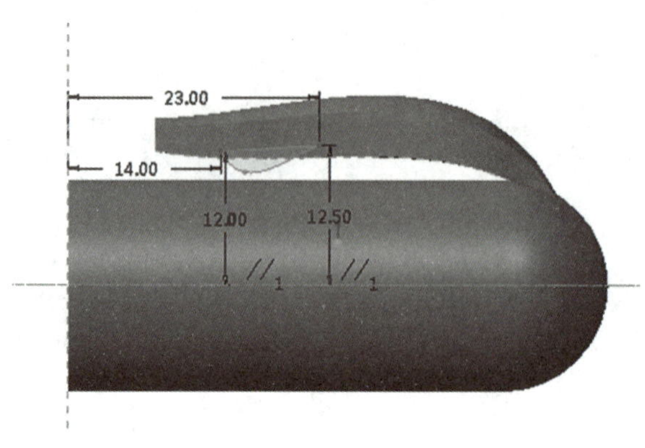

图 4-47　拉伸特征 1 草绘截面图

14）①选取【RIGHT】平面作为草绘平面，绘制出如图 4-48 所示的截面草图；②单击【模型】工具栏中的【旋转】命令，选择【移除材料】的方式，完成旋转特征的创建。

15）①选取【RIGHT】平面作为草绘平面，使用【样条】、【镜像】等命令绘制如图 4-49 所示的笔盖耳朵装饰截面草图；②在【拉伸】工具栏中设置拉伸类型为【对称拉伸】，尺寸为 3.0 mm，完成拉伸特征 2 的创建。

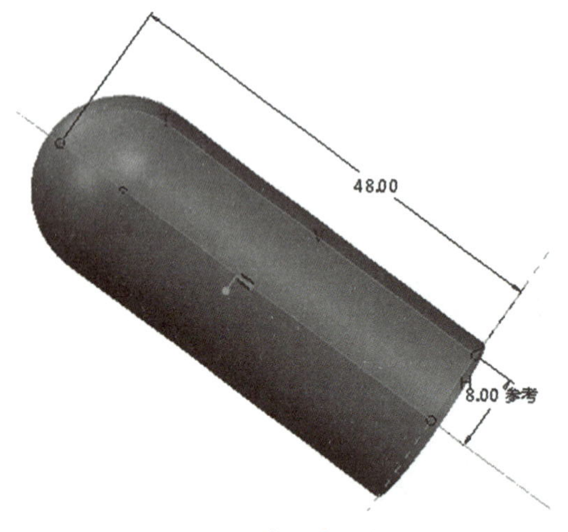

图 4-48　旋转特征草绘截面图形

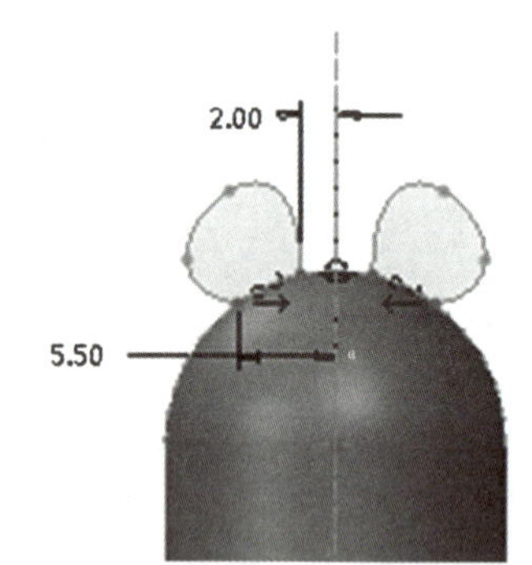

图 4-49　笔盖耳朵装饰草绘截面图形

16）①单击【平面】命令，选择【RIGHT】平面作为参考平面，偏移 15.0，完成 DTM5 平面的创建，如图 4-50 a 所示；②选取 DTM5 平面作为草绘平面，绘制出如图 4-50 b 所示的图形，并添加“小熊的笔”文字。

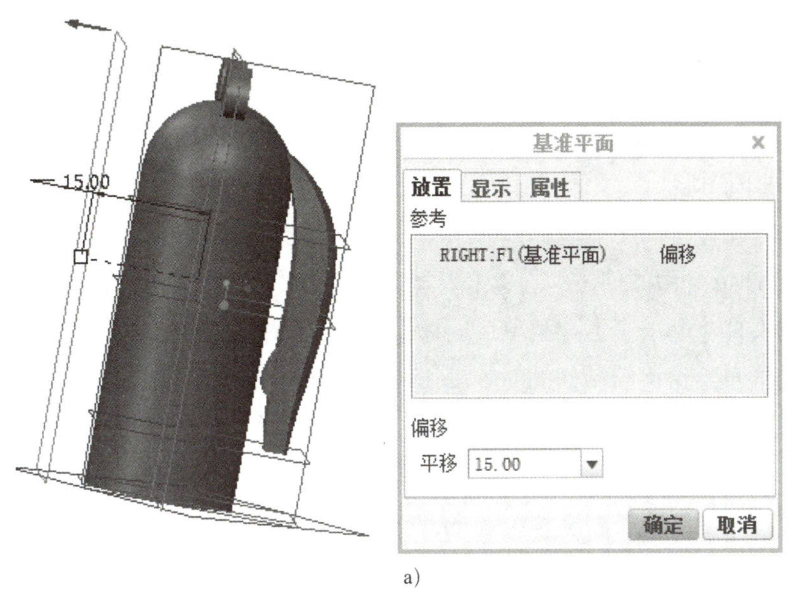

a)

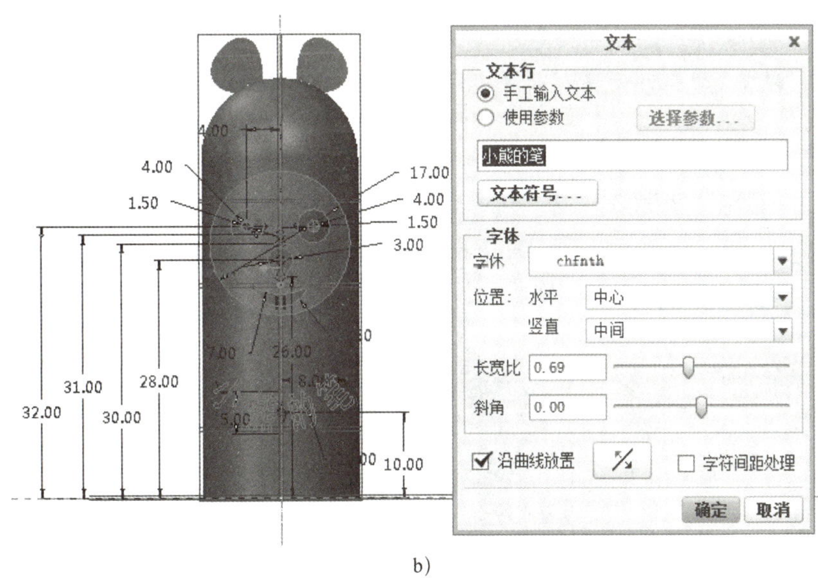

b)

图 4-50　创建 DTM5 平面和创建图形、文本

小贴士

在文字添加中，注意文字类型的选择，要求文字笔画间不相连，形成独立的轮廓，方便后续的投影。

17）①选取笔盖表面，单击【模型】工具栏中的【偏移】命令，在下拉菜单中选取【具有拔模特征】的偏移方式，随后选择【参考】中的【草绘】，在弹出的窗口中，选择DTM5平面为草绘平面，如图4–51所示；②进入草绘模式后，单击【投影】特征，选择【类型】为【环】，选中上一步骤中创建的图形和文本，单击【确定】，退出草绘环境，如图4–52所示；③在偏移工具栏中，设置偏移值为0.5 mm，单击【确定】，完成曲面图形、文字偏移特征的创建，如图4–53所示。

18）①单击【平面】命令，选取图4–54 a所示笔帽的底平面作为参照，偏移值为3.0，完成DTM6平面的创建；②单击模型工具栏中的【扫描】命令，在弹出的扫描窗口中，单击右侧【基准】下拉菜单，选择【草绘】命令，选取DTM6平面作为草绘平面，在弹出的草绘窗口绘制如图4–54 b所示的截面，单击【确定】，完成扫描路径的创建；③系统自动进入【扫描】工具栏中，单击工具栏中的【退出暂停模式】按钮，让【扫描】工具栏恢复激活状态，在【扫描】工具栏单击【创建或编辑扫描轨迹】按钮，进入草绘环境，绘制直径为0.6 mm的圆形扫描截面，单击【确定】按钮，完成扫描特征的创建，最后生成如图4–54 c所示图形。

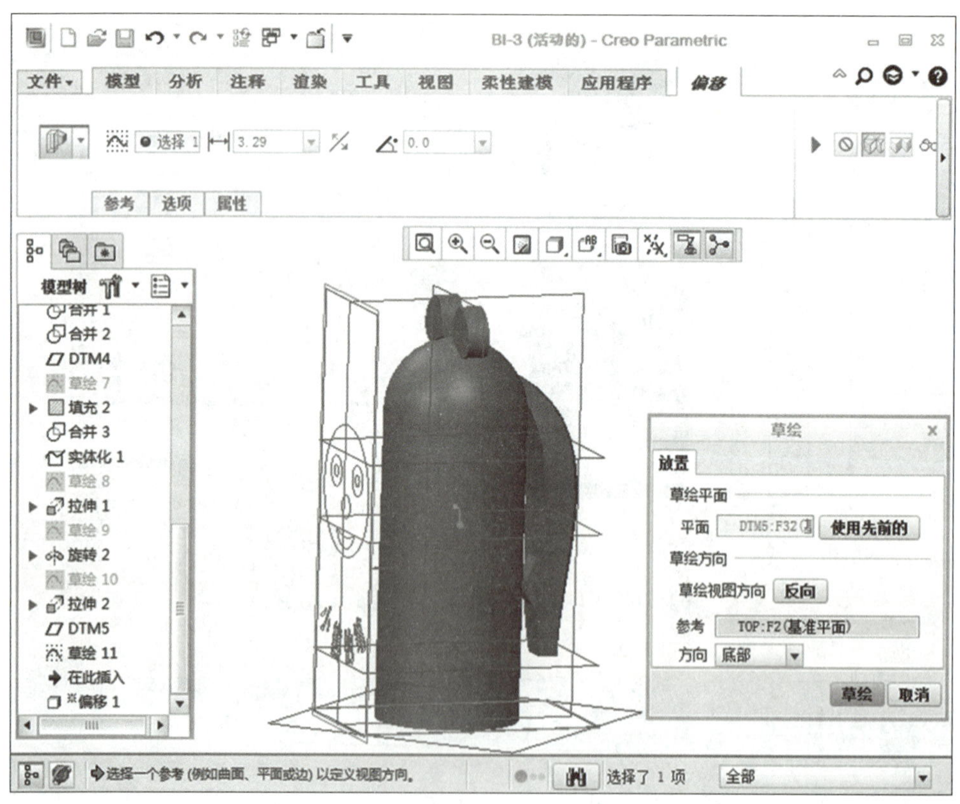

图4–51　创建偏移特征

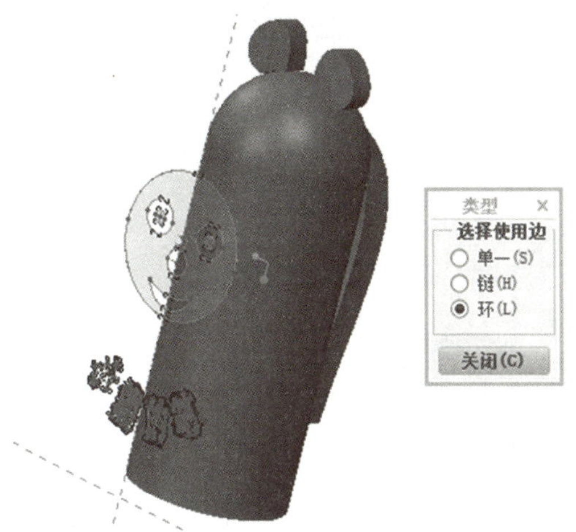

图 4-52　选择偏移草绘截面

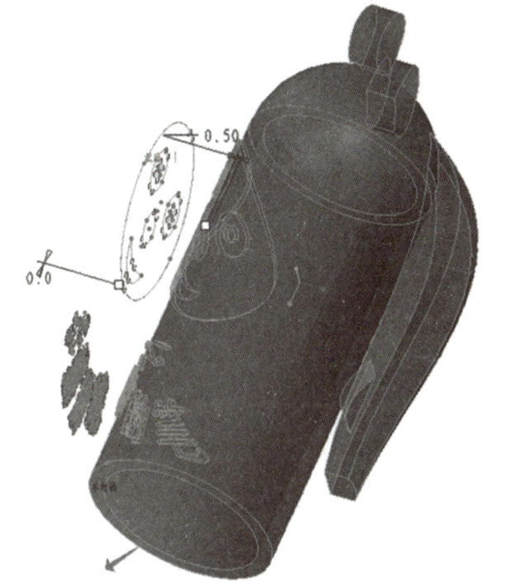

图 4-53　创建曲面图形、文字偏移特征

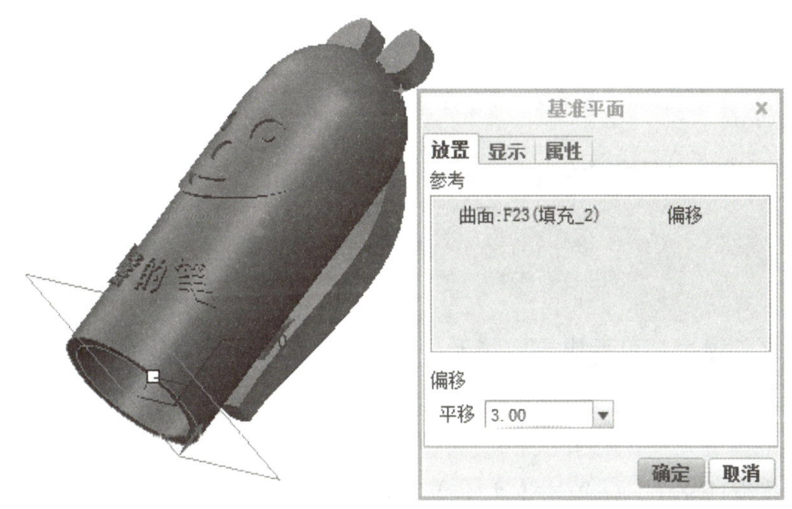

a)

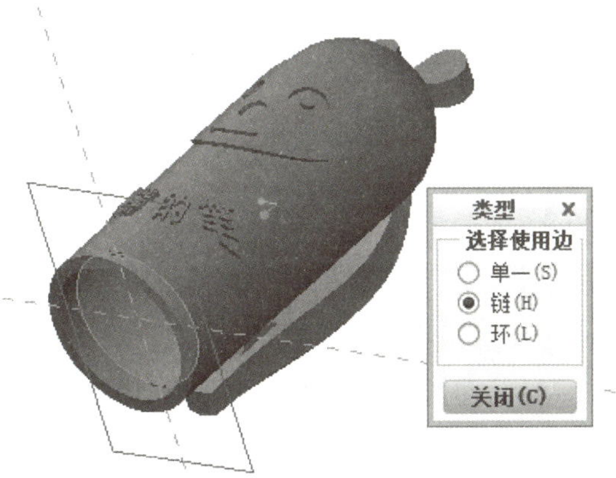

b)

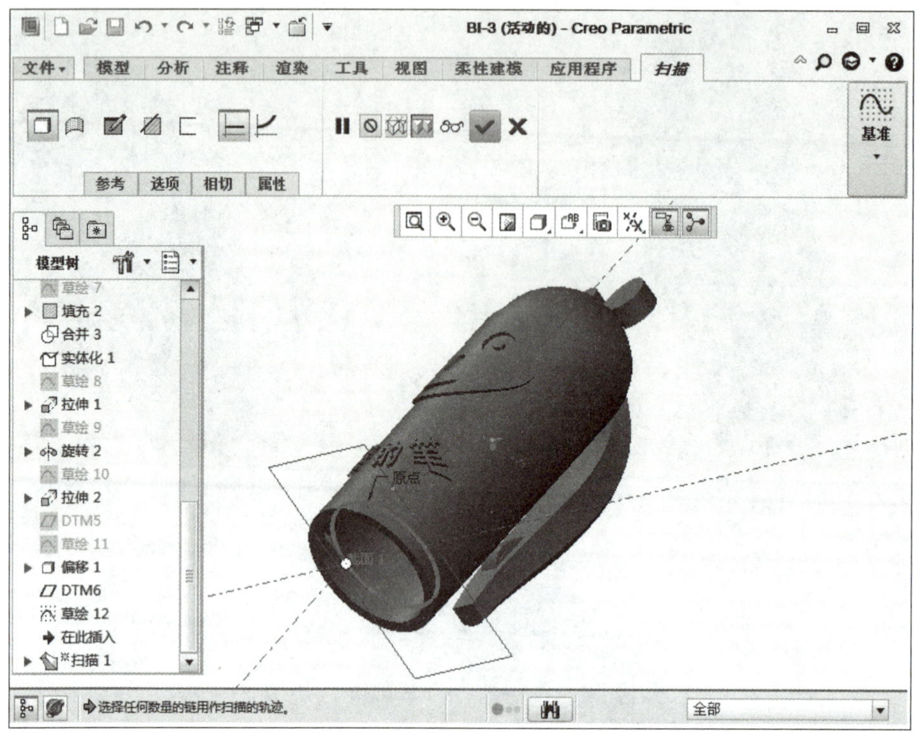

c)

图 4-54　DTM6 的创建和扫描特征的创建

19）保存和退出。单击快速访问工具栏上的【保存】命令，保存在工作目录下，单击【确定】按钮。

4. 签字笔模型元件装配

（1）新建组件文件。①单击【主页】工具栏上的【新建】命令，在弹出的对话框中选择【装配】类型；②在【名称】文本框中修改装配名称为“Bi”，去掉【使用默认模板】的“√”，单击【确定】按钮，弹出【新文件选项】对话框；③在模板列表中选择【mmns_asm_design】，即使用公制模板，单击【确定】按钮，进入装配设计界面，如图 4–55、图 4–56 所示。

（2）装配元件

1）设置素材工作目录。

2）在【模型】工具栏上单击【组装】命令，弹出【打开】对话框，在工作目录中选取欲装配的元件“Bi–1”，双击鼠标左键选中元件，将元件导入，在软件装配界面中弹出【元件放置】工具栏，在约束类型中单击【默认】命令，最后单击【确定】按钮。导入元件模型“Bi–1”，如图 4–57 所示。

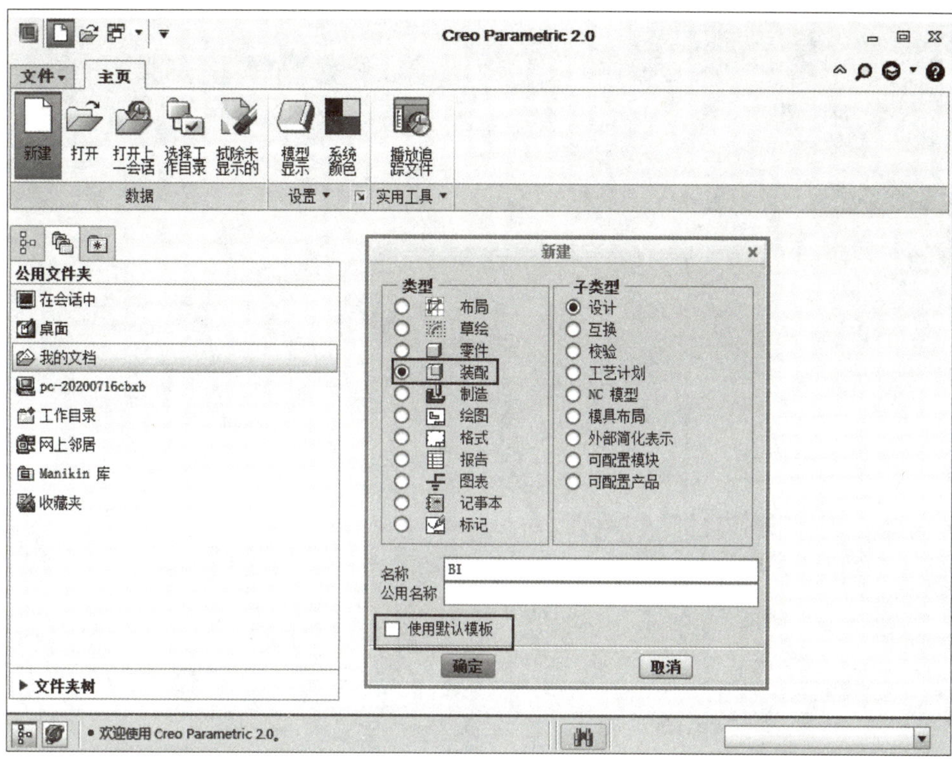

图 4-55　进入装配界面的步骤

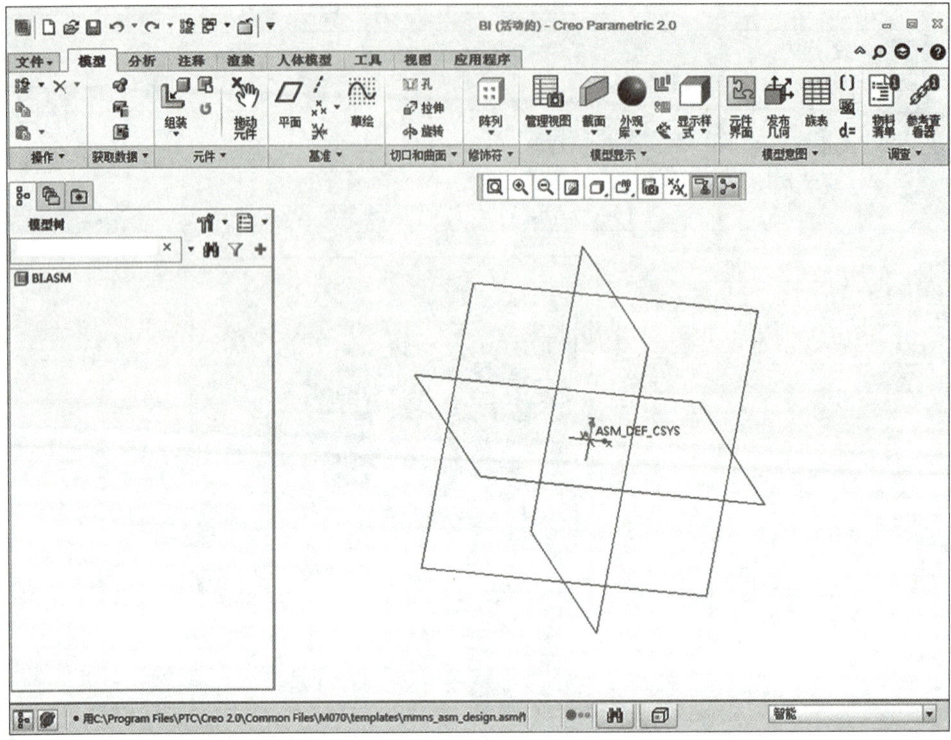

图 4-56　装配设计界面

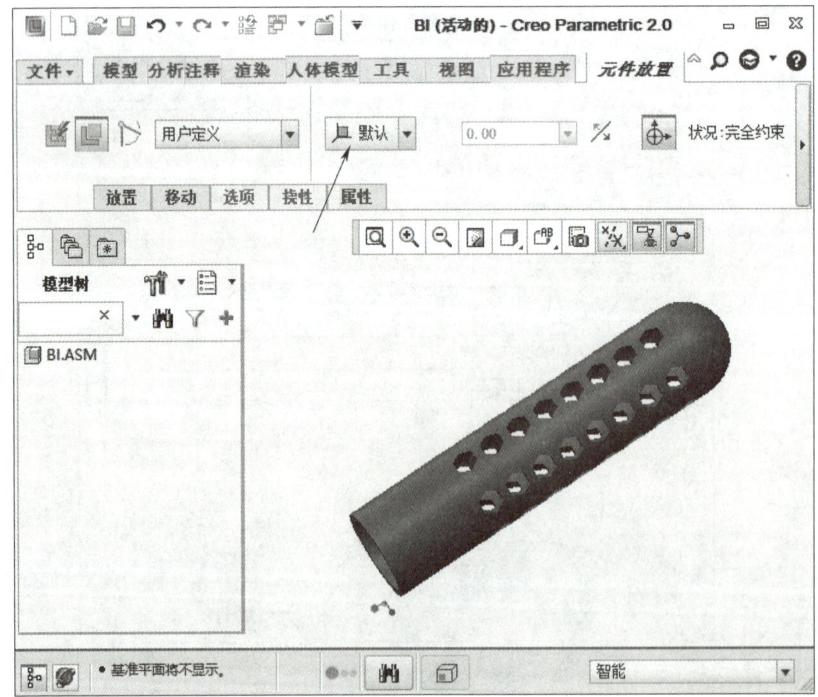

图 4-57　导入元件模型

3）装配元件“Bi–2”。①在【模型】工具栏上单击【组装】命令，弹出【打开】对话框，在工作目录中选取欲装配的元件“Bi–2”，导入元件，弹出【元件放置】工具栏，在约束类型中单击【重合】命令，选择“Bi–1”和“Bi–2”的中心轴线，如图 4–58 所示；②单击【新建约束】，设置两元件的平面重合，如图 4–59 所示。

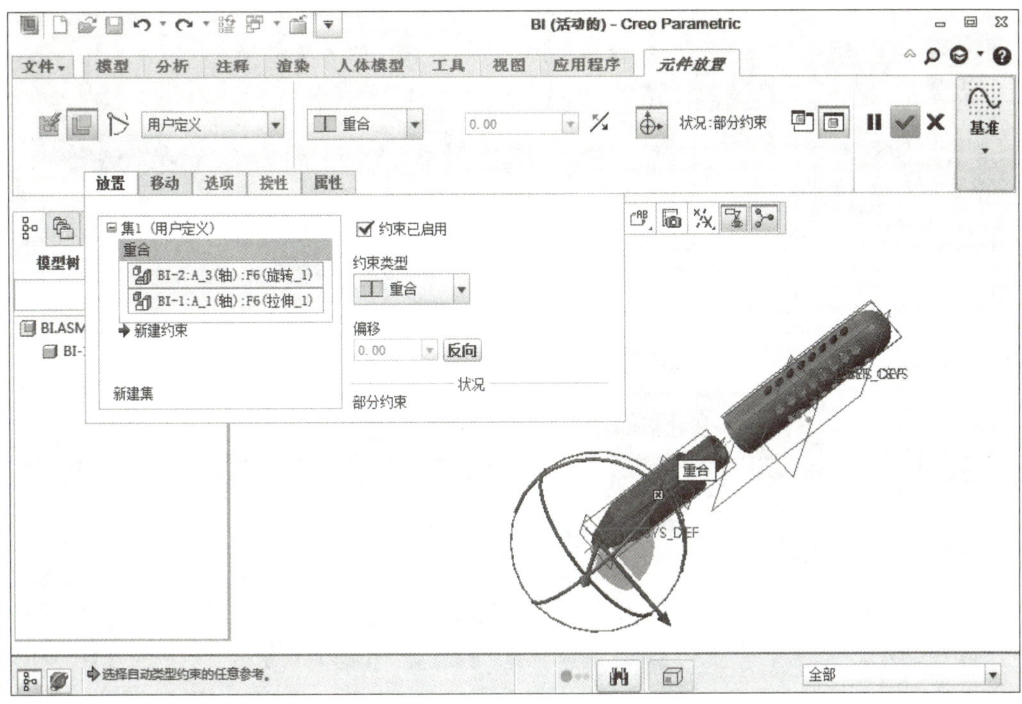

图 4–58　设置中心轴线重合约束

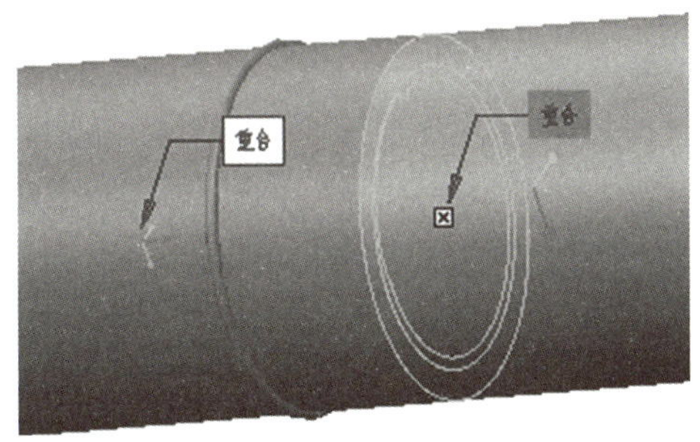

图 4–59　设置平面重合约束

4）装配元件“Bi–3”。①按上述步骤导入“Bi–3”元件，在【元件放置】工具栏中选择【重合】命令，选择“Bi–2”和“Bi–3”的中心轴线，如图 4–60 所示；②选择【距离】命令，分别选择“Bi–2”的下表面和“Bi–3”的上表面，设置偏移距离为 40，如图 4–61 所示。签字笔模型最终效果如图 4–62 所示。

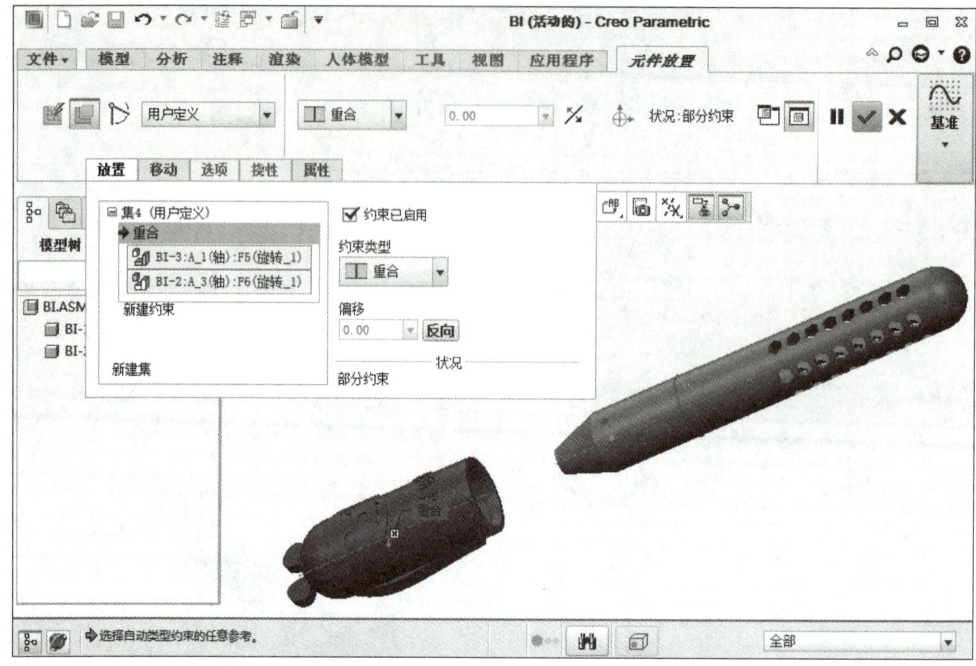

图 4–60　设置中心轴线重合约束

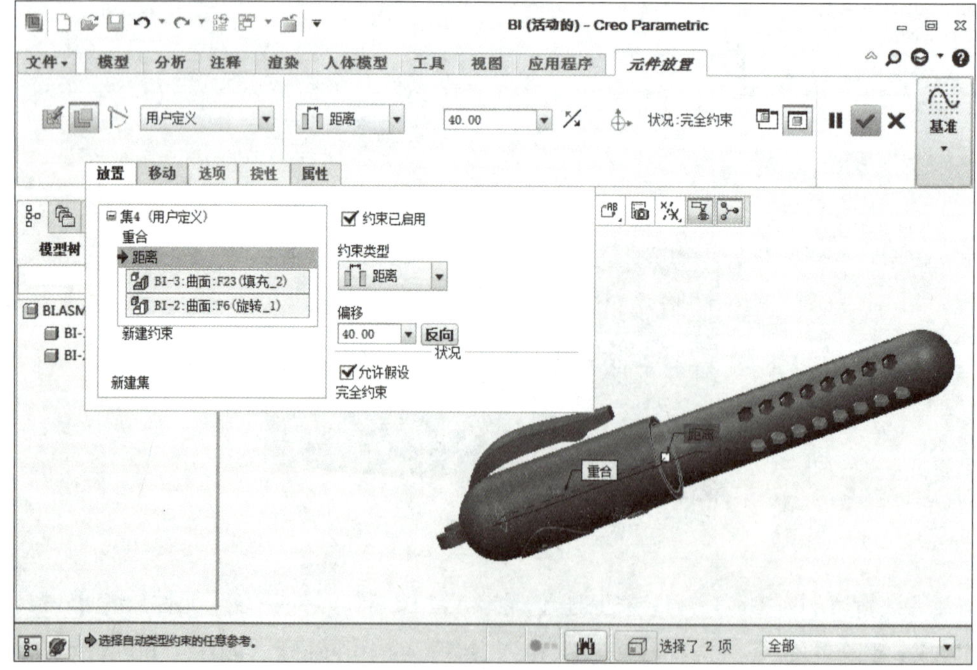

图 4–61　设置距离约束

图 4-62　签字笔最终效果图

5）保存和退出。单击快速访问工具栏上的【保存】命令，保存在工作目录下，单击【确定】按钮。

任务评价

在本次任务中，使用 Creo Parametric 2.0 创建了签字笔模型，请根据本次任务的学习情况进行评价。

自评表（30 分）							
小组		姓名		日期			
评价主体	评价项目	评价要素		优秀	良好	待改进	自评分
学生自评	学习态度	学习积极认真，服从老师安排		9 ~ 10	6 ~ 8	0 ~ 5	
	学习能力	按照老师要求完成任务		9 ~ 10	6 ~ 8	0 ~ 5	
	任务完成	完成模型各部分的建模任务		9 ~ 10	6 ~ 8	0 ~ 5	
互评表（30 分）							
小组		姓名		日期			
评价主体	评价项目	评价要素		优秀	良好	待改进	互评分
学生互评	团队意识	有集体荣誉感，遵守团队纪律		9 ~ 10	6 ~ 8	0 ~ 5	
	小组合作	动手能力强，能配合小组成员完成任务		9 ~ 10	6 ~ 8	0 ~ 5	
	沟通交流	积极参与讨论		9 ~ 10	6 ~ 8	0 ~ 5	

续表

教师评价表（40 分）					
小组		姓名		日期	
评价主体	评价要点			配分	得分
教师评价	模型造型美观			5	
	模型尺寸设计合理，能满足使用要求			10	
	模型设计中有螺纹连接			10	
	模型设计中有曲面造型			10	
	在规定的时间内完成任务			5	

任务巩固

1. 知识题

（1）在 Creo Parametric 2.0 软件中创建螺纹特征使用【模型】工具栏中哪个命令完成?

（2）使用 Creo Parametric 2.0 软件在曲面上生成文字、图案的方法有哪些?

（3）在 Creo Parametric 2.0 软件中零件装配时常用的约束命令有哪些?

2. 技能题

请同学们以台虎钳为原型，设计一个台虎钳组合件，要求设计的台虎钳有螺纹连接，有可以左右滑动的滑块。台虎钳参考模型如图 4–63 所示。

图 4–63　台虎钳

完成任务心得

1. 完成这次任务，你有什么收获?

2. 在完成这次任务的过程中，你认为有哪些不足的地方？

3. 你认为还有哪些可以改进的地方？

任务二　多功能签字笔模型的切片

任务目标

1. 掌握 STL 格式文件的导出方法。
2. 熟悉模型切片时角度、方向的调整，切片参数的设置。
3. 掌握 x3g 格式文件的保存。

任务描述

将任务一创建的签字笔模型在 Simplify3D 软件中切片。

课前讨论

1. 思考打印签字笔模型时，是采用整体打印法，还是各零件单独打印后再装配的方法？

2. 如果采用各零件独立打印，零件怎样摆放才能让支撑更合理？

知识准备

将装配零件依次导入 Simplify3D 软件中，依据悬空部分支撑添加原则调整角度、位置进行摆放，避免零件与零件之间有干涉。对于螺纹连接、卡口连接部分，在打印时避免添加过多支撑，为后续装配做准备。对于镂空零件，考虑到镂空部分支撑不易去除，且去除支撑容易破坏零件主体，因此镂空部分在打印过程中应尽量避免产生支撑。

在生成切片参数时，如果发现有零件丢失，需要在 Simplify3D 软件中双击【Process1】，在弹出的窗口中选择【Select Models】，选择【Select All】选中需要切片的所有零件，单击【OK】按钮，如图 4-64 所示。

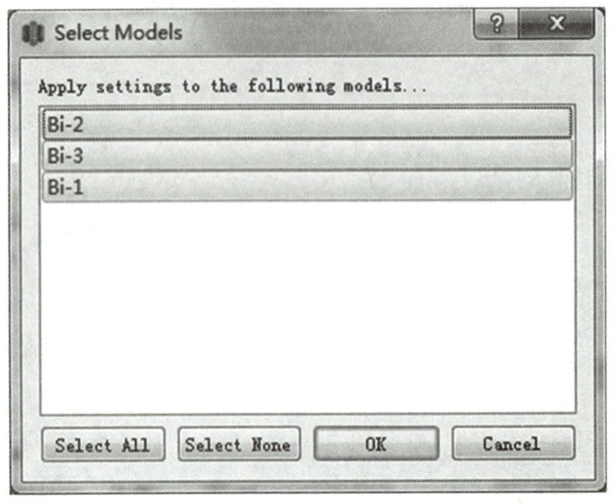

图 4-64　选择切片零件

任务实施

一、Creo Parametric 2.0 的 STL 格式文件输出

1. Creo 文件的载入

在计算机桌面上双击 Creo Parametric 2.0 的快捷方式 ，即可进入工作界面，如图 4-65 所示。

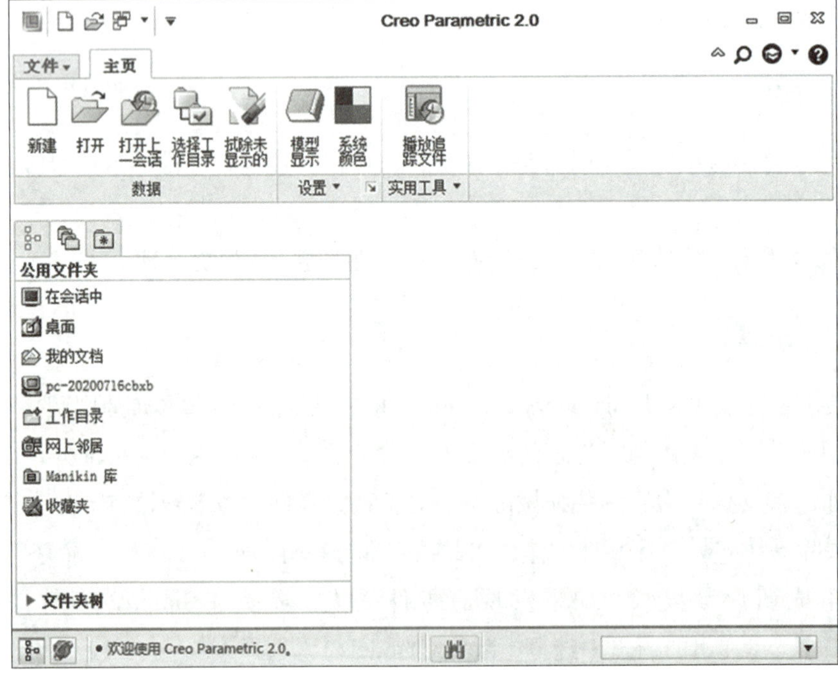

图 4-65　Creo Parametric 2.0 的工作界面

单击工作界面【打开】按钮，找到文件名为“Bi-1”的文件，点击【打开】按钮（见图 4-66），完成文件的导入，如图 4-67 所示。

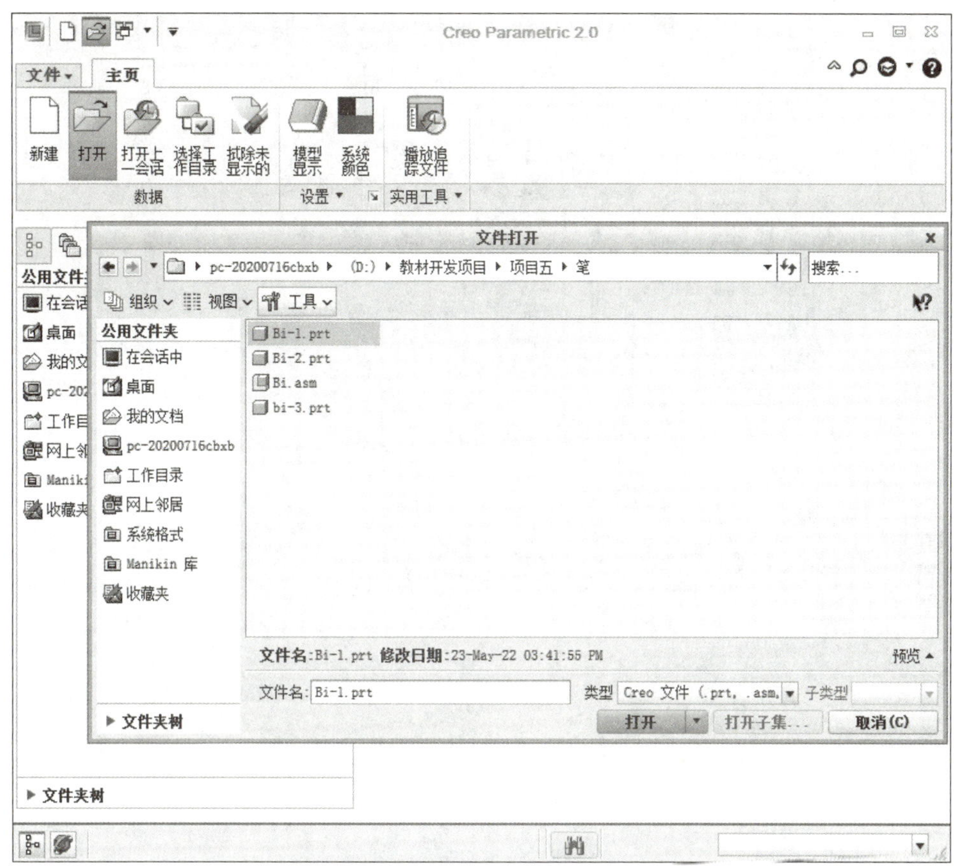

图 4-66 【打开】对话框

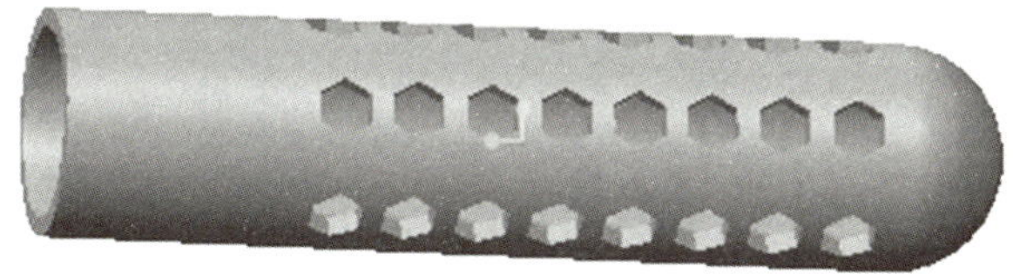

图 4-67　笔上端模型的导入

2. STL 格式文件输出

单击工具栏中的【文件】下拉按钮，选择【另存为】选项，选择【保存副本】选项，如图 4-68 所示。在弹出的【另存为】对话框中，将【类型】设置为“Stereolithography（*.stl）”文件类型（见图 4-69），单击【确定】按钮；在弹出的窗口中，设置弦高为 0，如图 4-70 所示，单击【确定】按钮，完成“Bi-1”文件的 STL 格式文件输出。

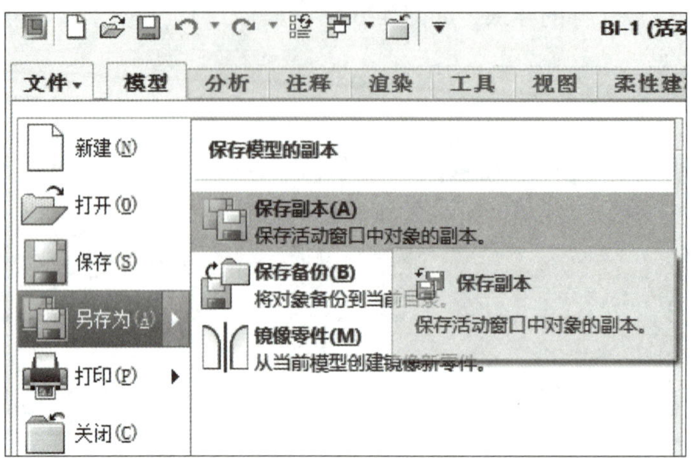

图 4-68　选择【另存为】选项

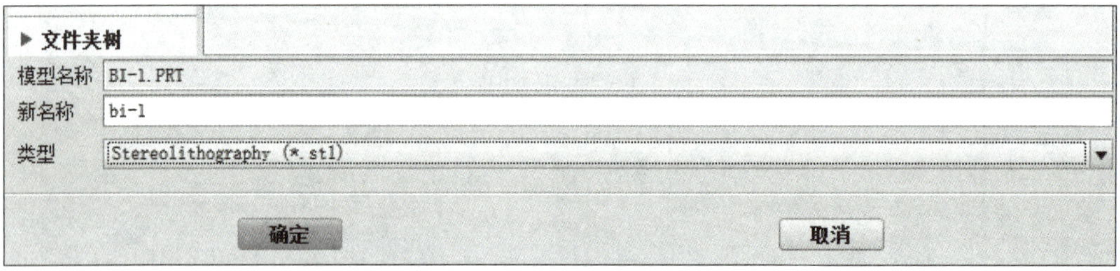

▶ 文件夹树
模型名称　BI-1.PRT
新名称　bi-1
类型　Stereolithography (*.stl)
确定　取消

图 4-69　设置另存为文件类型

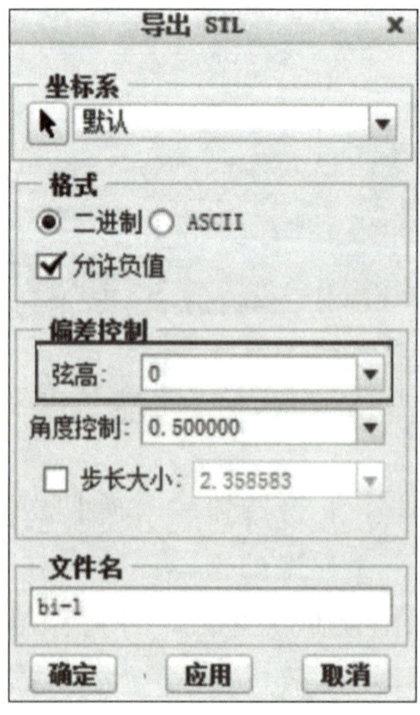

图 4-70　【导出 STL】对话框

按照上述方法分别导出“Bi–2”“Bi–3”文件的 STL 格式文件。

二、检测修复模型

1. 文件导入

在计算机桌面上双击 Magics 软件快捷方式 ，进入工作界面，如图 4–71 所示。单击【文件】按钮，选择【加载】命令；在弹出的对话框中选择【导入零件】，找到名为“Bi–1”的文件，单击【打开】按钮，完成模型的导入，如图 4–72 所示。

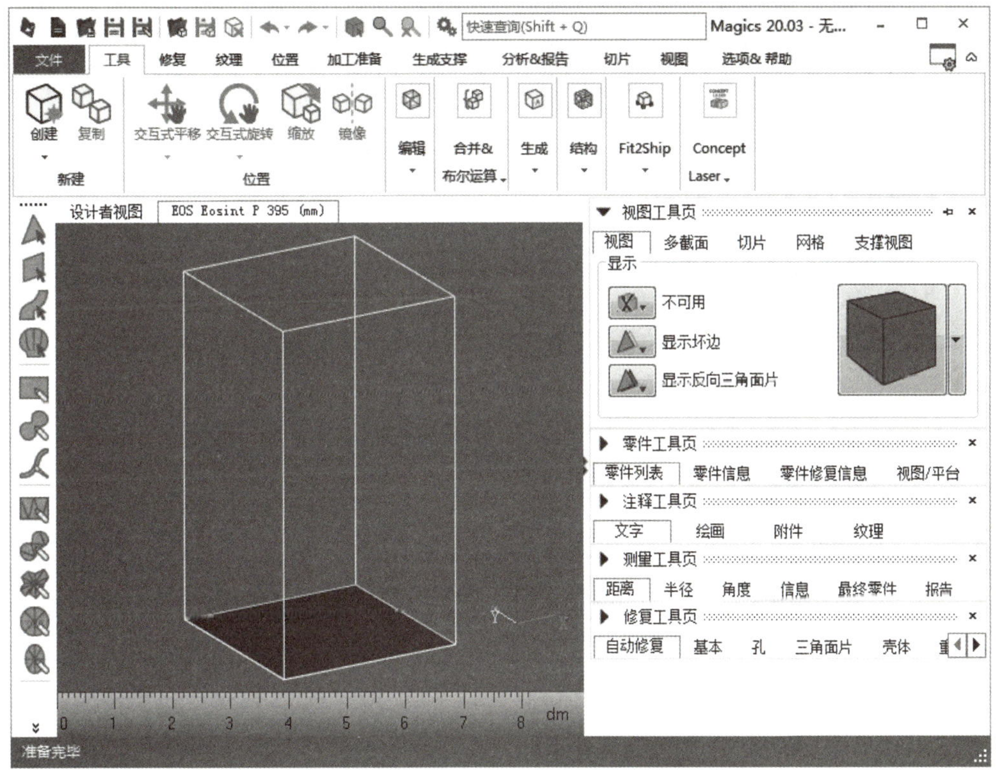

图 4–71　Magics 软件工作界面

2. 数据诊断

单击工具栏【修复】按钮，选择【修复向导】命令；勾选【全分析】，单击【更新】命令，如果出现错误，则选择【根据建议】命令进行修复。直到诊断结果如图 4–73 所示，全部错误都得以修正，修复完毕。

3. 数据的导出

单击工具栏【文件】按钮，选择【另存为】命令；选择【所选零件另存为】命令，将文件保存为 STL 格式到相应的位置。

按照上述方法完成其他文件的修复。

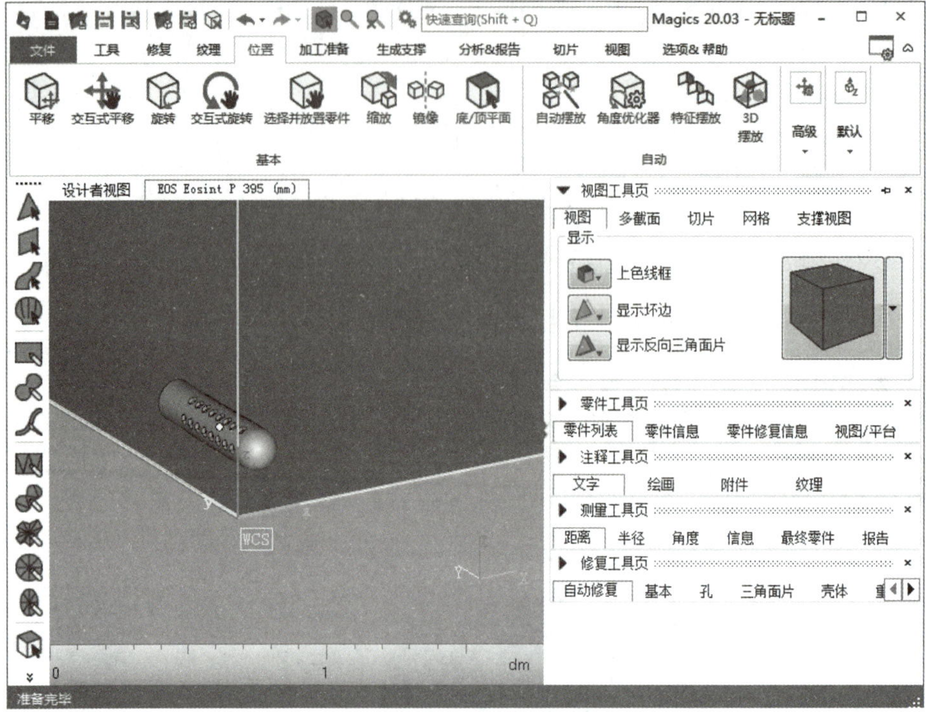

图 4-72　模型的导入

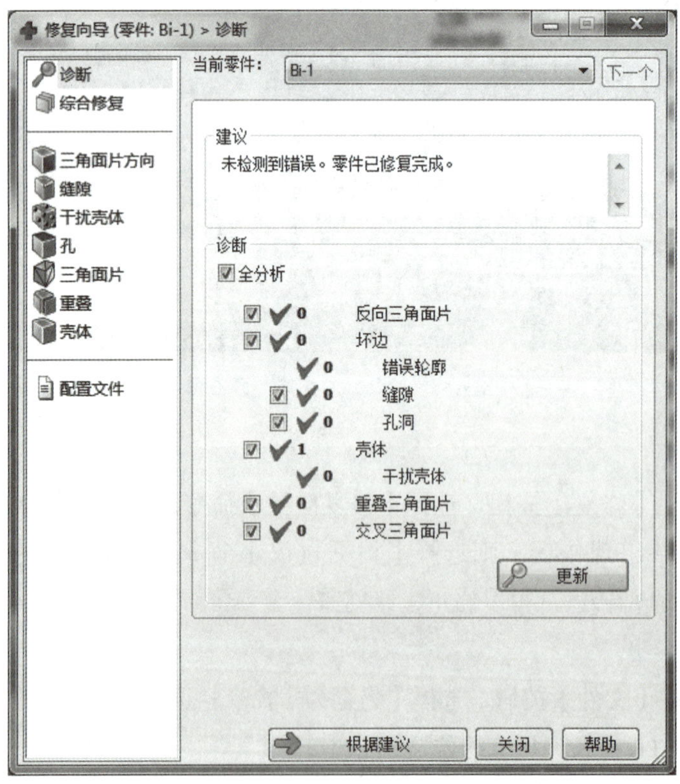

图 4-73　修复后的信息

三、切片

1. 模型导入

在计算机桌面双击 Simplify3D 软件快捷方式 进入工作界面，如图 4–74 所示。通过拖曳或者导入命令【Import】导入“Bi–1”“Bi–2”“Bi–3”模型，如图 4–75 所示。

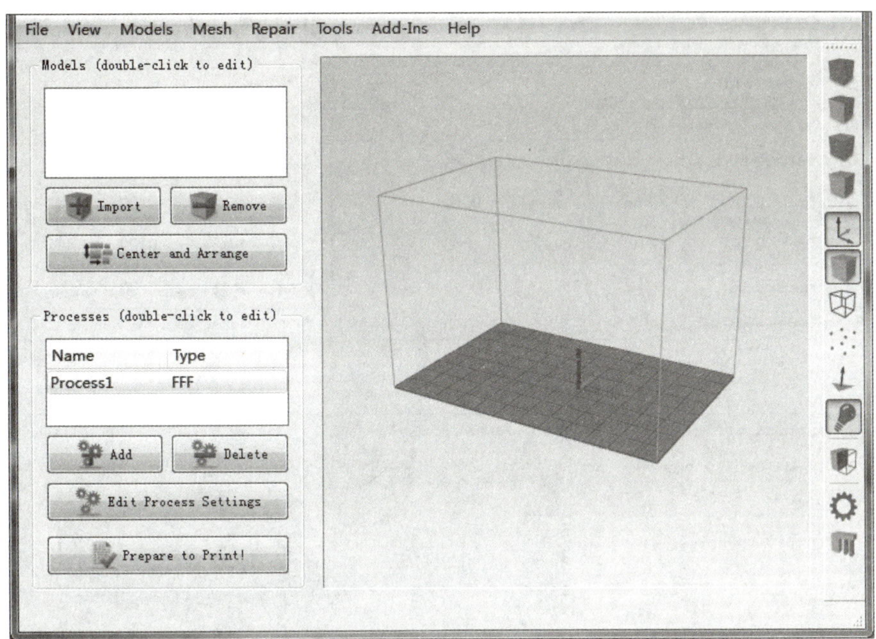

图 4–74　Simplify3D 软件的工作界面

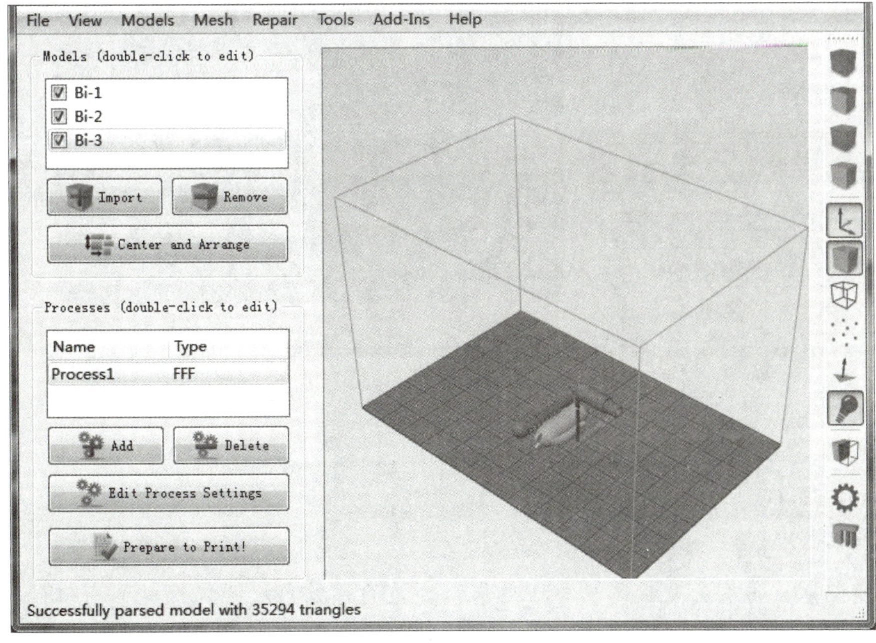

图 4–75　模型导入

2. 模型编辑

鼠标左键双击模型，弹出模型设置【Model Settings】对话框，如图 4–76 所示；在模型角度旋转【Rotational Offsets】栏中，对模型摆放角度进行调整，最终摆放效果如图 4–77 所示。

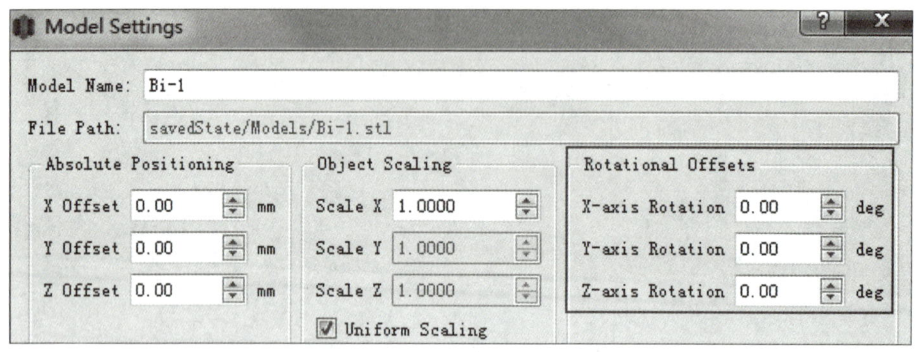

图 4–76 模型设置

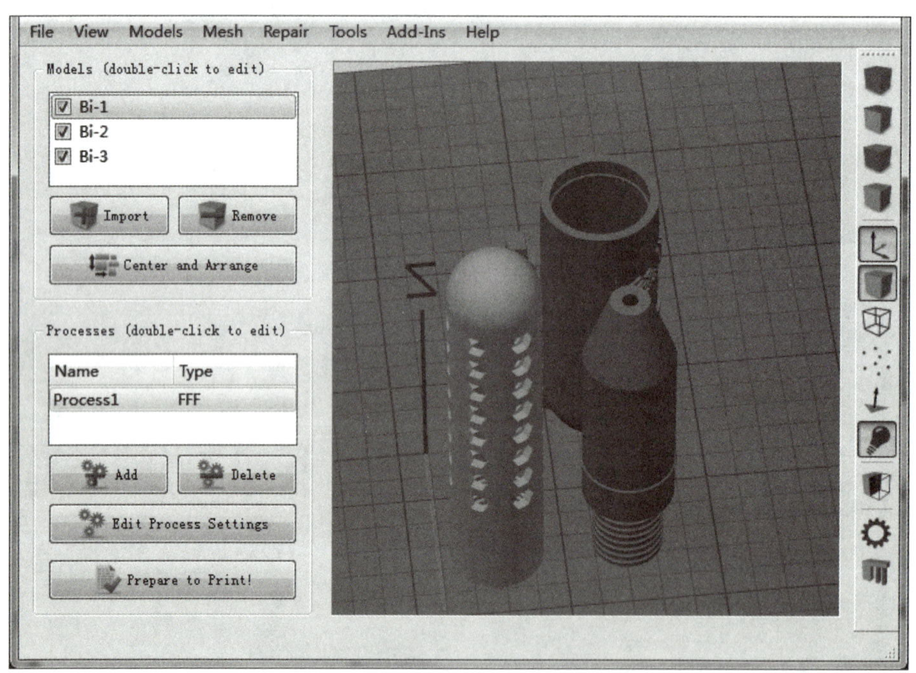

图 4–77 模型摆放效果

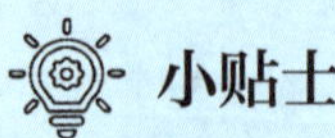
小贴士

模型摆放角度会直接影响打印效果，合适的摆放角度不仅可以节省材料，减少打印时间，更能提升打印效果。

3. 参数设置

单击编辑配置文件按钮【Edit Process Settings】，弹出配置文件对话框，如图 4–78 所示。

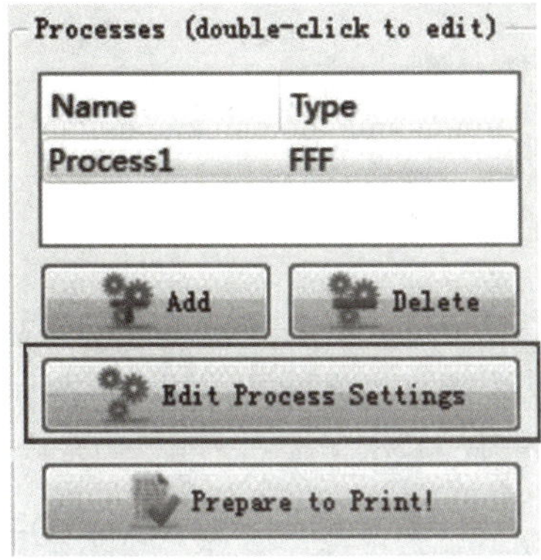

图 4–78　打开配置文件对话框

（1）层高（Layer）。一般情况层高的设置范围在 0.1 ～ 0.2 mm。本任务设置层高为 0.2 mm，如图 4–79 所示。

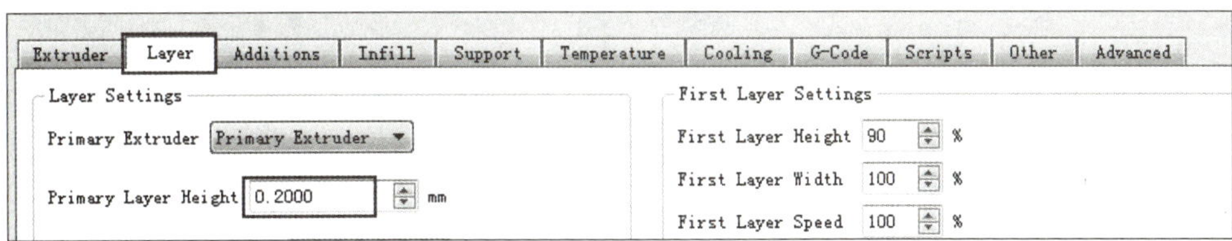

图 4–79　层高设置

（2）底座（Additions）。因为签字笔模型各部分较小，为防止模型打印过程中因喷头抖动而无法粘住打印平台，因此勾选【Include Raft】选项，如图 4–80 所示。

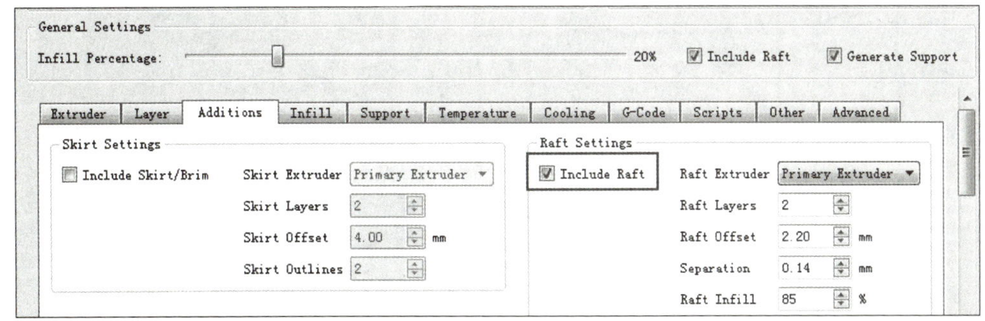

图 4–80　底座设置

（3）填充率（Infill）。一般模型填充率设置在 10% ～ 20%，本任务设置为 20%，如图 4–81 所示。

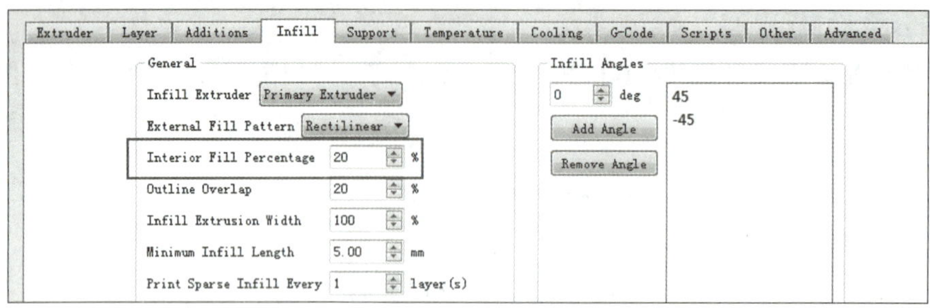

图 4-81　设置填充率

（4）支撑（Support）。一般情况下，打印 3D 模型悬空部分都需要一些支撑。本任务遵循 45°角原则，勾选自动添加支撑方式【Generate Support Material】完成支撑的添加，支撑填充设置为 15%，如图 4-82 所示。

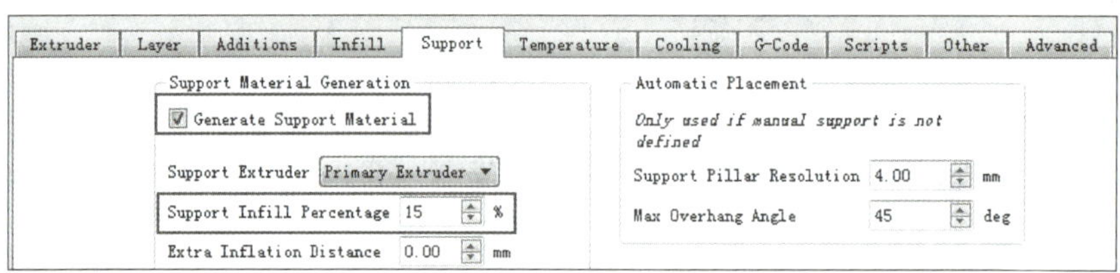

图 4-82　支撑设置

4. 切片

完成打印参数设置后，单击切片命令【Prepare to Print】开始切片，如图 4-83 所示。

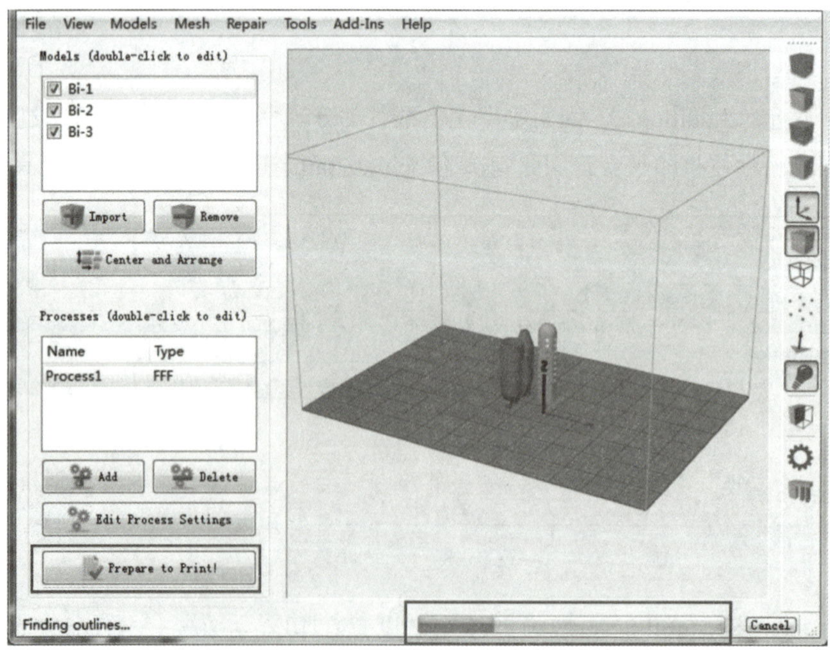

图 4-83　切片

5. 切片预览

可以在 Simplify3D 软件中模拟打印过程，观察每层打印情况，查看支撑添加是否合理，还可以查看打印总时间，如图 4–84 所示。

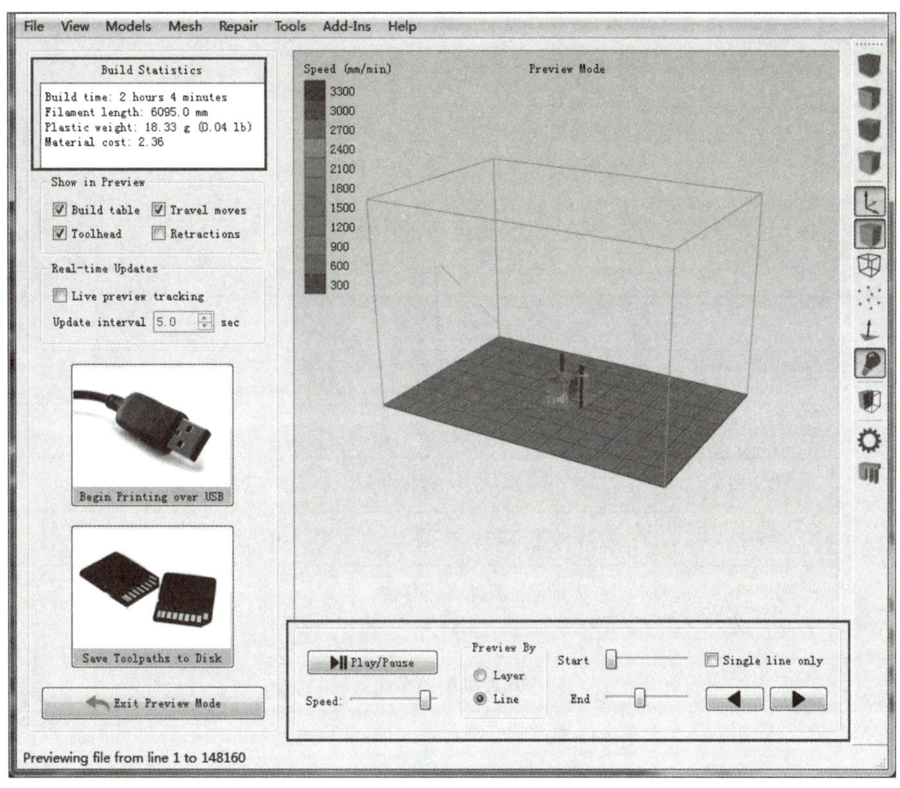

图 4–84　打印模拟

6. 导出文件

切片结束后，选择脱机打印模式【Save Toolpaths to Disk】，如图 4–85 所示，生成“.gcode”和“.x3g”两种格式的文件，根据打印机类型，选择相应格式的文件，本任务选择“.x3g”格式。

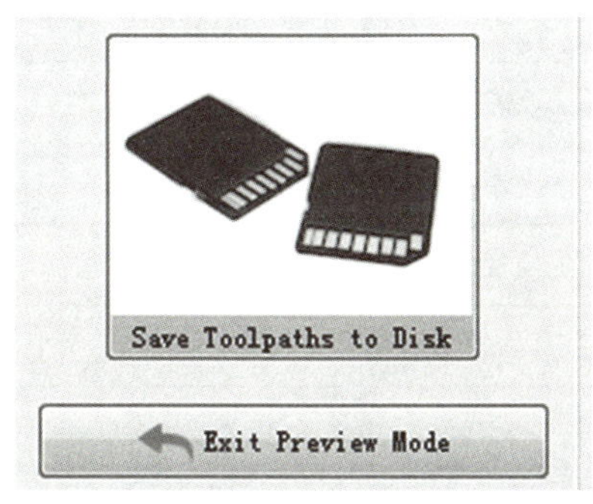

图 4–85　保存打印文件

小贴士

本任务后续使用的打印机只能识别数字或字母命名的文件，因此在保存“.x3g”格式文件时，文件名只能使用数字和拼音字母。

任务评价

在本次任务中，使用切片软件对签字笔模型文件进行了切片，请根据本次任务的学习情况进行评价。

自评表（30分）						
小组		姓名		日期		
评价主体	评价项目	评价要素	优秀	良好	待改进	自评分
学生自评	学习态度	学习积极认真，服从老师安排	9 ~ 10	6 ~ 8	0 ~ 5	
	学习能力	按照老师要求完成任务	9 ~ 10	6 ~ 8	0 ~ 5	
	任务完成	使用正确的软件完成修复、切片任务	9 ~ 10	6 ~ 8	0 ~ 5	

互评表（30分）						
小组		姓名		日期		
评价主体	评价项目	评价要素	优秀	良好	待改进	互评分
学生互评	团队意识	有集体荣誉感，遵守团队纪律	9 ~ 10	6 ~ 8	0 ~ 5	
	小组合作	动手能力强，能配合小组成员完成任务	9 ~ 10	6 ~ 8	0 ~ 5	
	沟通交流	积极参与讨论	9 ~ 10	6 ~ 8	0 ~ 5	

教师评价表（40分）					
小组		姓名		日期	
评价主体	评价要点			配分	得分
教师评价	能对模型进行必要的修复			10	
	模型摆放方向合理			10	
	模型支撑添加得当			10	
	模型打印参数设置符合需求			10	

任务巩固

1. 知识题

（1）Magics 软件中常见的工具页有哪些？

（2）在 Creo Parametric 2.0 软件中导出 STL 文件时需将弦高设置为多少？

2. 技能题

请同学们将上一任务中设计好的台虎钳模型使用 Magics 软件进行修复，然后使用 Simplify3D 软件进行切片。

完成任务心得

1. 完成这次任务，你有什么收获？

2. 在完成这次任务的过程中，你认为有哪些不足的地方？

3. 你认为还有哪些可以改进的地方？

任务三　多功能签字笔模型的打印与装配

任务目标

1. 掌握 FDM 3D 打印机的调整。
2. 能使用 FDM 3D 打印机完成常见模型的打印任务。
3. 能够对打印模型进行后处理并完成组装。

任务描述

使用 FDM 3D 打印机，完成签字笔模型的打印任务。完成签字笔模型各部分的装配，以实现其功能。

课前讨论

1. 零件打印完成后，有哪些后处理工作？需要用到哪些工具？
2. 模型组装过程中可能出现哪些问题？应该怎样处理？

知识准备

一、打印模型后处理步骤

（1）使用工具正确取下模型。

（2）使用工具去除模型支撑。

（3）使用打磨工具对模型进行打磨，并符合打磨要求。

二、零部件的连接方式

零件常见的连接方式有螺纹连接、键连接、销连接、齿轮连接等。其中螺纹连接是利用螺纹零件构成的一种可拆连接；键连接是通过键实现轴和轴上零件间的轴向固定以传递运动和转矩；销连接是指在两个被连接件上配置出销孔，然后用销将它们装配在一起形成的连接。

三、零部件装配要求

（1）必须按照设计、工艺要求和有关标准进行装配。

（2）装配环境必须清洁。

（3）零件在装配前必须清理和清洗干净。

（4）装配过程中零件不得磕碰、划伤等。

（5）各零部件装配后相对位置应准确。

任务实施

一、模型打印

1. 打印准备工作

（1）确保电源开关处于关闭状态，粘贴美纹胶带于成形板上，如图 4-86 所示。

（2）开机后，点击打印机界面的【平台校准】，使用打印平台下 3 个调节螺母，对平台进行调平，确保平台与喷头之间有一张 A4 纸左右厚度的距离，如图 4-87 所示。

（3）点击打印机界面的【耗材更换】，选择装载右边，喷头开始加热，当喷头加热完毕，听到提示音（提醒可以装载材料），拿着 PLA 材料自由端垂直、慢慢地送入挤出机上面的洞里。当看到有 PLA 材料从喷嘴中顺畅挤出，按返回键，完成耗材装载工作。

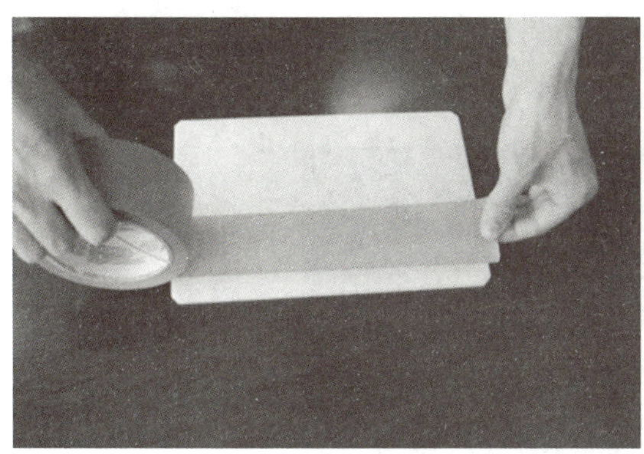

图 4-86　粘贴美纹胶带

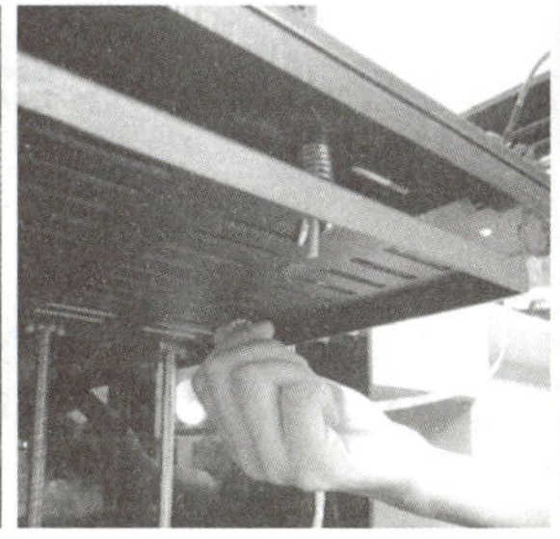

图 4-87　平台调平

2. 模型的打印

（1）打印。将任务二中保存的模型“Bi.x3g”文件拷入 SD 卡，将 SD 卡插入打印机卡槽内，单击打印机界面【SD 卡】，选择名称为“Bi”名字的文件，开始打印。

（2）调节平台。刚开始打印时，需要时刻观察喷头与平台的距离，适当调节。

（3）观察打印。为了确保打印效果良好，在刚开始打印时，需要观察一段时间。在打印过程中也需要不定时检查送丝是否顺畅，如图 4-88 所示。

图 4-88　开始打印

（4）取件。当打印完毕，使用铲子和镊子将打印件从成形板上移除。在使用工具移除打印件时要小心，防止受伤，如图 4–89 所示。

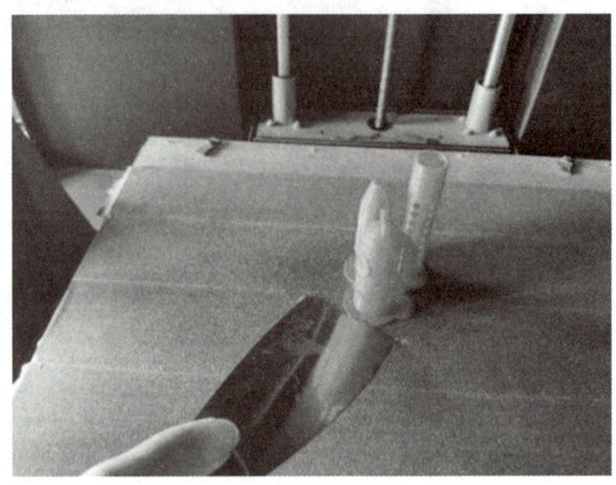

图 4–89　取件

二、模型的后处理

1. 去支撑

使用扁口钳、镊子、平头铲刀去除模型的支撑结构，保留模型的完整结构，如图 4–90 所示。

2. 打磨

使用 1200 目的砂纸对模型表面的毛刺进行打磨，如图 4–91 所示。

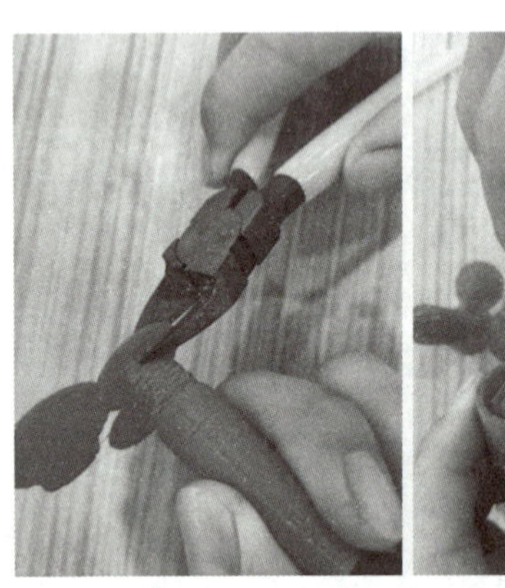

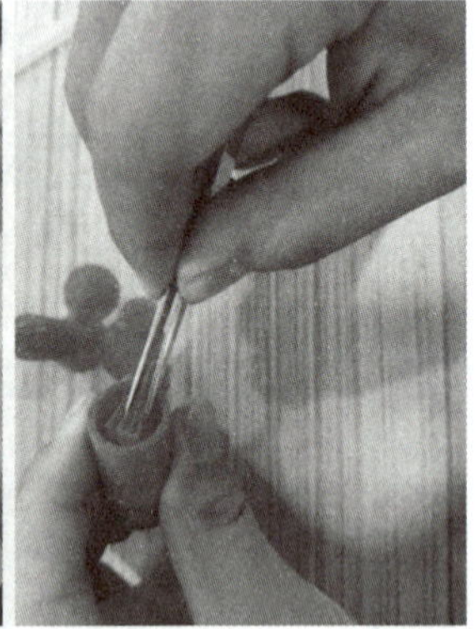

图 4–90　去支撑

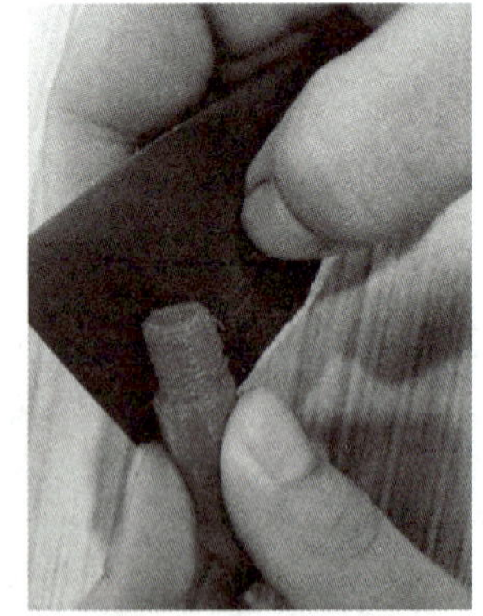

图 4–91　打磨

三、模型组装

根据签字笔模型装配图，将各部件按照指定的连接方式进行组装，通过组装可检验模型设计的正确性和制作过程的准确性。

本任务中签字笔的连接方式有螺纹连接和卡口连接。

1. 签字笔上、下部分螺纹连接

将签字笔的上端部分旋入笔的下端部分，螺纹配合松紧适当，能旋合到位，达到设计要求，如图 4–92 所示。

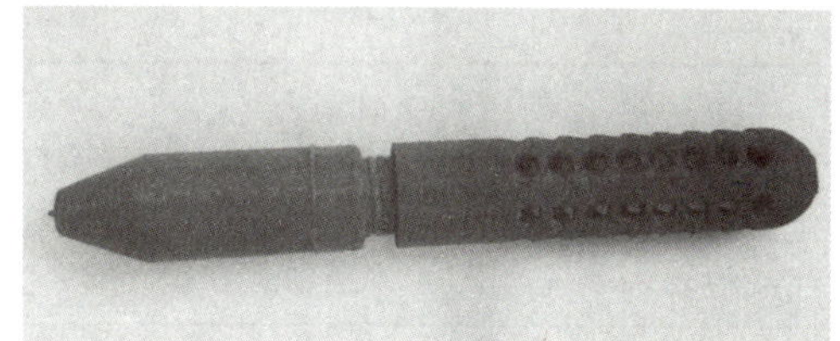

图 4–92　螺纹连接

2. 笔盖与笔下端的卡口连接

将笔盖盖入笔下端，听到“咔”的一声。检查配合间隙和定位卡口的长短是否合适，如图 4–93 所示。

3. 笔芯试装

将准备的笔芯装入签字笔模型内，将螺纹旋合，装配好的签字笔如图 4–94 所示。

图 4–93　卡口连接

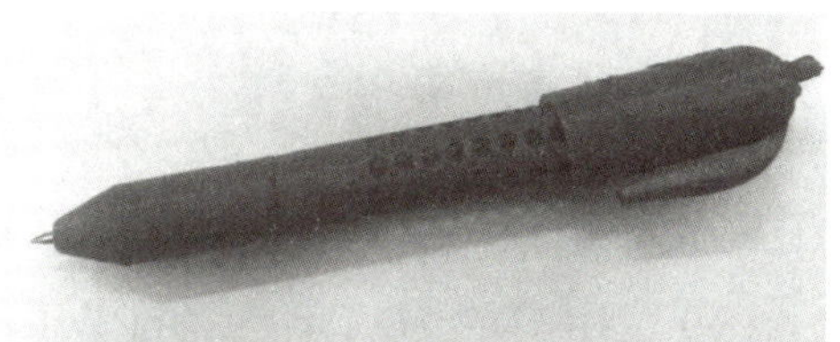

图 4–94　装配好的签字笔

任务评价

在本次任务中，使用 FDM 3D 打印机对签字笔模型进行打印，请根据本次任务的学习情况进行评价。

自评表（30 分）						
小组		姓名		日期		
评价主体	评价项目	评价要素	优秀	良好	待改进	自评分
学生自评	学习态度	学习积极认真，服从老师安排	9 ~ 10	6 ~ 8	0 ~ 5	
	学习能力	按照老师要求完成任务	9 ~ 10	6 ~ 8	0 ~ 5	
	任务完成	打印件完整，装配尺寸准确到位	9 ~ 10	6 ~ 8	0 ~ 5	

互评表（30 分）						
小组		姓名		日期		
评价主体	评价项目	评价要素	优秀	良好	待改进	互评分
学生互评	团队意识	有集体荣誉感，遵守团队纪律	9 ~ 10	6 ~ 8	0 ~ 5	
	小组合作	动手能力强，能配合小组成员完成任务	9 ~ 10	6 ~ 8	0 ~ 5	
	沟通交流	积极参与讨论	9 ~ 10	6 ~ 8	0 ~ 5	

续表

教师评价表（40分）					
小组		姓名		日期	
评价主体	评价要点			配分	得分
教师评价	美纹胶带粘贴、打印机调平、装载耗材			5	
	模型打印完整，模型进行了支撑去除、表面打磨			5	
	模型组装后能达到使用要求			10	
	工具、量具合理使用			10	
	安全文明生产			10	

任务巩固

1. 知识题

（1）使用 FDM 3D 打印机的准备工作有哪些？

（2）列举几种去除支撑时使用的工具。

（3）在签字笔模型中设计的连接方式有哪几种？

2. 技能题

请同学们使用 FDM 3D 打印机对台虎钳模型进行打印并进行必要的后处理，然后将打印好的台虎钳各部分进行测量、组装。

完成任务心得

1. 完成这次任务，你有什么收获？

2. 在完成这次任务的过程中，你认为有哪些不足的地方？

3. 你认为还有哪些可以改进的地方？

逆向三维建模与打印

项目五　将军俑摆件模型的逆向设计与打印

项目说明

3D 打印技术在产品开发过程中的便捷性、可操作性可以有效地帮助设计师开展产品开发，促进产品的更新迭代。我们在前面学习了 3D 打印正向设计的方法，而在实际的产品开发中，通常都是正向设计与逆向设计结合使用的，而且逆向设计建模可以完成精度要求更高、形式更加复杂的产品。

本项目要求根据提供的旅游纪念品样式，进行扫描采样、数据处理、逆向建模，然后在此基础上进行创新设计，并通过 3D 打印的方式验证设计，展示创新思想。旅游纪念品样式如图 5-1 所示。

图 5-1　旅游纪念品

项目内容提示

➢ 任务一　将军俑摆件模型的数据采集（2 学时）。
➢ 任务二　将军俑摆件模型的数据处理及逆向建模（6 学时）。
➢ 任务三　将军俑摆件模型的创新设计（6 学时）。
➢ 任务四　将军俑摆件模型的切片与打印（6 学时）。

任务一　将军俑摆件模型的数据采集

任务目标

1. 了解 ScanFP 桌面式三维扫描仪工作原理。
2. 掌握 ScanFP 桌面式三维扫描仪数据采集的操作流程。
3. 能够使用 ScanFP 桌面式三维扫描仪获取较高精度的点云数据。

任务描述

本项目需要通过三维数据采集手段，利用三维扫描仪对兵马俑中将军俑摆件样件（见图 5−2）进行扫描得到模型表面的点云数据，对点云数据进行处理，再进行逆向建模和创新设计，最后采用 3D 打印技术打印，验证创新设计的合理性。

本任务对将军俑摆件样件进行三维数据采集。数据采集是逆向建模的首要环节，采集数据的精度、完整性对逆向建模有重要影响。不同的扫描仪操作方法虽有区别，

图 5−2　将军俑摆件样件

但是大同小异，同学们需要重点理解每个操作步骤的意义，并结合自己所用的扫描仪对将军俑摆件样件进行扫描，获得三维模型数据。

课前讨论

1. 三维扫描仪与平面扫描仪有什么区别？
2. 三维扫描仪的应用领域有哪些？

知识准备

一、数据采集系统概述

数据采集也称三维数据测量，是指通过特定的测量设备和测量方法获取产品表面离散点的几何坐标数据，将产品的几何形状数字化的过程。数据测量可根据获取物体表面三维数据的方式分为接触式和非接触式（见图 5-3）。接触式测量常用设备有三坐标测量机、便携式关节臂测量机等；非接触式测量常用设备有激光测量系统和结构光测量系统等。本任务的数据采集方式采用非接触式激光旋转扫描。

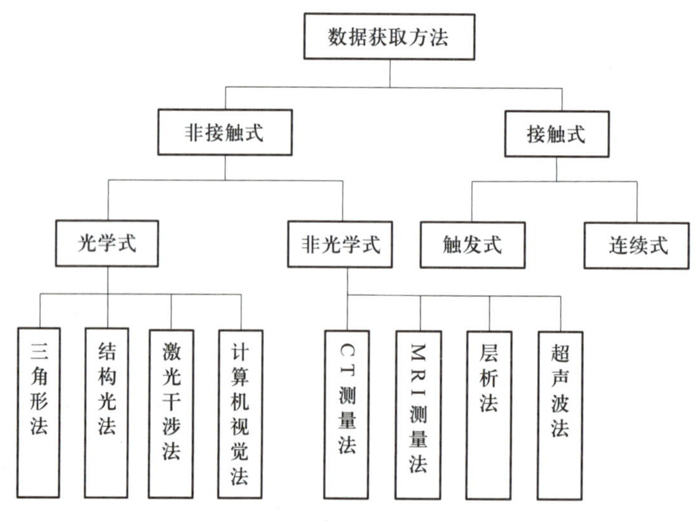

图 5-3　逆向三维建模数据获取方法的分类

二、ScanFP 桌面式三维扫描仪工作原理

ScanFP 桌面式三维扫描仪采用 632 nm 的线形激光进行扫描，其工作原理是将线形激光条纹投射到被测物体表面，激光条纹受物体轮廓调制产生变形，利用高清摄像头记录激光条纹图像，计算机根据条纹图像重建出物体的轮廓，得到三维点云数据。扫描仪采用旋转扫描的方式对物体进行 360° 全方位自动扫描，同时搭配两个激光发射器形成双视角扫描，测量盲区少，操作简单。

三、ScanFP 桌面式三维扫描操作安全注意事项

（1）不要用眼睛直视激光器。

（2）不要用手触摸滤光片。

（3）操作时防止发生猛烈撞击，防止摔落。

（4）使用环境温度范围为 0 ~ 32 ℃，避免剧烈的温度变化。

（5）不要在有腐蚀性气体的环境下使用设备。

（6）不要在有强烈震动的环境下使用设备。

任务实施

一、扫描仪校正操作

在首次扫描之前，需要对 ScanFP 桌面式三维扫描仪进行标定，这样才能使测量的三维数据更准确。

1. 设置激光亮度

将校正靶插入卡槽 1，放置在旋转台中心，正向面对摄像头，点击扫描仪配套软件菜单栏的【工具】→【激光控制】，弹出激光控制窗口（见图 5-4）。分别选中左、右激光，输入参数进行亮度设置，激光器的亮度参数设置范围为 0 ~ 800，数值越大亮度越高。设置时可通过软件左边窗口显示区域显示的激光条纹粗细来判断亮度是否合适（见图 5-5），如果亮度太高则条纹变粗导致扫描精度下降，亮度太低则条纹不清晰导致扫描数据不全。设置完成后关闭窗口，参数自动保存到本地配置文件。如果在使用过程中发现激光亮度异常，可通过以上方法进行修正。

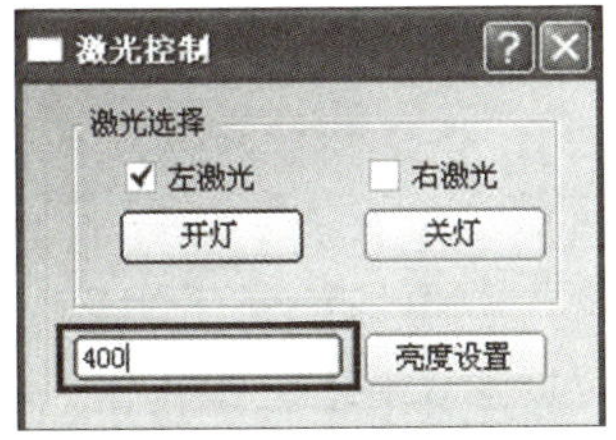

图 5-4　激光设置界面

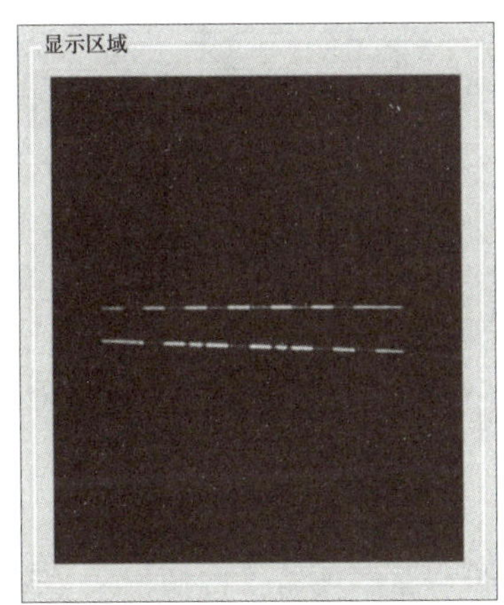

图 5-5　激光亮度设置参考图

2. 摆放标定板

先把标定板插入到标定靶底座的卡槽1，再按照图5-6所示位置放置在旋转台中心，使标定板的两端与上盖上面的箭头对齐。

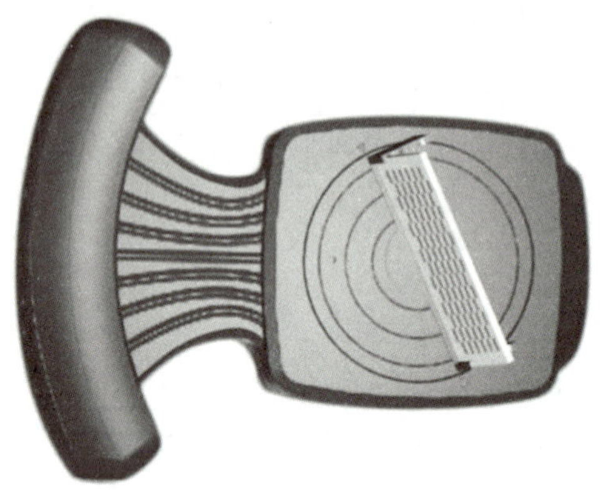

图5-6　标定板摆放图

3. 标定机器

（1）打开菜单栏的【校正】按钮，弹出【校正】对话框（见图5-7），按照提示打开滤光片（“打开”是指将滤光片往左推，“关闭”是指将滤光片往右推）；然后点击【启动】，软件会自动对机器进行旋转校正。

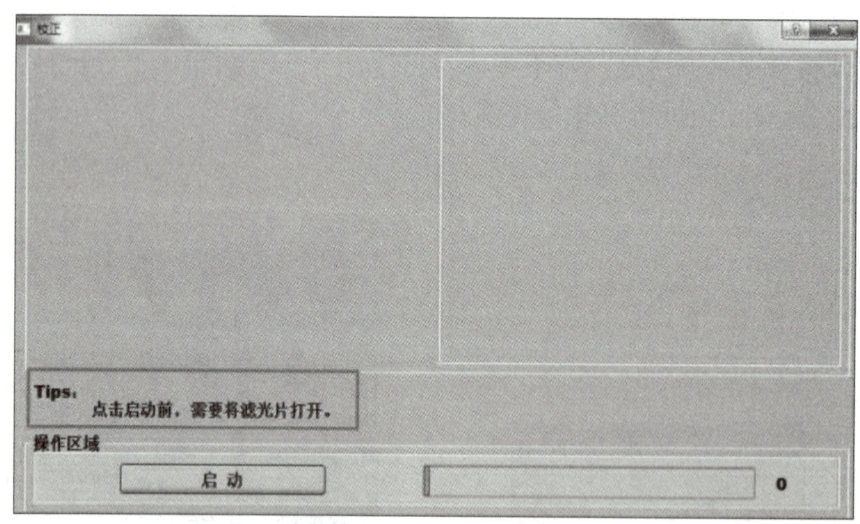

图5-7　【校正】对话框1

（2）转盘旋转结束后，按照提示关闭滤光片；然后点击【下一步】，校正完成后，点击【结束】即可（见图5-8）。

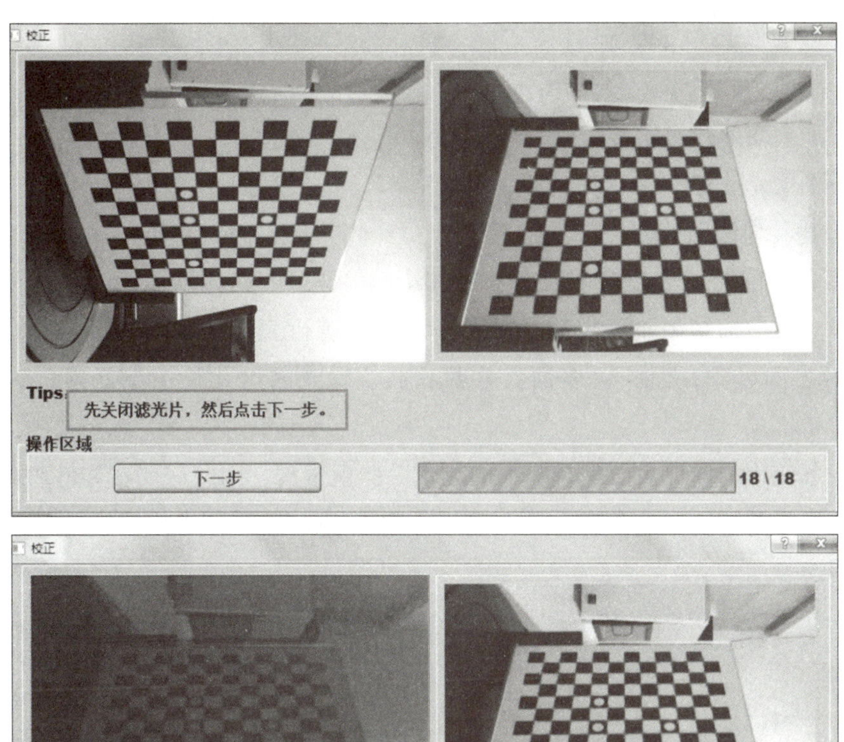

图 5-8 【校正】对话框 2

> **小贴士**
>
> 标定过程要确保标定靶摆放稳定不会产生晃动，另外需要避免较强的光源直接照射标定靶，以防因为反光导致成像不清晰，影响校正结果。

二、扫描前预处理

1. 可扫描物体

ScanFP 可扫描的物体一般需要满足以下几个条件。

（1）体积小于 208 mm × 210 mm、大于 40 mm × 40 mm 的圆柱空间的物体。

（2）重量小于 3 kg 的物体。

（3）不透明的物体。

（4）不会变形的物体。

（5）不反光的物体。

2. 扫描物体表面处理

物体表面情况对于扫描结果有一定的影响（理想的物体表面为白色哑光，如白纸表面），当扫描结果不理想时，可考虑对物体进行表面处理。并不是所有的物体都需要做表面处理，但深色表面、透明表面、反光面这几种情况必须进行表面处理。

本任务使用的样件表面是金属铜的颜色，颜色偏深，因此需要在样件表面喷涂一薄层白色显像剂，这种显像剂无毒无害，且容易清除，能提高物体扫描精度。喷涂显像剂如图 5-9 所示。

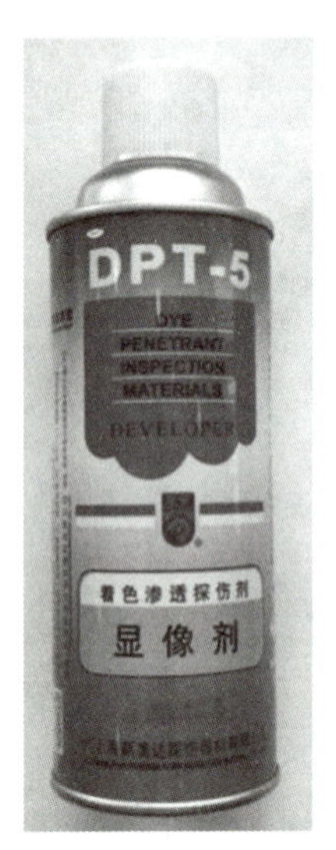

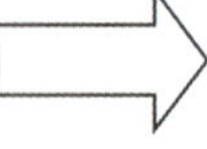

图 5-9　喷涂显像剂

喷涂显像剂时必须注意不要追求表面颜色的均匀而过多喷涂，只要涂上薄薄一层即可，否则会影响测量精度；喷涂过程中注意做好防护，不要喷到皮肤上，不要吸入显像剂；贵重物体应先取小部分试喷，确认不会对表面造成破坏；喷涂现场注意通风，禁止吸烟。

三、扫描操作

ScanFP 桌面式三维扫描仪经过标定后即可以开始 3D 扫描，首先将要扫描的物体样件放置在旋转台中心，确保物体摆放平稳，扫描过程中不会发生抖动，在软件中选择一种扫描方式（默认是连续扫描），点击左下角的【开始扫描】，扫描过程中软件主窗口实时显示三维数据，等待扫描完成。扫描过程如图 5-10 所示。

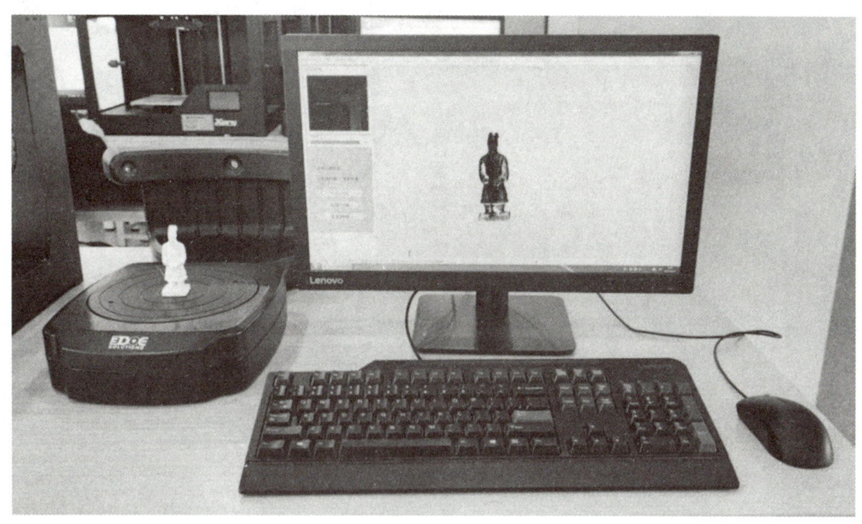

图 5-10　扫描过程

第一次扫描结束后，软件会自动对左右激光扫描得到的两组数据进行融合，融合完成会提示是否需要继续扫描，如图 5-11 所示。

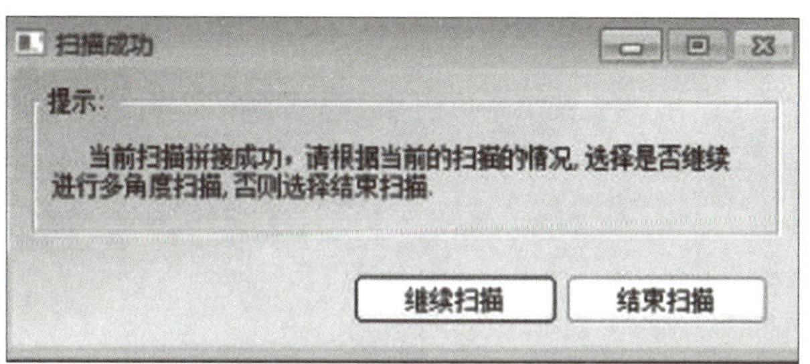

图 5-11　扫描过程软件对话框

如果第一次扫描的数据不够完整，可将物体翻转摆放，点击【继续扫描】进行第二次扫描，第二次扫描结束后将自动与前面数据进行匹配融合，融合完成后会再次提示是否继续扫描，如果需要可重新摆放物体重复扫描。如果选择【结束扫描】，则结束本次扫描，点云数据会自动转化成三角网格 STL 格式，如图 5-12 所示。

点击【文件】→【保存】，可以保存当前扫描任务下可见的数据，保存支持 SCS、ASC、STL、IGES、OBJ、DXF 等格式（见图 5-13）。如果选择保存格式为“STL 文件（*.stl）”，则保存为自动转化的三角网格文件，后续用户可将保存的数据导入逆向建模软件进行处理。

需要注意的是，扫描的原始三维点云数据（见图 5-14）会自动保存到目

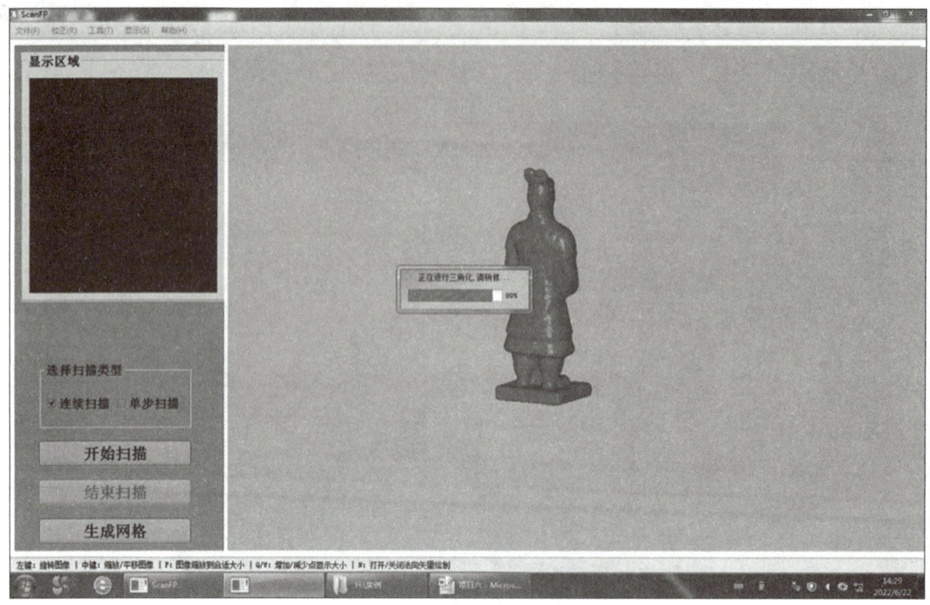

图 5-12　扫描过程软件窗口

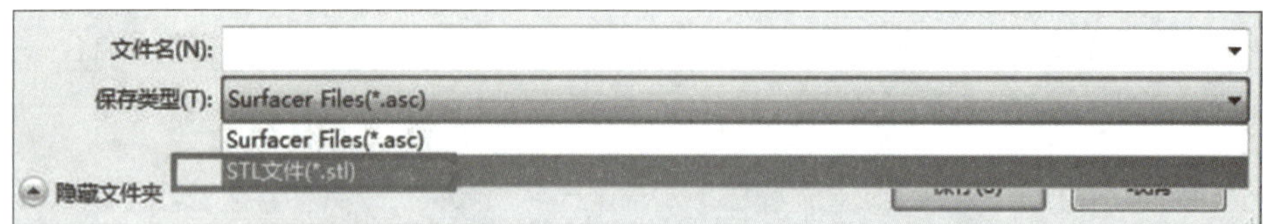

图 5-13　保存文件对话框

图 5-14　扫描得到的原始点云数据

录“...\\ScanFP\\data”中，原始数据包含了每一次扫描过程左激光和右激光的扫描结果，如果需要可自行备份，当再次点击【开始扫描】时，之前保存的数据将被覆盖。

小贴士

若扫描物体无法在旋转台上平稳摆放，可采用橡皮泥或者其他深黑色物体来辅助固定。

随着扫描次数的增加，旋转台的旋转轴可能发生微小的偏移，导致左右激光扫描的数据大小不一致，建议对旋转轴进行重新标定。

四、扫描过程中常见问题及解决方法

1. 软件显示“摄像头打开失败”“没有检测到控制卡”

（1）确认USB数据线正常连接电脑和扫描仪。

（2）重启电脑、更换新的USB接口或者USB线。

2. 扫描过程没有点云显示

（1）检查激光是否投射到扫描物体表面，确认通过软件左上角的视频窗口能够看到激光条纹。

（2）检查摄像头是否正常连接。

3. 扫描结果包含很多杂散点

（1）检查摄像头的滤光片是否关闭，如打开需将其关闭。

（2）检查是否有较强的光源直接照射摄像头，如果有应将其屏蔽，或者移动桌面机，确保摄像头的正前方没有灯光、显示器等发光物体。

（3）重新标定扫描仪。

4. 左右激光扫描的两组数据偏差较大

建议重新标定旋转轴，如果数据还是存在偏差，请按照校正操作说明重新进行标定。

任务评价

在本次任务中，我们采集了将军俑摆件样件的数据，请根据本次任务的学习情况进行评价。

<table>
<tr><th colspan="7">自评表（30 分）</th></tr>
<tr><td>小组</td><td></td><td>姓名</td><td></td><td colspan="3">日期</td></tr>
<tr><td>评价主体</td><td>评价项目</td><td>评价要素</td><td>优秀</td><td>良好</td><td>待改进</td><td>自评分</td></tr>
<tr><td rowspan="3">学生自评</td><td>学习态度</td><td>学习积极认真，服从老师安排</td><td>9 ~ 10</td><td>6 ~ 8</td><td>0 ~ 5</td><td></td></tr>
<tr><td>学习能力</td><td>按照老师要求完成任务</td><td>9 ~ 10</td><td>6 ~ 8</td><td>0 ~ 5</td><td></td></tr>
<tr><td>任务完成</td><td>扫描数据的精度和完整性</td><td>9 ~ 10</td><td>6 ~ 8</td><td>0 ~ 5</td><td></td></tr>
</table>

<table>
<tr><th colspan="7">互评表（30 分）</th></tr>
<tr><td>小组</td><td></td><td>姓名</td><td></td><td colspan="3">日期</td></tr>
<tr><td>评价主体</td><td>评价项目</td><td>评价要素</td><td>优秀</td><td>良好</td><td>待改进</td><td>互评分</td></tr>
<tr><td rowspan="3">学生互评</td><td>团队意识</td><td>有集体荣誉感，遵守团队纪律</td><td>9 ~ 10</td><td>6 ~ 8</td><td>0 ~ 5</td><td></td></tr>
<tr><td>小组合作</td><td>动手能力强，能配合小组成员完成任务</td><td>9 ~ 10</td><td>6 ~ 8</td><td>0 ~ 5</td><td></td></tr>
<tr><td>沟通交流</td><td>积极参与讨论</td><td>9 ~ 10</td><td>6 ~ 8</td><td>0 ~ 5</td><td></td></tr>
</table>

<table>
<tr><th colspan="4">教师评价表（40 分）</th></tr>
<tr><td>小组</td><td></td><td>姓名</td><td>日期</td></tr>
<tr><td>评价主体</td><td>评价要点</td><td>配分</td><td>得分</td></tr>
<tr><td rowspan="8">教师评价</td><td>ScanFP 桌面式三维扫描仪的校正</td><td>10</td><td></td></tr>
<tr><td>正面主体完整性和处理效果</td><td>6</td><td></td></tr>
<tr><td>正面局部特征完整性和处理效果</td><td>6</td><td></td></tr>
<tr><td>背面主体完整性和处理效果</td><td>4</td><td></td></tr>
<tr><td>背面局部特征完整性和处理效果</td><td>4</td><td></td></tr>
<tr><td>转（圆）角特征完整性和处理效果</td><td>4</td><td></td></tr>
<tr><td>操作设备规范性</td><td>3</td><td></td></tr>
<tr><td>安全文明生产</td><td>3</td><td></td></tr>
</table>

任务巩固

1. 请同学们查阅相关资料，了解逆向设计数据测量中常用的接触式测量和非接触式测量法。

2. 某公司是一家玩具模型企业。为了适应市场需求，现在决定针对一款汽车模型进行改型开发。请同学们参考图 5-15 所示的玩具汽车进行三维数据采集。要求所采集数据的精度、完整性满足后续逆向建模的需要。玩具汽车模型点云数据如图 5-16 所示。

图 5-15　玩具汽车模型

图 5-16　扫描获得的玩具汽车模型点云数据

完成任务心得

1. 完成这次任务，你有什么收获？

2. 在完成这次任务的过程中，你认为有哪些不足的地方？

3. 你认为还有哪些可以改进的地方？

任务二　将军俑摆件模型的数据处理及逆向建模

任务目标

1. 了解基于 Geomagic Wrap 的逆向建模方法及逆向建模基本流程。
2. 掌握逆向建模软件 Geomagic Wrap 各阶段的技术命令和操作技巧。
3. 能够使用 Geomagic Wrap 软件进行数据处理及逆向建模。

任务描述

将军俑摆件样件外观主要由自由曲面组成，本任务采用 Geomagic Wrap 软件进行逆向建模。Geomagic Wrap 主要适用于复杂的自由曲面物体（如文物、艺术品、玩具等）的快速逆向设计，具有快速、自动化生成曲面，还原真实外形的特点。

上一个任务已经完成了给定样件各面的三维数据扫描，这个任务将使用 Geomagic Wrap 软件经过点阶段、多边形阶段和精确曲面阶段完成将军俑摆件样件的逆向建模，如图 5-17 所示。

图 5-17　模型数据点阶段、多边形阶段、精确曲面阶段

课前讨论

1. 如果扫描数据有很多“杂质”和缺陷，应该如何处理？

2. 当一个物体需要多次扫描时，应如何将每次扫描所获得的数据拼接成完整的数据模型呢？

知识准备

一、Geomagic Wrap 逆向建模基本流程

Geomagic Wrap 是由美国 Geomagic 公司提供的逆向建模软件，可将扫描所得的点云数据或多边形数据进行处理，并以处理后的多边形数据模型为依据，创建出逼近原扫描对象的 NURBS 曲面模型，然后直接输出模型或将所创建模型输出至多款正向建模或正逆向混合建模软件。

Geomagic Wrap 逆向建模的基本原理是对三维扫描数据（包括点云或多边形，可以是完整的或不完整的）进行处理，生成网格曲面，进而通过拟合出的 NURBS 曲面来逼近还原实体模型。整个建模操作过程主要包括点阶段、多边形阶段、精确曲面阶段。

1. 点阶段

点阶段主要是对点云进行预处理，包括删除噪音和冗余点、点云采样等操作，从而得到一组整齐、精简的点云数据。

2. 多边形阶段

多边形阶段的主要作用是对多边形网格数据进行表面光顺与优化处理，以获得光顺、完整的三角面片网格，并消除错误的三角面片，提高后续的曲面重建质量。

3. 精确曲面阶段

精确曲面阶段的主要作用是进行规则、合理的曲面区域划分，通过对各区域曲面片的拟合和拼接，拟合出光顺、精确的 NURBS 曲面。

二、Geomagic Wrap 点阶段处理技术

在逆向工程中，对点云数据的预处理是完成被测物体模型扫描后的第一步。在数据的采集中，由于环境因素、人员操作经验等原因会引起扫描数据的误差，Geomagic Wrap 将改进扫描的点数据，通过点阶段的技术处理得到一个完整而理想的点云数据。

Geomagic Wrap 点阶段的主要处理流程是：如果点云数据是多次扫描数据，首先要对导入的点云数据进行合并点对象处理，生成一个完整的点云；然后通过着色处理来更好地显示点云；再对点云进行去除非连接项、去除体外孤点、减少噪音、统一采样等技术操作；最后进行封装得到一个较高质量的多边形数据模型。点阶段主要工具命令如图 5-18 所示。

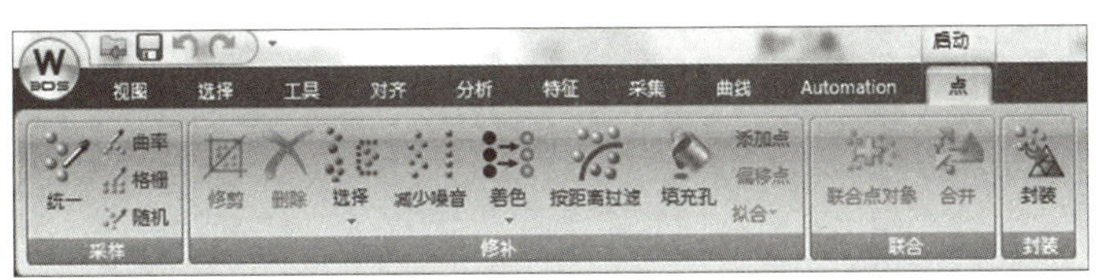

图 5-18　点阶段工具命令

三、Geomagic Wrap 多边形阶段处理技术

多边形网格化是将预处理过的点云集，用多边形相互连接，形成多边形网格，其实质是数据点与其临近点间的拓扑连接关系以三角形网格的形式反映出来。Geomagic Wrap 多边形阶段是在点云数据封装后进行一系列的技术处理，从而得到一个完整的理想多边形数据模型，为多边形高级阶段的处理以及曲面的拟合打下基础。

Geomagic Wrap 多边形阶段处理流程并没有严格的顺序，对于某个具体模型，需要针对模型的具体问题选择某个操作。常见情况下的处理流程是：首先根据封装的多边形数据进行流形操作，修补错误网格，进行填充孔处理；再去除凸起或多余特征，将多边形用砂纸打磨光滑，对多边形模型进行松弛操作；然后修复边界和面，进行创建或者拟合等技术处理；最后将模型对齐到全局坐标系。多边形阶段包含“修补”“平滑”“填充孔”“联合”“偏移”“边界”“锐化”“转换”“输出”9 个操作组，多边形阶段主要工具命令如图 5-19 所示。

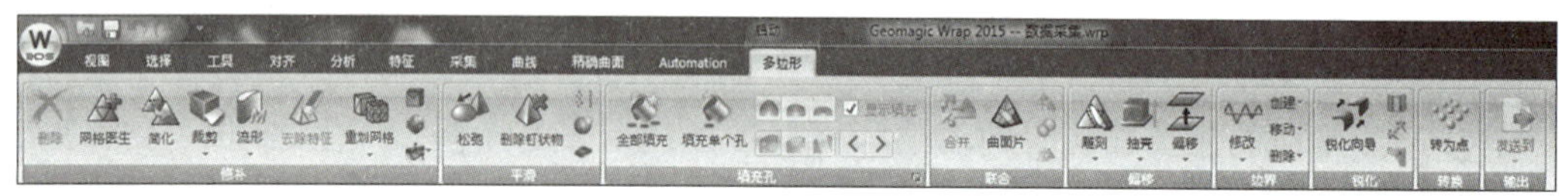

图 5-19　多边形阶段工具命令

四、Geomagic Wrap 精确曲面阶段处理技术

精确曲面是一组四边曲面片的集合体，通过相切、连续的曲面片有效地表达模型形状，进而获得规则的、合适形状的曲面。Geomagic Wrap 精确曲面阶段是从多边形阶段转换后进行的一系列技术处理，从而得到一个理想的曲面模型。

曲面阶段的处理流程是：首先根据模型表面的曲率变化生成轮廓线，并对轮廓线进行编辑，通过划分轮廓线将模型整个表面划分为多个独立的曲面区域；而后对各个区域铺设曲面片，使模型成为一个由小的四边形曲面片组成的集合体；然后将每个四边形曲面片经格栅处理为指定分辨率的网格结构；最后将每个曲面片拟合成 NURBS 曲面，并进行曲面合并，得到最终的精确曲面。注意相邻曲面片之间是满足全局 G1 连续的。曲面阶段主要工具命令如图 5-20 所示。

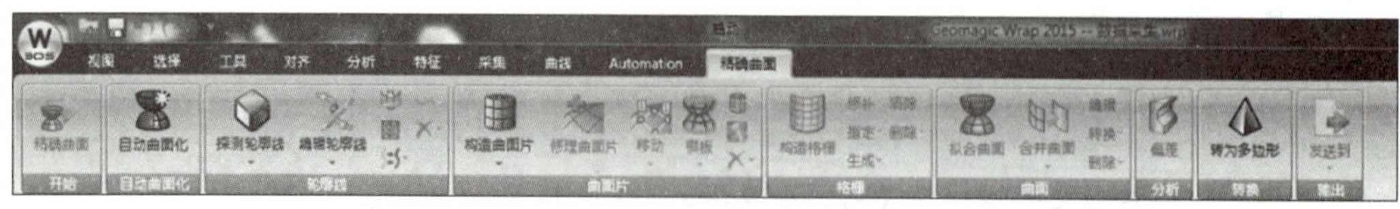

图 5-20　曲面阶段工具命令

任务实施

一、将军俑摆件模型数据点阶段的处理

点阶段目标：将原始点云数据进行处理并封装出多边形（三角网格面）模型。

1. 导入扫描得到的点云数据

启动 Geomagic Wrap 软件，打开上一个任务扫描得到将军俑摆件样件的原始点云数据文件（“...\\ScanFP\\data*.asc”），手动去除杂点后如图 5-21 所示。

2. 将点云着色

为了更加清晰、方便地观察点云的形状，将点云着色。单击工具栏【点】→【着色】→【着色点】按钮，系统将自动计算点云的法向量，赋予点云颜色。着色后的效果如图 5-22 所示。

图 5-21　导入点云数据

图 5-22　点云着色

3. 去除非连接项和体外孤点

单击工具栏【点】→【选择】→【非连接项】按钮，在管理器面板中弹出【选择非连接项】对话框，参数设置如图 5-23 所示，单击【确定】按钮退出对话框，选中的点云会变成红色，按 Delete 键删除选中的非连接点云。

单击工具栏【点】→【选择】→【体外孤点】按钮，在管理器面板中弹出【选择体外孤点】对话框，参数设置如图 5-24 所示，单击【应用】后再单击【确定】按钮，体外孤点被选中呈现红色，按 Delete 键删除选中的红色点云。体外孤点功能非常保守，可连续使用三次以达到效果。

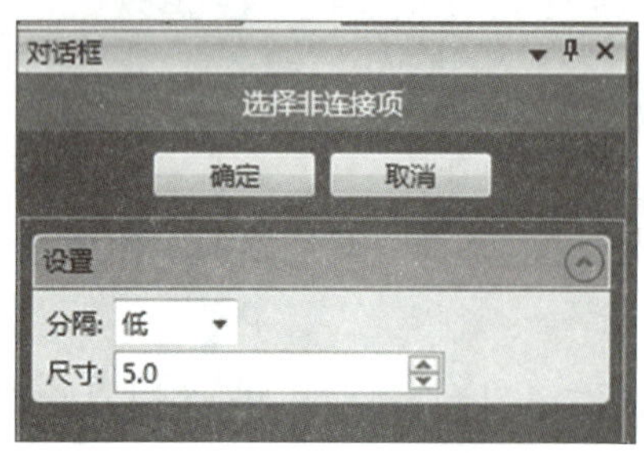

图 5-23 【选择非连接项】对话框

图 5-24 【选择体外孤点】对话框

4. 减少噪音

减少噪音命令可以降低在扫描过程中产生的噪音点，更好地表现出扫描物体真实的形状。扫描设备轻微震动、被扫描物体表面准备处理不好、光线变化、不精确的扫描校准等因素都可能造成噪音点。

单击工具栏【点】→【减少噪音】按钮，在管理器面板中弹出【减少噪音】对话框，参数设置如图 5-25 所示，通过预览功能观察选择这些参数时点云的实际变化，最终确定最优参数，单击【应用】后再单击【确定】按钮。

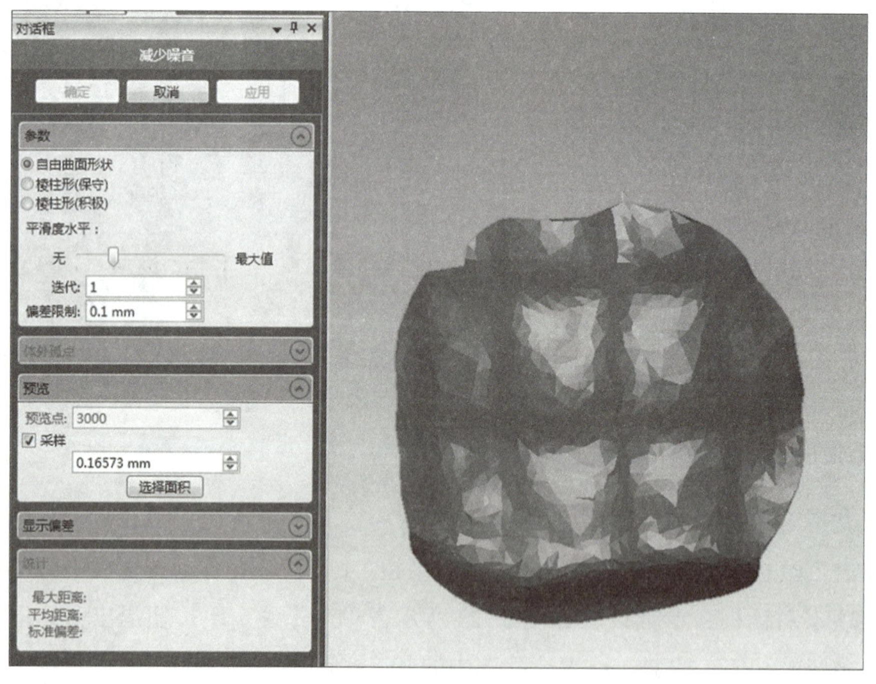

图 5-25 【减少噪音】对话框

5. 统一采样

统一采样命令是在保持模型精确度的基础上减少点云数据量的大小，减少点云数据可以使数据的运算速度更快，提高运算效率。单击工具栏【点】→【统一采样】按钮，在管理器面板中弹出【统一采样】对话框，在输入中选择【绝对】，【间距】输入 0.2 mm，【曲率优先】拉到中间，其他参数设置如图 5-26 所示，单击【应用】后再单击【确定】按钮。

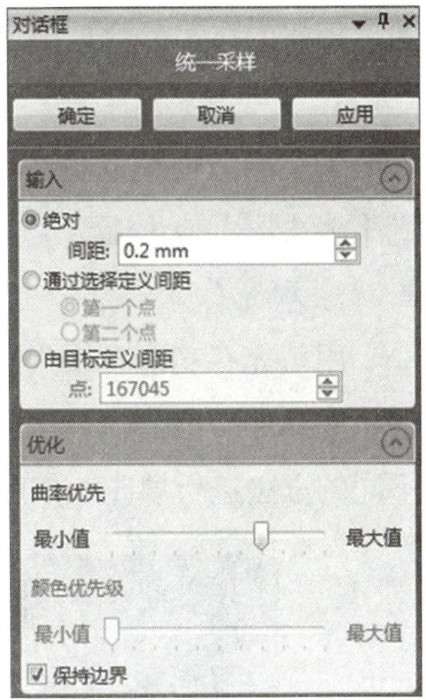

图 5-26 【统一采样】对话框

6. 封装

单击工具栏【点】→【封装】按钮，弹出封装对话框，如图 5-27 所示，参数设置不变，直接单击【确定】按钮，软件将自动计算。该命令将点转换成三角面，封装后的模型表面是由一个个极小的三角形组成，如图 5-28 所示。下面的多边形处理阶段就是对这些三角形进行操作。

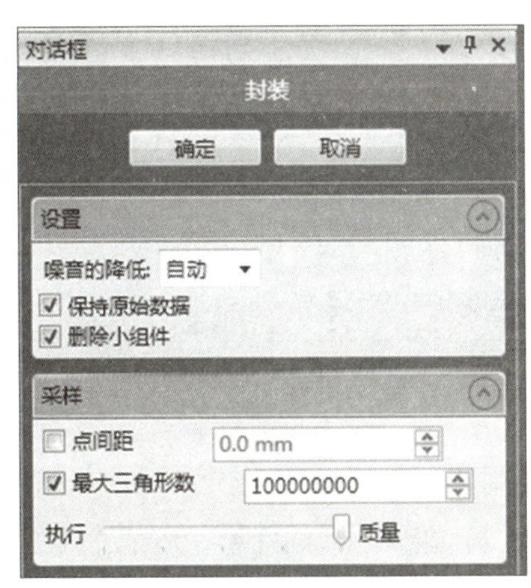

图 5-27 【封装】对话框

图 5-28 封装后的模型

小贴士

点阶段数据处理得好坏直接影响多边形阶段的处理效果，所以点阶段要仔细耐心操作，如果发现问题最好多试几次。

二、将军俑摆件模型数据多边形阶段的处理

多边形阶段目标：在点云数据封装后进行一系列的技术处理，从而得到一个完整

的、理想的多边形数据模型，为曲面的拟合打下基础。

1. 创建流形

为了删除模型上一些非流形的三角形，要先对封装后的模型创建流形。单击工具栏【多边形】→【流型】→【开流型】按钮。

2. 填充孔

用填充孔功能在缺失数据的区域里创建一个基于曲率的填充、基于切线的填充或基于平面的填充。执行工具栏【多边形】→【填充孔】命令，可以根据孔的类型选择不同的方法进行填充，如图 5-29、图 5-30 所示。

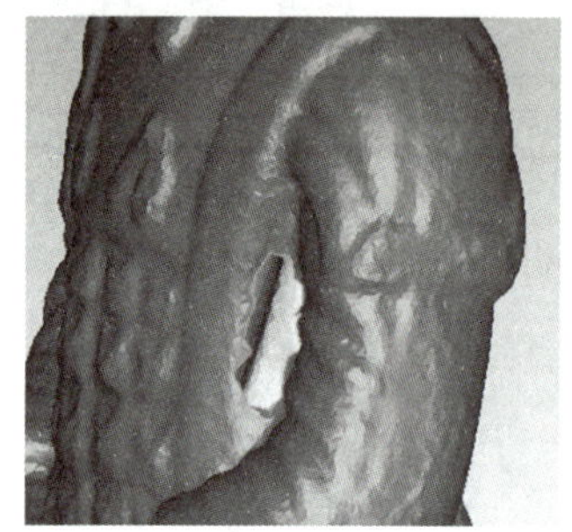

图 5-29 填充孔前

图 5-30 填充孔后

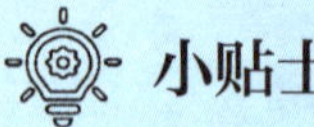

小贴士

如果操作错误，需要撤销操作，且只能执行一步撤销命令。

3. 去除特征和砂纸打磨

模型表面有一些明显的凸起或凹陷，使用工具栏【多边形】→【去除特征】命令，可以将这些与模型实体明显不符的特征去掉，如图 5-31、图 5-32 所示。

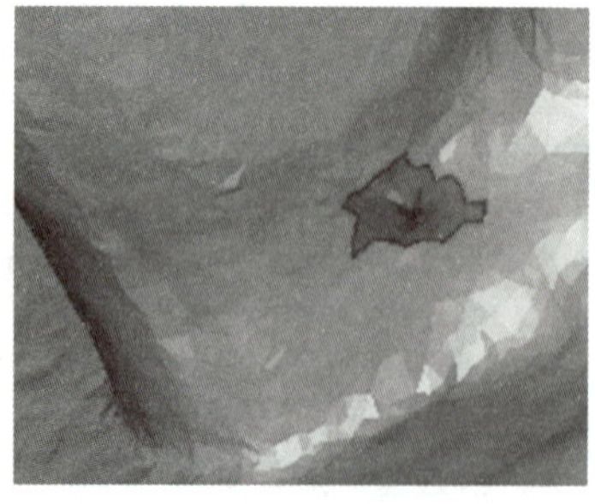

图 5-31 去除特征前

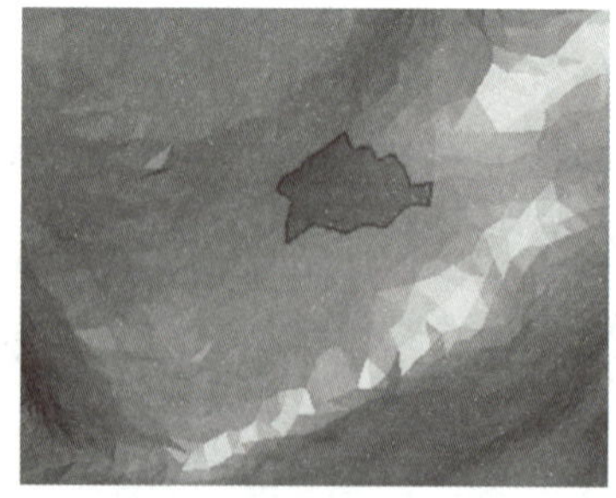

图 5-32 去除特征后

单击工具栏【多边形】→【砂纸】命令，选择需要局部打磨的区域进行操作，可以使多边形更加平滑，如图 5-33、图 5-34 所示。

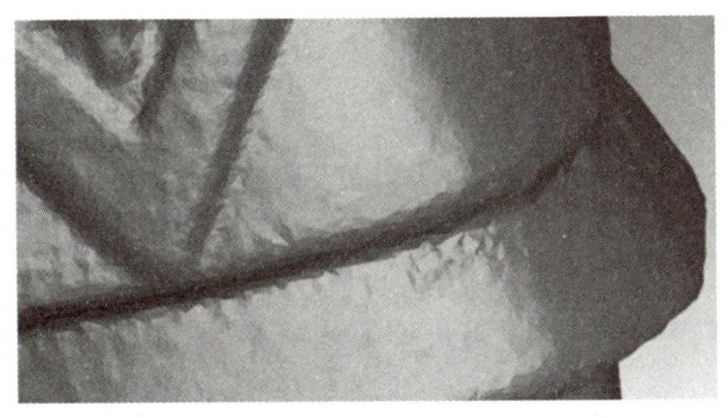

图 5-33　砂纸打磨前

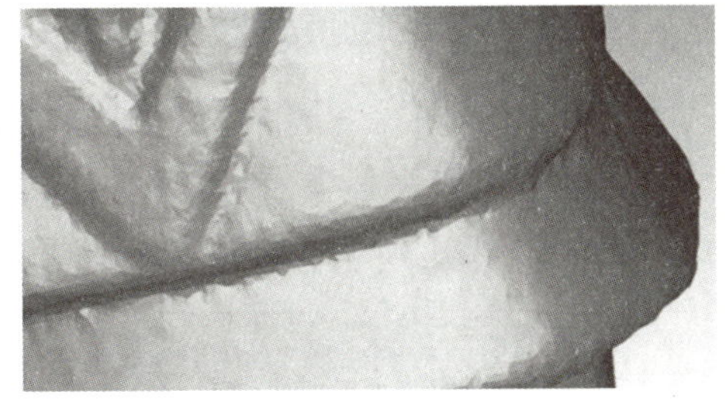

图 5-34　砂纸打磨后

4. 松弛网格

为了使模型的整个表面看起来更加光滑，需要用【松弛】命令对模型进行全局处理。选择工具栏【多边形】→【松弛】命令，在管理器面板中弹出【松弛多边形】对话框，参数设置如图 5-35 所示，单击【应用】按钮后软件将自动计算并松弛网格，以达到表面光顺的效果。打开【偏差】选项卡，观察松弛后的偏差结果，决定这三个参数的设置是否满足要求，最终确定最优参数，最后单击【确定】按钮。

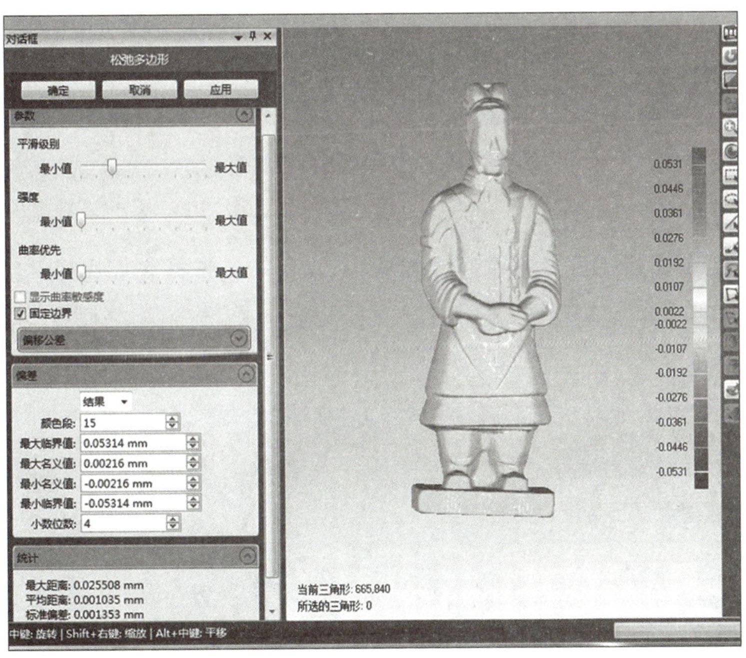

图 5-35　松弛多边形

小贴士

松弛的各个参数调节要适当，如果参数值太小，起不到平滑模型表面的效果；如果参数值太大就会使模型变形严重。

5. 拟合边界和边界裁剪

选择工具栏【多边形】→【移动】→【投影边界到平面】命令，在管理器面板中弹出【将边界投影到平面】对话框，参数设置如图 5-36 所示，将底部边界向下偏移 0.3 mm 后单击【确定】按钮。

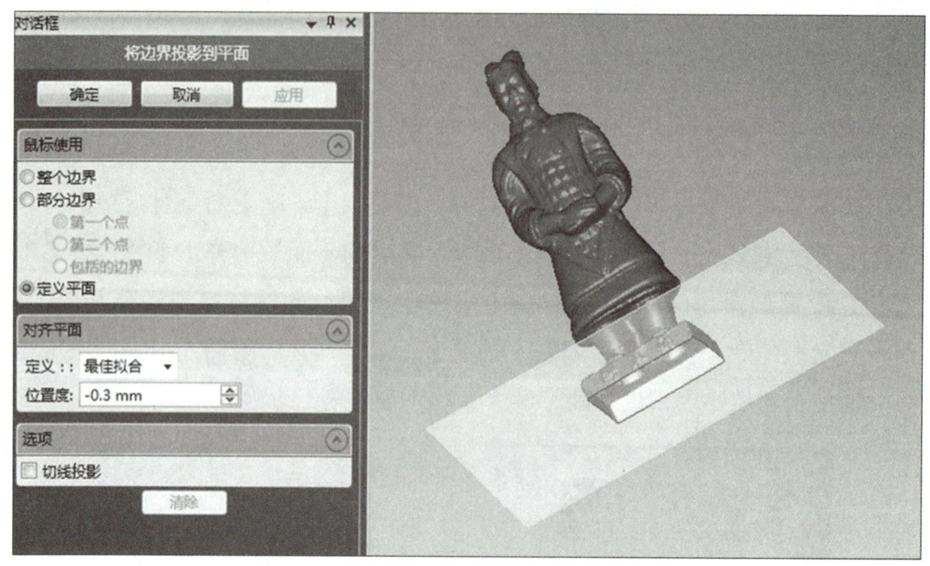

图 5-36 将边界投影到平面

选择工具栏【多边形】→【裁剪】→【用平面裁剪】命令，在管理器面板中弹出【用平面进行裁剪】对话框，参数设置如图 5-37 所示，选择底部边界，在【操作】选项卡中依次选择【平面截面】→【删除所选择的】→【封闭相交面】，最后单击【确定】按钮完成操作。

图 5-37 用平面进行裁剪

6. 检查模型

使用工具栏【多边形】→【网格医生】命令（见图 5-38），做最后的网格检查，单击【应用】后，该命令将修复系统检查出的细小错误，最后单击【确定】按钮完成操作。

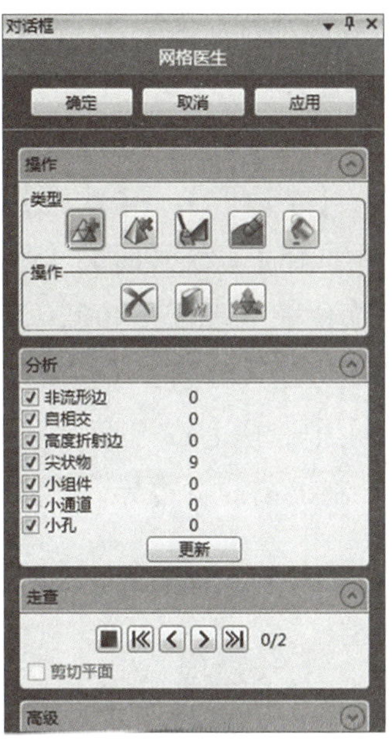

图 5-38 【网格医生】对话框

7. 对齐到全局

创建特征平面，使用工具栏【对齐】→【对齐到全局】命令，将模型底平面作为 XY 平面，底平面中心作为坐标原点，按图 5-39 所示将模型对齐到全局坐标系中。翻转模型三视图，模型的每个视图的位置都被摆正，对齐完毕。

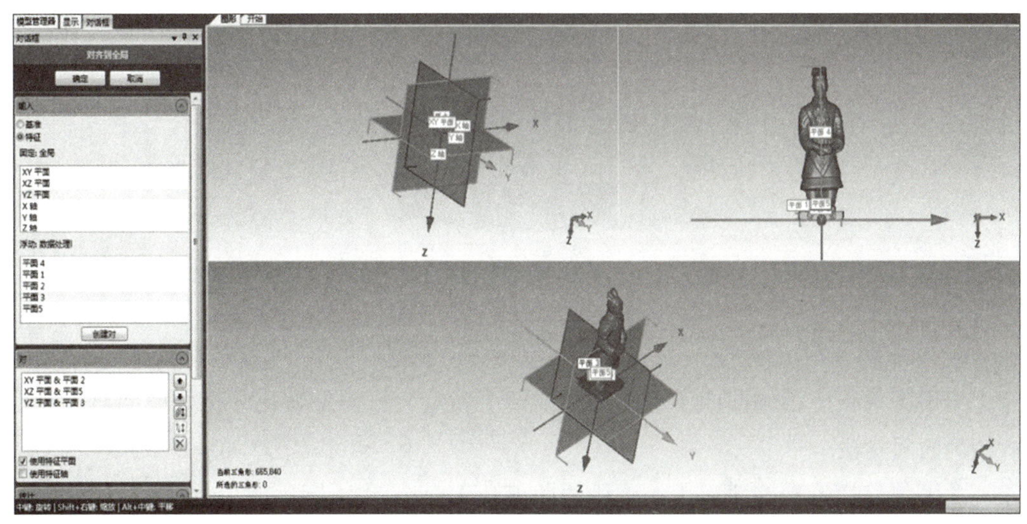

图 5-39　对齐到全局

三、将军俑摆件模型数据曲面阶段的处理

曲面阶段目标：从多边形阶段转换后进行一系列的技术处理，从而获得较规则的曲面片，得到较理想的曲面模型。

因为将军俑模型属于复杂非规则特征模型，应当在精确曲面阶段进行逆向建模，本任务采用基于边界划分的建模方法。

1. 绘制边界

在多边形阶段，单击工具栏【多边形】→【裁剪】→【用平面裁剪】命令，在对话框【对齐平面】→【定义】中选择【系统平面】，【平面】中选择【XY 平面】，【位置度】中输入 65，得到裁剪平面位置（见图 5-40），单击【操作】→【平面截面】按钮，绘制第一条边界。用同样的方法，分别在【位置度】中输入 45、30、18、5，绘制出其他四条边界。在【平面】中选择【YZ 平面】，【位置度】中输入 0，单击【操作】→【平面截面】按钮，绘制出第 6 条边界，将整个模型划分为 12 个区域，如图 5-41 所示。

图 5-40　裁剪平面位置

2. 创建曲面片

单击工具栏【精确曲面】→【精确曲面】命令，将模型转化为精确曲面对象，进入精确曲面阶段。

单击工具栏【精确曲面】→【构造曲面片】命令，在【构造曲面片】对话框【曲面片计数】中选择【自动估计】操作命令，单击【应用】后再单击【确定】按钮。构

造曲面片时，生成了部分轮廓线，单击工具栏【精确曲面】→【升级约束】→【降级所有轮廓线】和【降级所有点】命令，得到曲面片分布如图 5-42 所示。

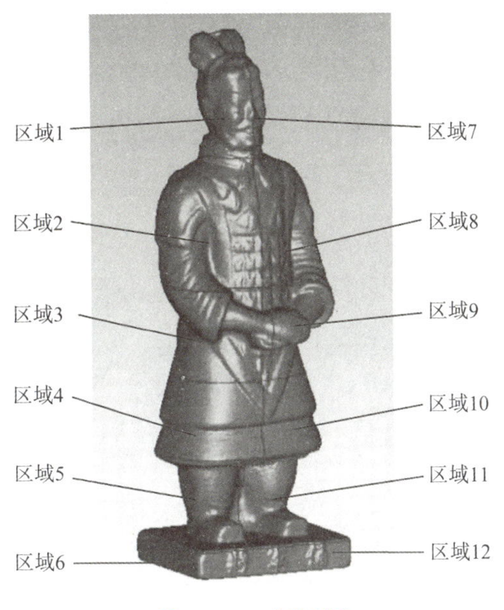

图 5-41　边界划分

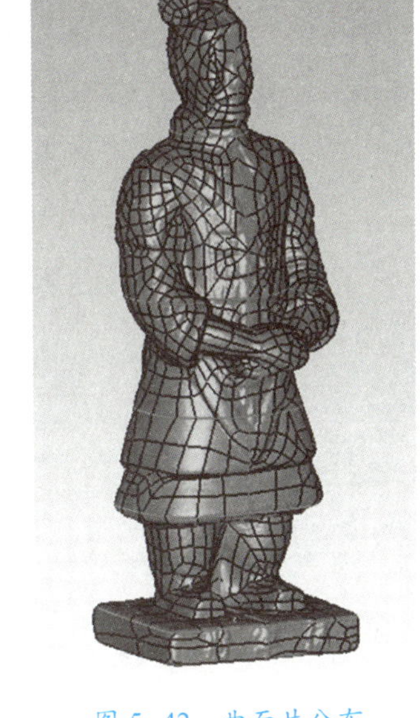

图 5-42　曲面片分布

单击工具栏【精确曲面】→【移动】→【移动面板】命令，分别对各区域内的曲面片进行规则化处理，在【移动面板】对话框【操作】中选择【添加 / 删除 2 条路径】,【类型】中选择【格栅】，重新定义区域的四个端点和边界上曲面片的数量，使该区域内的曲面片更加规则，如图 5-43 所示。12 个区域的曲面片全部移动后曲面片分布如图 5-44 所示。

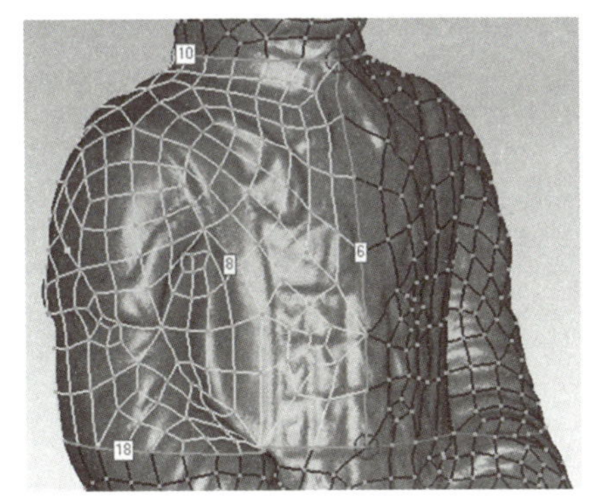

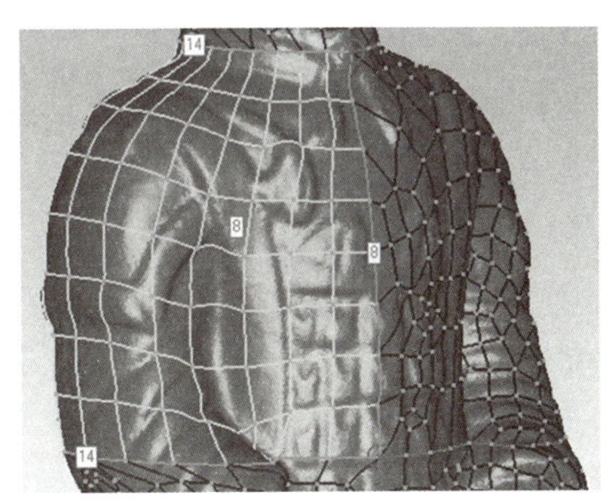

图 5-43　移动面板

3. 格栅处理

单击工具栏【精确曲面】→【构造格栅】命令，对每个曲面片进行格栅处理，将对话框中【分辨率】参数值更改为 20。选中【修复相交区域】和【检查几何图形】

复选框，以便对存在问题的格栅区域进行检查及修复。单击【确定】按钮，得到如图 5-45 所示分辨率网格结构。

图 5-44　移动面板后曲面片分布

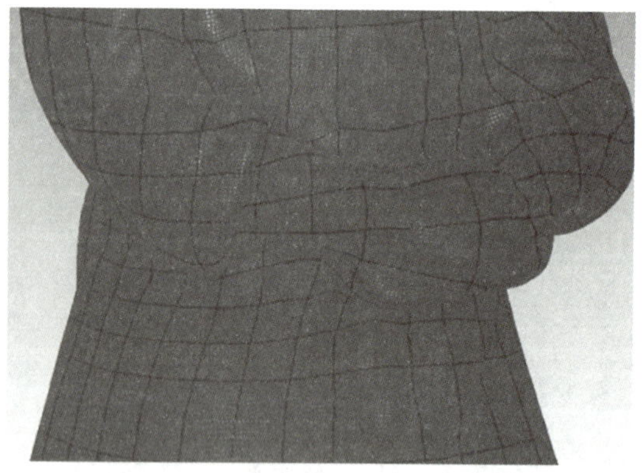

图 5-45　格栅处理

4. 曲面拟合

单击工具栏【精确曲面】→【拟合曲面】命令，弹出【拟合曲面】对话框，在对话框中选择【常数】拟合方法，选用其默认参数值，单击【确定】按钮获取曲面，如图 5-46 所示。然后单击工具栏【精确曲面】→【合并曲面】→【自动的】命令，软件将自动把小曲面合并为规则的大曲面，曲面片数由原来的 1 596 片减少到了 12 片，得到精简后的 NURBS 曲面模型，如图 5-47 所示。

图 5-46 合并前的 NURBS 曲面

图 5-47 合并后的 NURBS 曲面

5. 输出曲面

完成创建 NURBS 曲面后，就可以导出曲面数据到 CAD、CAE 或 CAM 软件中进行编辑。选中【模型管理器】中的曲面对象，单击鼠标右键，选择【保存】命令（见图 5-48），即可将曲面保存为“*.iges”“*.step”“*.stl”等通用格式文件，或直接通过【发送到】命令，将模型导入到其他软件进行操作。

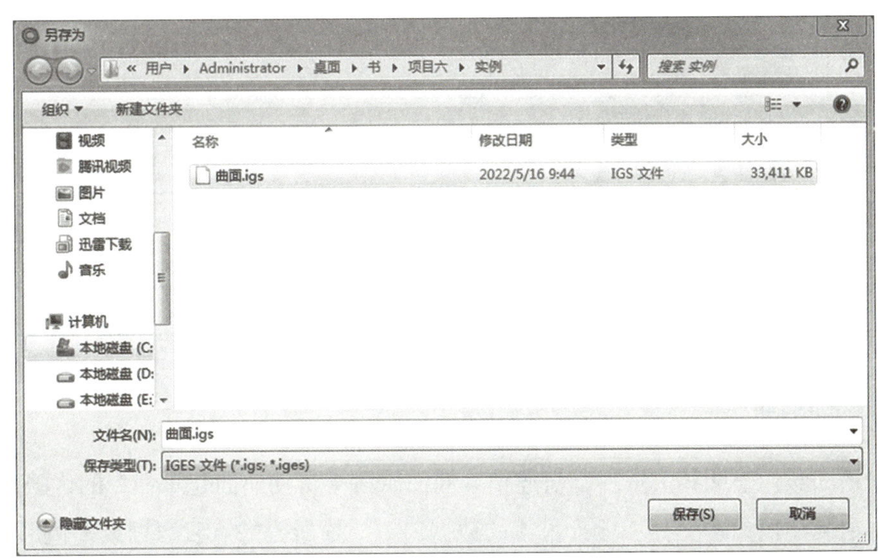

图 5-48 【另存为】对话框

任务评价

在本次任务中，我们对将军俑摆件样件的数据进行了处理，请根据本次任务的学习情况进行评价。

自评表（30分）						
小组		姓名		日期		
评价主体	评价项目	评价要素	优秀	良好	待改进	自评分
学生自评	学习态度	学习积极认真，服从老师安排	9～10	6～8	0～5	
	学习能力	按照老师要求完成任务	9～10	6～8	0～5	
	任务完成	逆向建模的精度和完整性	9～10	6～8	0～5	
互评表（30分）						
小组		姓名		日期		
评价主体	评价项目	评价要素	优秀	良好	待改进	互评分
学生互评	团队意识	有集体荣誉感，遵守团队纪律	9～10	6～8	0～5	
	小组合作	动手能力强，能配合小组成员完成任务	9～10	6～8	0～5	
	沟通交流	积极参与讨论	9～10	6～8	0～5	
教师评价表（40分）						
小组		姓名		日期		
评价主体	评价要点				配分	得分
教师评价	数据定位合理性				5	
	数据整体完整性				5	
	数据处理的整体精度				5	
	数据处理的局部特征精度				5	
	分型线合理性				5	
	曲面分布合理性				10	
	曲面光顺度				5	

任务巩固

1. 请同学们查阅相关资料，简述精确曲面阶段【自动曲面化】命令的优缺点。

2. 请同学们参考上一项任务采集的数据，对扫描所得的点云数据或多边形数据进行处理，并以处理后的多边形数据模型为依据，创建出光顺、精确的NURBS曲面模型（见图 5-49），最后将所创建的曲面模型输出至正向建模或正逆向混合建模软件，为后续的创新设计作准备。

图 5-49 汽车模型数据的点阶段、多边形阶段、精确曲面阶段

完成任务心得

1. 完成这次任务，你有什么收获？

2. 在完成这次任务的过程中，你认为有哪些不足的地方？

3. 你认为还有哪些可以改进的地方？

任务三 将军俑摆件模型的创新设计

任务目标

1. 了解正逆向混合建模的设计思路。
2. 掌握 SolidWorks 曲面造型的方法。
3. 能够通过三维正逆向建模软件对产品进行创新设计。

任务描述

将上一项任务中所得到的精确曲面（见图 5-50）导入到 CAD、CAM 软件中进行主题创新设计，设计一款旅游纪念品，必须具备一定实用功能，外形美观、结构合理，并且符合 3D 打印工艺要求。

图 5-50　将军俑曲面模型

课前讨论

1. 请说一说，你对将军俑摆件模型的创新设计有什么思路？

2. 请想一想，你所学的三维建模软件可以直接对 STL 数据模型进行再编辑吗？如果需要再编辑应该如何实现？

知识准备

一、正逆向混合建模

混合建模是目前逆向工程中应用最为广泛的一种建模方法，其建模流程一般是首先将模型进行扫描，得到模型的三维表面数据，并在逆向建模软件中重构，将表面数据中有参数特征的参数提取出来，然后将其导入正向建模软件中进行编辑修改和实体建模，即将逆向建模和正向设计有机结合起来，充分发挥各自的优势。混合建模的流程如图 5-51 所示，该建模方法能有效反映产品的原始设计意图，提高反求模型的参数修改能力，有利于产品的创新再设计。

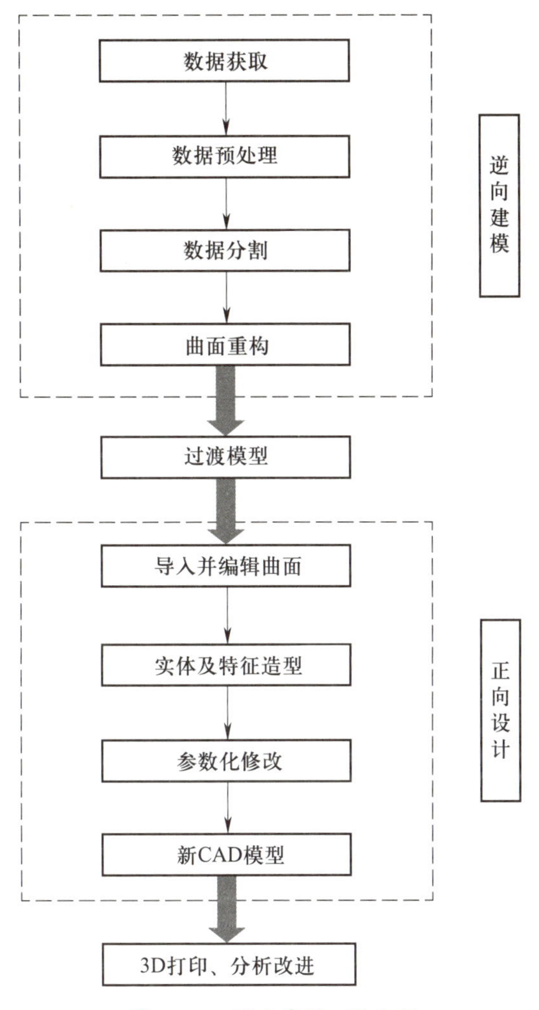

图 5-51 混合建模一般流程

二、在 SolidWorks 中修复与编辑导入的模型

1. 输入诊断

SolidWorks 提供了多种工具来协助诊断和修复导入的模型问题。导入模型时，系统会自动提示用户运行【输入诊断】（见图 5-52），【输入诊断】工具不仅可以识别模型中的问题区域，而且还具有自动修复故障面和缝隙的内置功能。用户可以在设计过程中的任意时刻使用此工具，但要使该工具起作用，导入的特征必须是特征树中唯一的特征。如果将其他标准特征添加到模型，则【输入诊断】将不再可用。较好的做法是在导入数据以识别和修复具有问题的模型时立即使用【输入诊断】工具。

图 5-52 运行【输入诊断】

小贴士

如果导入的模型存在缝隙，则该模型将无法形成实体。

2. 修复与编辑

当导入的模型无法生成有效的实体，并且【输入诊断】中的修复功能无法修复有问题的面和缝隙时，就需要考虑其他解决转换问题的方法。

（1）更改导入的类型，在发送和接收系统之间通常有几个转换器可用。若一种类型的结果不能达到满意的效果，可以尝试另一种。

（2）一些导入方法可以调整其缝合精度，通过降低精度，使自动缝合超出缝合范围的边线。

（3）使用曲面工具手动修复。我们还可以使用下面的曲面特征手动修复导入模型中的问题区域。

1）删除面。有些曲面可能难以修复，可以直接删除问题曲面，然后再用另一个更为合适的面来替代被删除的面。

2）延伸曲面。当现有曲面太短而无法与相邻的曲面接合时，可以延伸该曲面到缝合操作允许的范围之内。

3）剪裁曲面。用户可以手动剪裁超出所需边界的曲面。

4）填充曲面。填充曲面命令可用于创建平面和非平面的面片，以封闭模型中的缺口。

三、缝合曲面

缝合曲面是将两个或多个曲面组合成一个曲面，如图 5-53 所示。

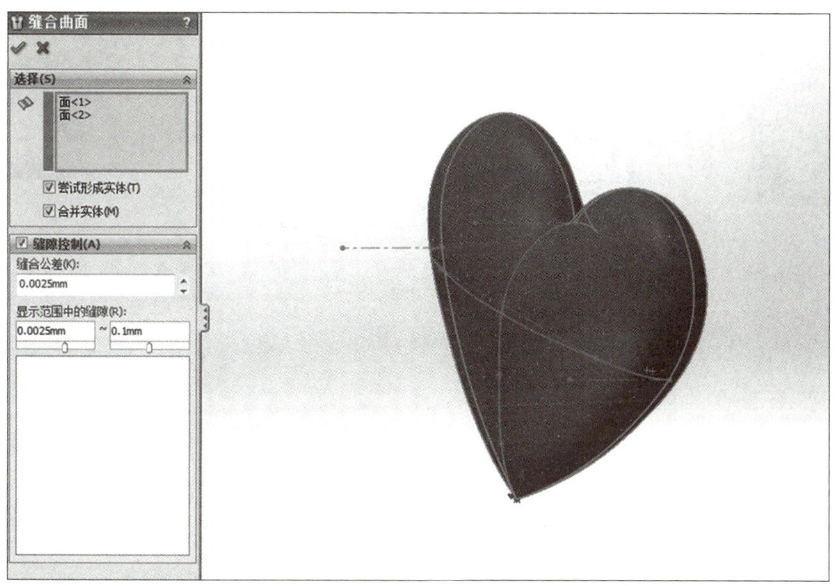

图 5-53　缝合曲面

任务实施

一、将军俑摆件模型创新设计思路

取用将军俑摆件的外形，将其身体进行分割，做成一个上下装配的、可随身携带的 U 盘外壳。为避免在装配时出现错位，我们将装配孔设计成椭圆形，并严格控制装配间隙，如图 5-54 所示。

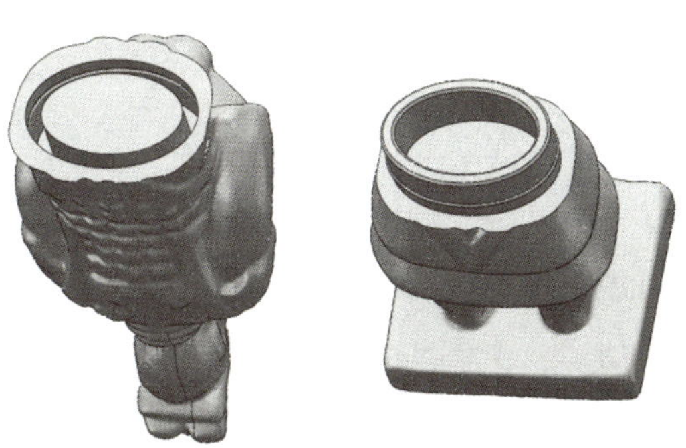

图 5-54　将军俑摆件模型的创新设计

将军俑摆件模型上身开孔装配U盘芯片，下身作为U盘芯片的盖子，U盘芯片如图5-55所示。装配时保证模型上身的装配部分与U盘芯片采用过盈或过渡配合，下身盖子部分与U盘芯片采用间隙配合，如图5-56所示。

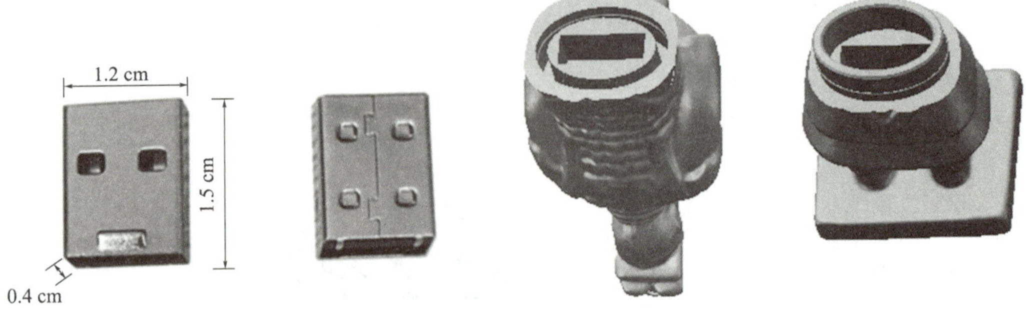

图5-55　U盘芯片

图5-56　将军俑模型上、下身的装配

在将军俑模型的头顶加一个圆环，方便U盘能够悬挂在钥匙扣等物品上，便于随身携带，如图5-57所示。

还可以在将军俑模型底部设计一个印章，该印章的图案文字可以进行个性化设计，如图5-58所示。

图5-57　将军俑模型头部的创新设计

图5-58　将军俑模型底部的创新设计

二、将军俑模型的分割

1. 导入IGES文件

在三维设计软件SolidWorks中打开上一项任务保存的IGES格式文件，运行【输入诊断】命令，如图5-59所示。系统自动评估错误，如果有错误面和缝隙，单击【尝试愈合所有】按钮，修复错误后，单击【确定】按钮。

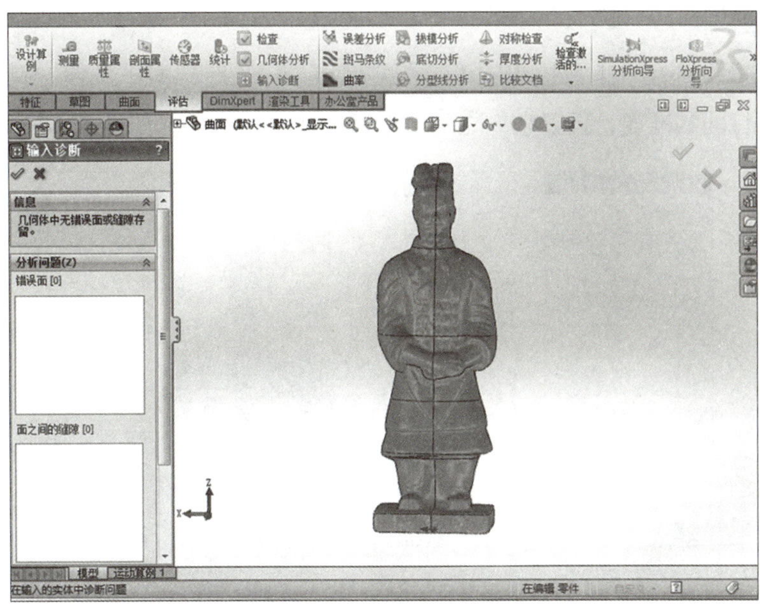

图 5-59　导入 IGES 格式文件

2. 缝合曲面

单击【曲面】工具栏中的【缝合曲面】按钮，依次单击将军俑模型的所有曲面（一共 12 片曲面），选中【尝试形成实体】复选框，其他参数设置如图 5-60 所示，单击【确定】按钮，完成曲面缝合，并生成一个模型实体。

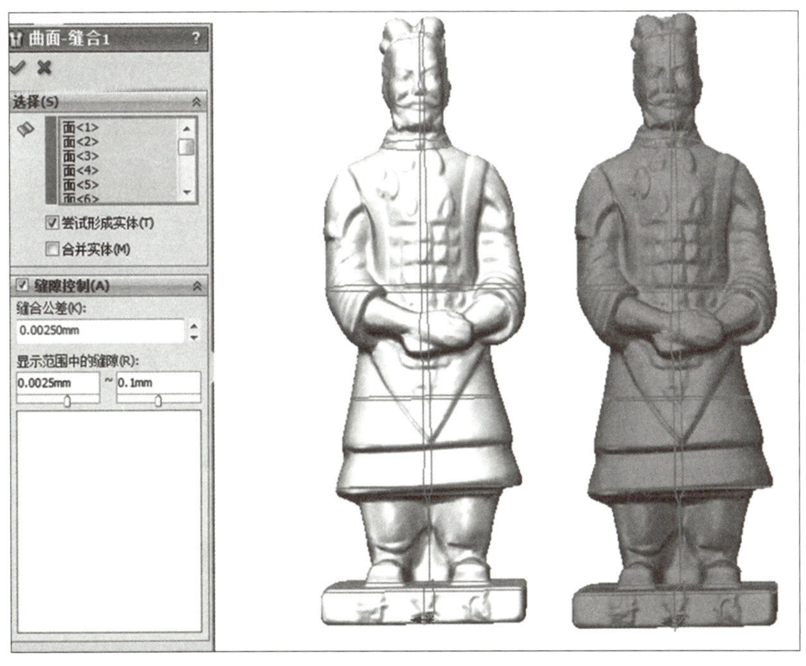

图 5-60　缝合曲面

3. 分割实体

首先单击【特征】工具栏中的【参考几何体】→【基准面】按钮，新建一个与前视基准面平行的基准面，设置它们之间的偏移距离为 30 mm，如图 5-61 所示。

图 5-61　新建基准面

然后使用【分割】命令将该模型分为上、下两个实体。单击菜单栏【插入】→【特征】→【分割】按钮，弹出【分割】属性管理器，如图 5-62 所示。在剪裁工具处选中新建的基准面，再单击【切除零件】按钮，在下方的所产生实体栏中会出现分割

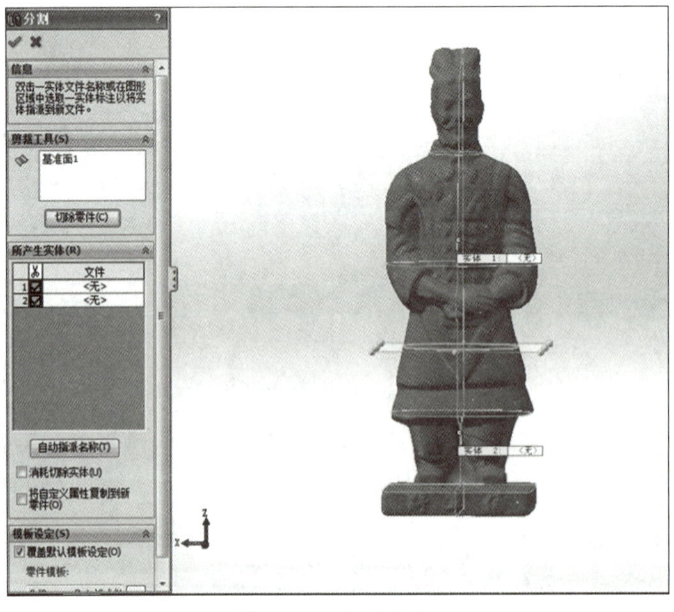

图 5-62　分割实体

的实体列表，选中全部的实体后，单击【确定】按钮完成分割。最后将分割后的两个实体零件命名并保存。

三、将军俑模型上身的创新设计

打开分割后的将军俑模型上身的文件，自定义材料和外观，如图 5-63 所示。

图 5-63　将军俑模型上身

1. 设计 U 盘芯片的配合部分

根据 U 盘芯片的尺寸，将将军俑上身下底面确定为草图平面，画出如图 5-64 所示的矩形。使用拉伸切除命令将该草图拉伸切除 5.5 mm，如图 5-65 所示。

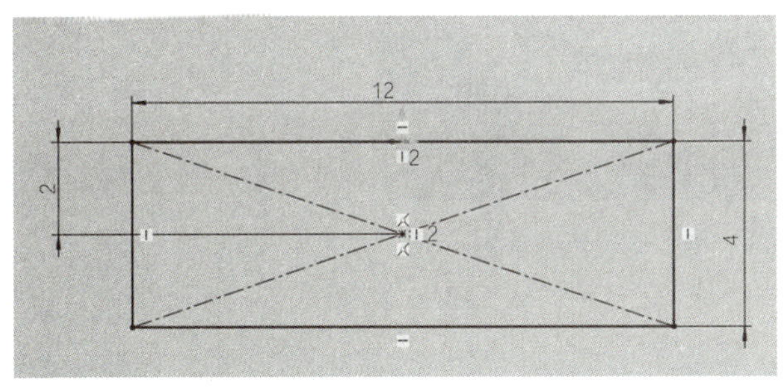

图 5-64　草图 1

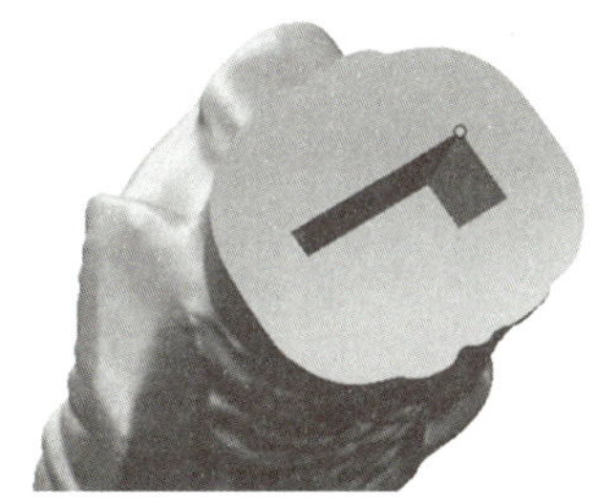

图 5-65　拉伸切除

小贴士

因为 3D 打印的方式和材料不同，配合尺寸也会略有不同，可根据实际情况进行相应修改，但要求保证 U 盘芯片与模型的配合松紧合适，不会轻易掉落。

2. 设计将军俑模型上、下身的配合部分

将军俑上身下底面为草图平面，画出如图 5-66 所示的草图。使用拉伸切除命令将该草图拉伸切除 6.5 mm，如图 5-67 所示。

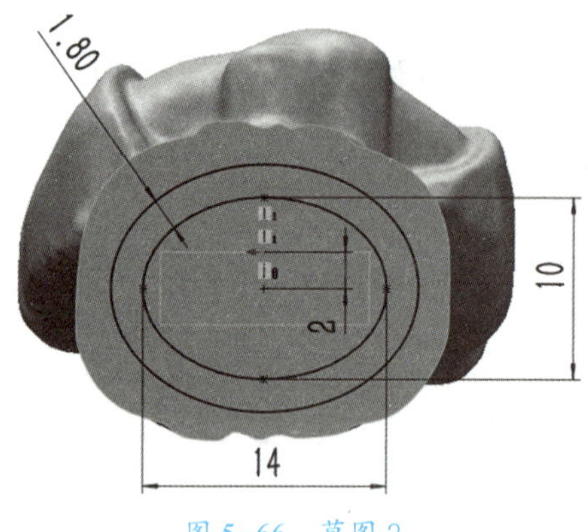

图 5-66　草图 2

图 5-67　拉伸切除

因为将军俑模型上、下部分采用间隙配合，为了防止模型下身（U 盘盖子）脱落，在配合孔里加了一圈卡扣，如图 5-68 所示。在需要加卡扣的位置新建基准面，通过扫描命令完成卡扣的设计，具体设计过程在前面的项目中已经详细介绍了，这里不再赘述。

图 5-68　扫描生成卡扣

小贴士

根据 3D 打印的方式和材料，本任务模型上、下部分的配合间隙取单边 0.2 mm，因此卡扣的半径取 0.15 mm。

3. 设计将军俑模型的挂孔

首先新建一个与前视基准面平行的基准面，它们之间的偏移距离为 7 mm，如

图 5-69 所示。再以新建的基准面作为绘图平面，绘制如图 5-70 所示的草图作为扫描路径。最后用直径 0.6 mm 的圆沿扫描路径进行扫描，得到如图 5-71 所示的挂孔。

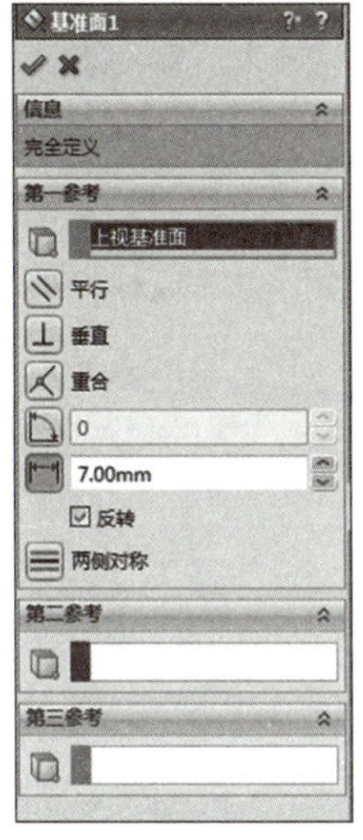

图 5-69　新建基准面

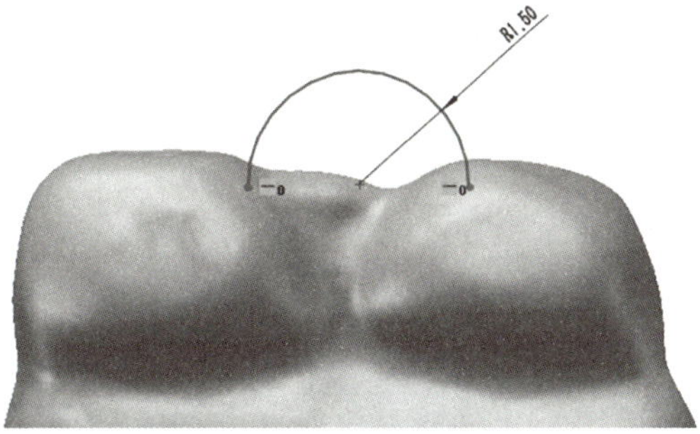

图 5-70　绘制扫描路径

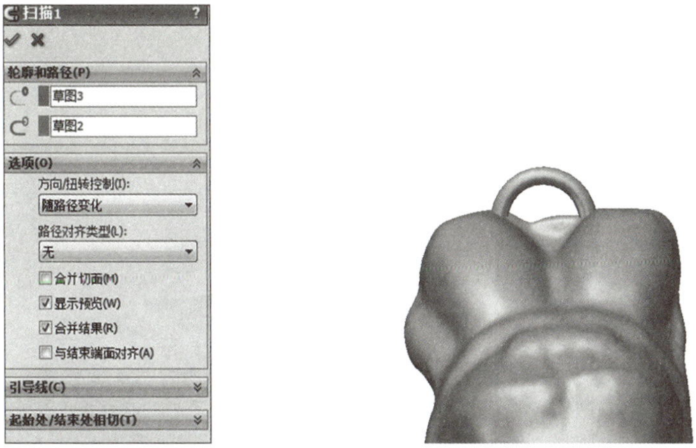

图 5-71　扫描凸台

四、将军俑模型下身的创新设计

打开分割后的将军俑模型下身的文件，自定义材料和外观，如图 5-72 所示。

图 5-72　将军俑模型下身

1. 设计 U 盘芯片的配合部分

根据 U 盘芯片的尺寸，将将军俑下身上平面确定为草图平面，画出如图 5-73 所示的矩形。使用拉伸切除命令将该草图拉伸切除 10.5 mm，如图 5-74 所示。

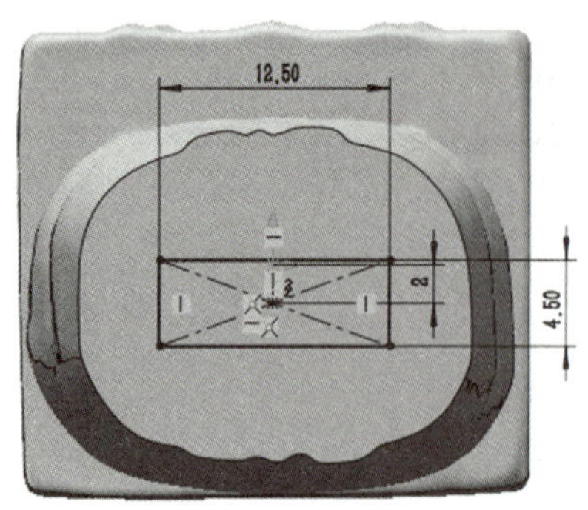

图 5-73　草图 1

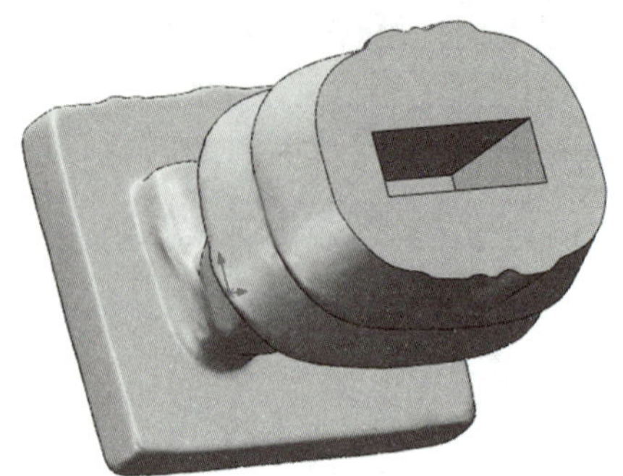
图 5-74　拉伸切除

小贴士

因为将军俑模型下身设计为 U 盘的盖子，所以配合孔四周留了单边 0.5 mm 的间隙，高度留了 1 mm 的间隙。

2. 设计将军俑模型上、下身的配合部分

将军俑下身上平面为草图平面，画出如图 5-75 所示的草图。使用【拉伸凸台】命令将该草图拉伸 5.5 mm，如图 5-76 所示。

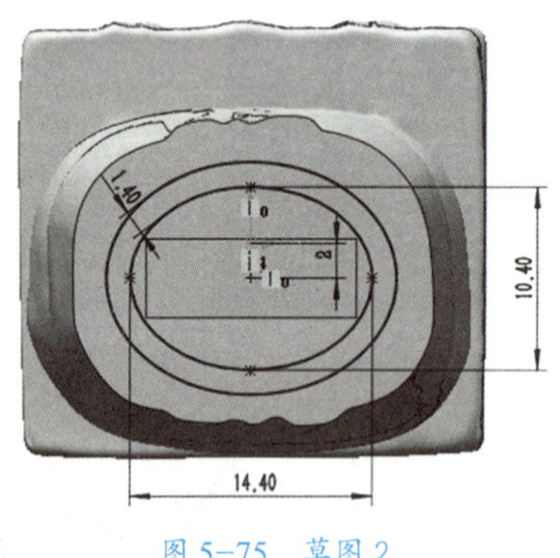

图 5-75　草图 2

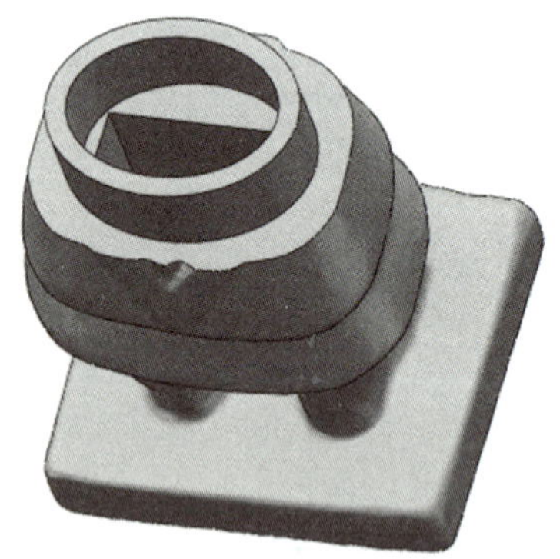
图 5-76　拉伸凸台

因为将军俑模型上、下部分采用间隙配合，为了防止模型下身（U 盘盖子）脱落，在配合孔里加了一圈卡扣，如图 5-77 所示。在需要加卡扣的位置新建基准面，通过扫描命令完成卡扣的设计，具体设计过程在前面项目中已经详细介绍了，这里不再赘述。最后给顶面两锐边倒角，倒角尺寸 0.3 mm × 0.3 mm，如图 5-78 所示。

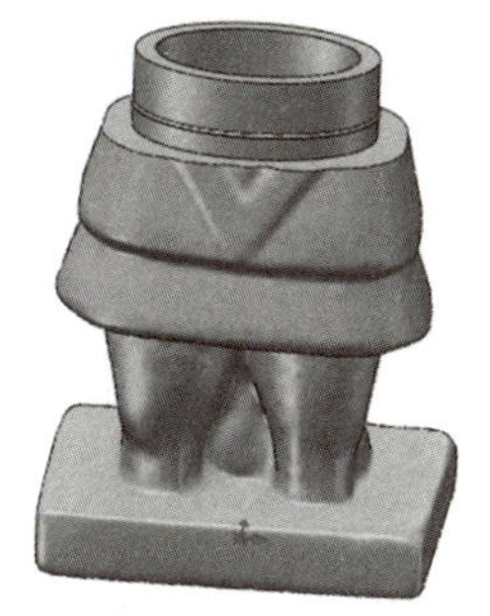

图 5-77　扫描生成卡扣

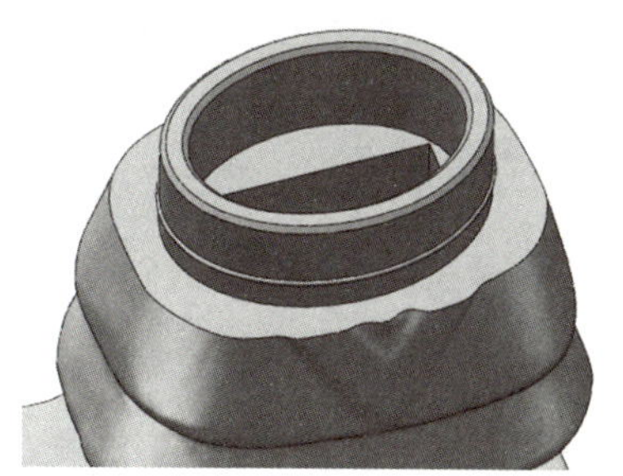

图 5-78　倒角

3. 设计将军俑模型底面印章

在模型下身的底面绘制草图，通过【拉伸凸台】命令完成印章的设计，印章图案可根据自己的需要给予个性化设计，如图 5-79 所示。

图 5-79　印章设计

五、将军俑 U 盘的装配与检查

（1）新建装配体文件，进入装配体工作环境。

（2）插入第一个零件（将军俑模型上身），并放置在装配体的原点处，即零件原点与装配体原点重合。

（3）插入第二个零件（将军俑模型下身），在两个零件间添加配合关系：①添加两个零件的上视基准面的配合关系为【重合】，如图 5-80 所示；②添加两个零件的右视基准面的配合关系为【重合】，如图 5-81 所示；③添加两个零件的分割平面的配合关系为【重合】，如图 5-82 所示。

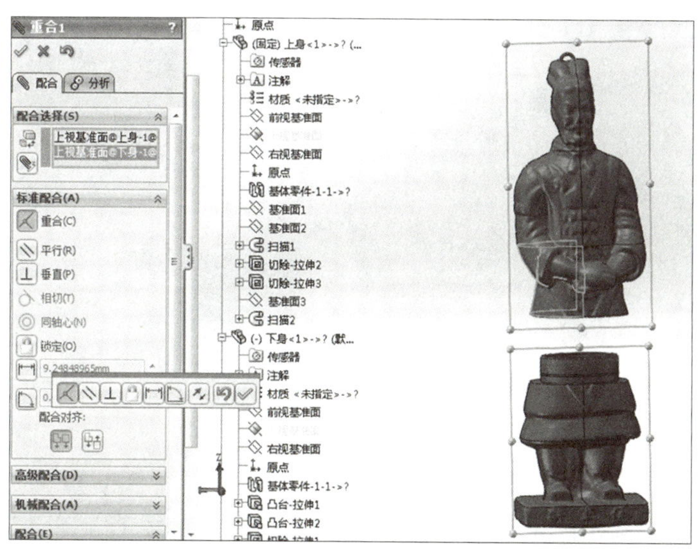

图 5-80　两个零件的上视基准面添加【重合】关系

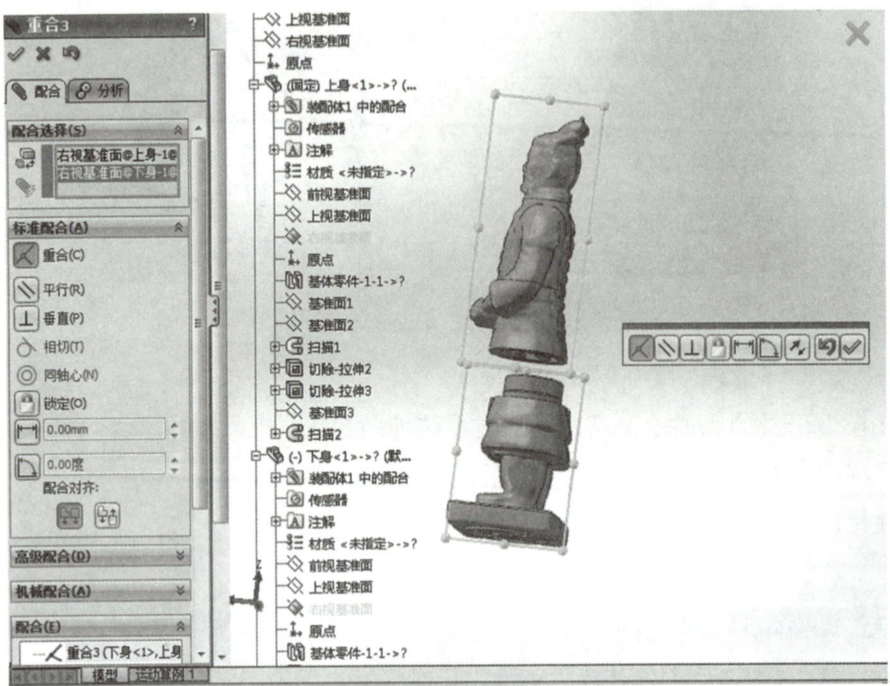

图 5-81　两个零件的右视基准面添加【重合】关系

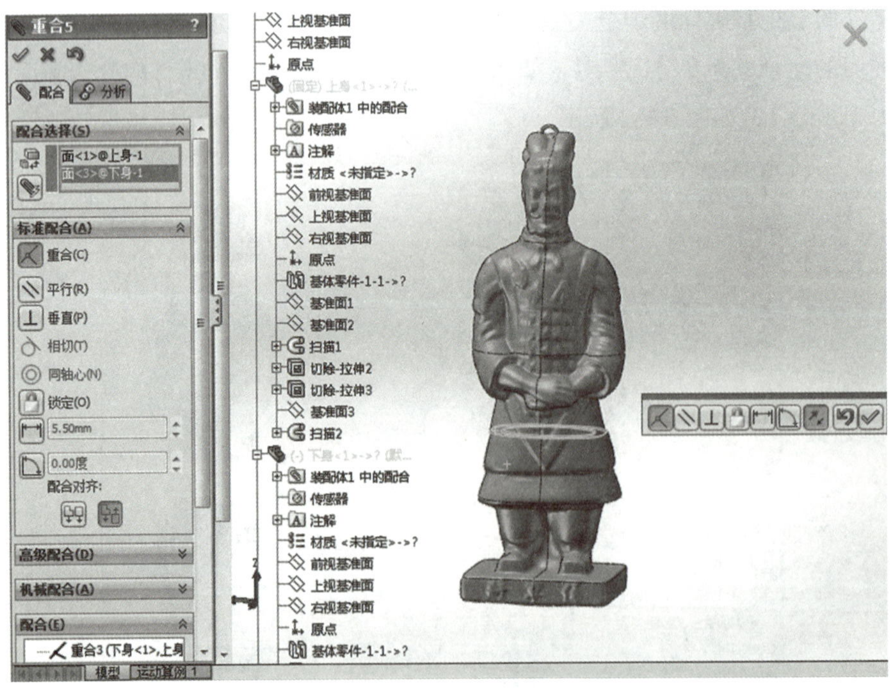

图 5-82　两个零件的分割平面添加【重合】关系

（4）对装配体模型进行干涉检查，单击菜单栏【工具】→【干涉检查】按钮，弹出【干涉检查】属性管理器，选择要进行干涉检查的配合实体，单击【计算】按钮，干涉结果会列在【结果】框中，如图 5-83 所示。打开模型装配体的剖视图，检查 U 盘内部的装配结构是否合理，如图 5-84 所示。

图 5-83　检查干涉现象

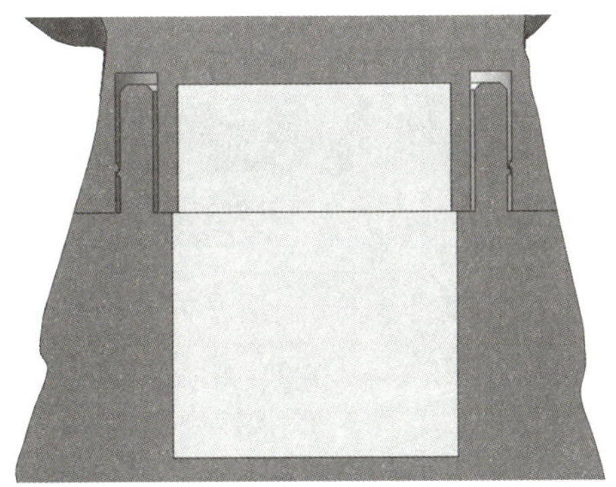

图 5-84　装配体剖视图

（5）全部零件装配完毕后，将装配体命名保存，【保存类型】选择“装配体（*.asm；*.sldasm）”，如图 5-85 所示。

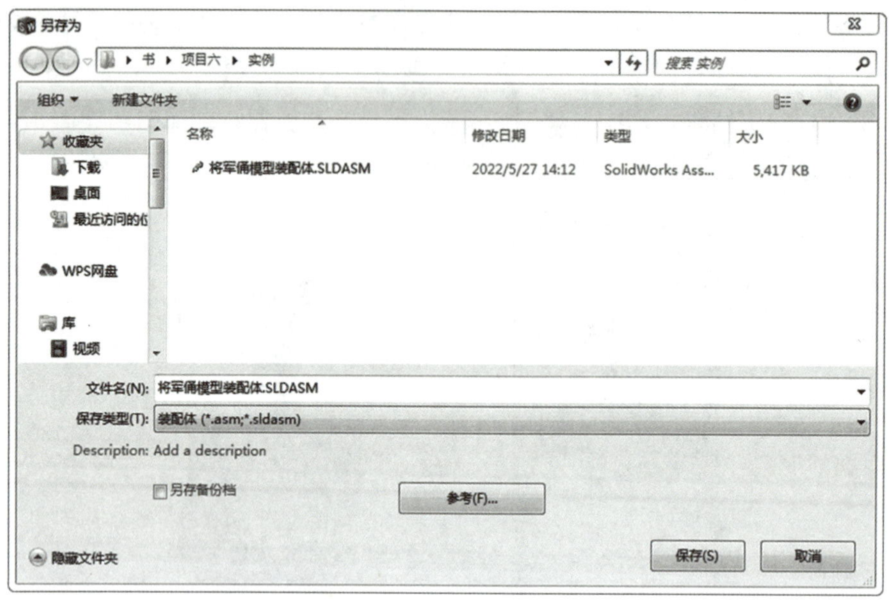

图 5-85　保存装配体文件

六、导出 STL 格式文件

模型的创新设计完成后，将模型上、下身两个文件分别另存为 STL 格式文件，以便于打印时使用。选择【文件】→【另存为】命令，弹出【另存为】对话框，在对话框中选择【保存类型】为“STL（*.stl）”，输入文件名后保存文件，完成 STL 格式文件的导出，如图 5-86 所示。

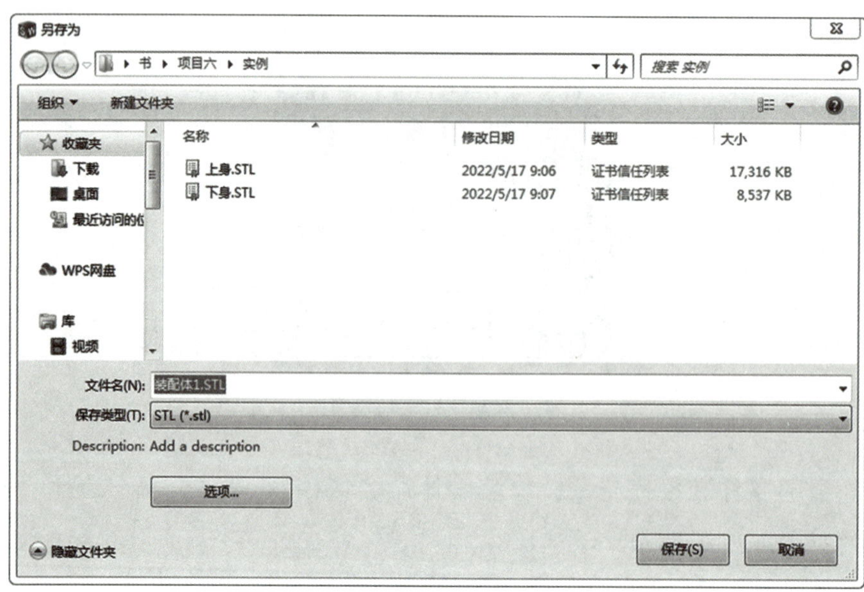

图 5-86　【另存为】对话框

任务评价

在本次任务中，我们对将军俑摆件模型进行了创新设计，请根据本次任务的学习情况进行评价。

自评表（30 分）						
小组		姓名	日期			
评价主体	评价项目	评价要素	优秀	良好	待改进	自评分
学生自评	学习态度	学习积极认真，服从老师安排	9 ~ 10	6 ~ 8	0 ~ 5	
	学习能力	按照老师要求完成任务	9 ~ 10	6 ~ 8	0 ~ 5	
	任务完成	创新设计的产品尺寸正确、装配合理	9 ~ 10	6 ~ 8	0 ~ 5	
互评表（30 分）						
小组		姓名	日期			
评价主体	评价项目	评价要素	优秀	良好	待改进	互评分
学生互评	团队意识	有集体荣誉感，遵守团队纪律	9 ~ 10	6 ~ 8	0 ~ 5	
	小组合作	动手能力强，能配合小组成员完成任务	9 ~ 10	6 ~ 8	0 ~ 5	
	沟通交流	积极参与讨论	9 ~ 10	6 ~ 8	0 ~ 5	
教师评价表（40 分）						
小组		姓名	日期			
评价主体	评价要点				配分	得分
教师评价	整体外观创新设计				10	
	局部特征创新设计				10	
	装配尺寸正确				10	
	创新产品的实用性				5	
	创新设计说明				5	

任务巩固

1. 请根据任务二玩具汽车模型的逆向建模结果，进一步完善玩具汽车模型的外形美观度，再进行合理的创新设计。要求设计多个零件，并根据玩具汽车模型外观考虑合理安装方式，自选位置，自由设计。设计思想要求体现 3D 打印技术的优势，设计结构能用现有 3D 打印设备制造完成。

2. 编写创新设计说明，描述创新设计思路和意图。

完成任务心得

1. 完成这次任务，你有什么收获？

2. 在完成这次任务的过程中，你认为有哪些不足的地方？

3. 你认为还有哪些可以改进的地方？

任务四　将军俑摆件模型的切片与打印

任务目标

1. 熟悉光固化打印机的切片过程。
2. 掌握光固化打印机的正确使用。
3. 能成功打印将军俑创新设计模型。

任务描述

使用光固化打印机打印将军俑模型。

课前讨论

1. 请简单描述光固化打印机的打印过程，它与 FDM 3D 打印机有什么区别？
2. 你认为光固化打印机使用过程中需要注意什么？

知识准备

一、光固化打印机的成形过程

目前市面上常见的 3D 打印技术主要包括 FDM、SLS 和 SLA 三种类型，其中 SLA（Stereolithography Apparatus）即光固化立体成形技术。其工作原理是使用激光来硬化容器中的液态树脂，以产生所需的 3D 形状。

当打印流程开始时，激光将第一层印刷物"拉"到光敏树脂中，不管激光打中哪里，液体都会固化。打完第一层以后，按照层厚度（一般约 0.1 mm）上升平台，并使另外的树脂在早已打印的部分下方流动。激光随后固化下一个横截面，并反复操作该流程直至整个模型打印成功，没有被激光接触的树脂保存在桶中，能够重复使用。SLA 打印机原理如图 5-87 所示。

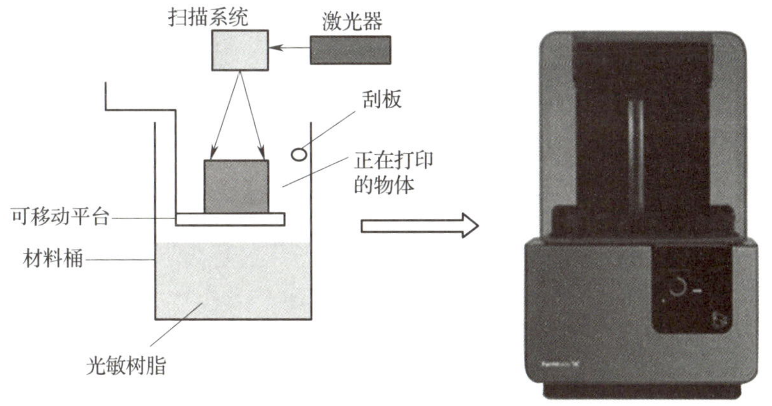

图 5-87　SLA 打印机工作原理

二、光敏树脂材料介绍

光敏树脂即 UV 树脂，由聚合物单体与预聚体组成，其中加有光（紫外光）引发剂（或称为光敏剂）。在一定波长的紫外光（250 ~ 300 nm）照射下立刻引起聚合反应，完成固化。光敏树脂被应用在汽车、医疗器械、日用电子产品的样件制作，水流量分析、室温硫化硅橡胶模型、可存放的概念模型、风管测试、快速铸造模型等方面。 光敏树脂材料固化快速、成形精度高、表面效果好、具有类 ABS 性能，机械强度高、低气味、耐储存、通用性强、可装配，适用于国内主流 SLA 快速成形设备。

三、任务分析

我们将用光固化打印机 Form2 打印兵马俑模型的上下部分，主要包括打印机准备、切片、打印和模型后处理等步骤。

四、光固化打印机 Form2 使用注意事项

（1）使用树脂或异丙醇时必须佩戴一次性丁晴手套或医用橡胶手套。

（2）Form2 有自动进料功能，不要手动倒入树脂。如果需使用开放模式，必须经过专业指导后进行。

（3）在整个使用过程中，不能取下树脂盒底部的黑色橡胶阀，否则会造成树脂流出，损害打印机。初次使用时，可以轻捏橡胶阀，确保底部的橡胶阀裂缝可以正常分开。树脂盒顶部的盖子在开始打印前按下，方便树脂流出，结束打印后及时关闭。

（4）树脂槽脆弱易损坏，需小心对待。不要用任何清洗剂（包括清水）清洗树脂槽。当需要清空树脂槽时，用铲刀轻轻刮下多余树脂，并将树脂槽盖上盖子，用薄膜包裹，避光保存。使用铲刀时以小角度轻刮，注意不要刮花硅胶层。

（5）当长时间不用打印机时，及时将树脂清理出树脂槽，以免树脂侵入树脂槽，造成树脂槽开裂。清出的树脂保存在不透光的一次性容器中，以方便下一次继续使用，一定不能灌入树脂盒，以免造成树脂污染。如果有条件，在清出树脂后，最好进行过滤，然后保存。

任务实施

一、打印机准备

1. 连接电源线

打印机的电源、USB 接口以及开关都在打印机的背面，开机前需要将电源线的两头分别插到打印机的背面和供电端接口。电源线接头示意图如图 5-88 所示。

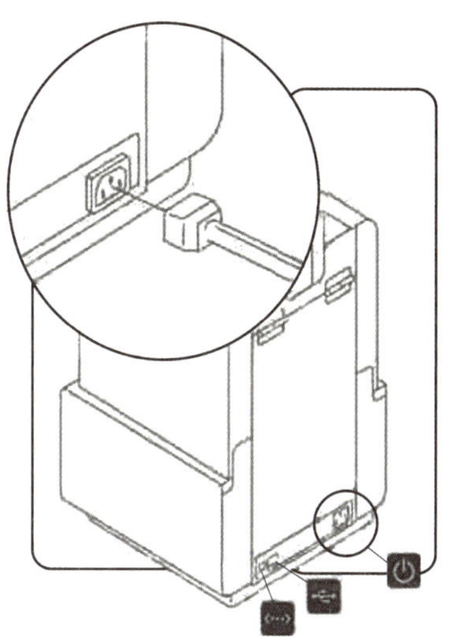

图 5-88　打印机电源线示意图

2. 调平板

打印机校准水平能保证树脂材料在打印过程中不会溢出。在一般使用过程中，且打印机没有挪动位置的情况下，不需要经常调平板。如果开机后显示屏上显示“Level the Printer”提示界面，可将机器底部的调平板上升或下降，调整底部平板时屏幕上的黄色圆球会对应地调整位置，直到屏幕上的圆球回到中心位置，调平板方法如图 5-89 所示。

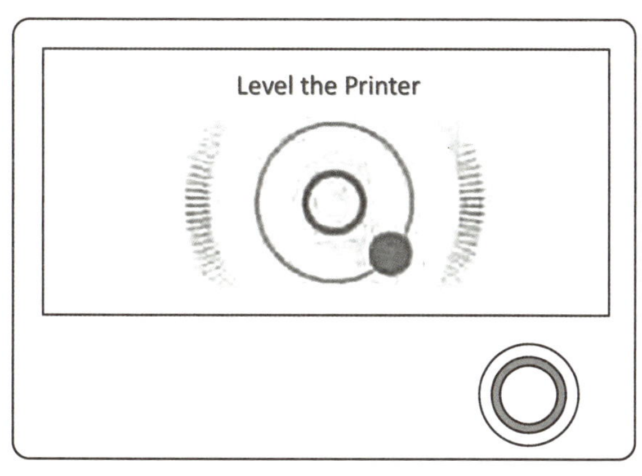

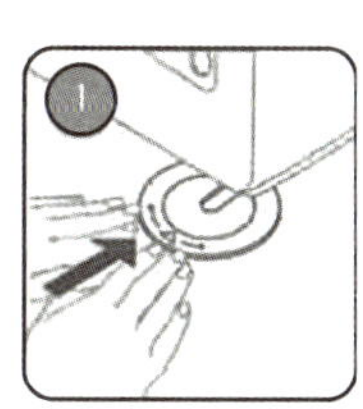

图 5-89　调平板

3. 插入树脂槽及树脂刷

打开橙色机器外盖，将树脂槽对准其四个相应的孔推进去；将树脂刷保持水平，对齐相应的孔往前推，直到相应的位置，如图 5-90 所示。

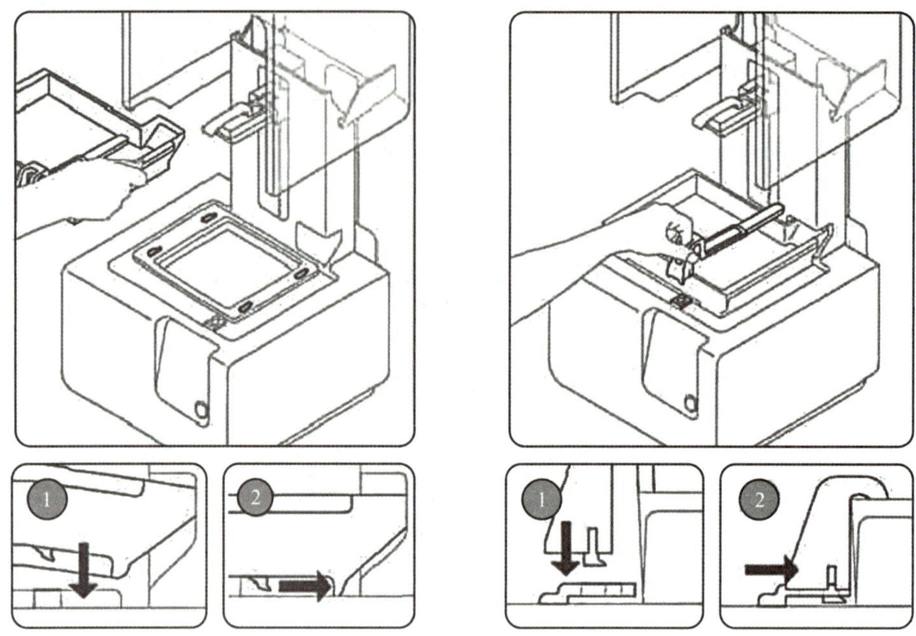

图 5-90　插入树脂槽及树脂刷

4. 插入构建平台

对准平台架子插入构建平台，将扳手锁住，确保安全，如图 5-91 所示。

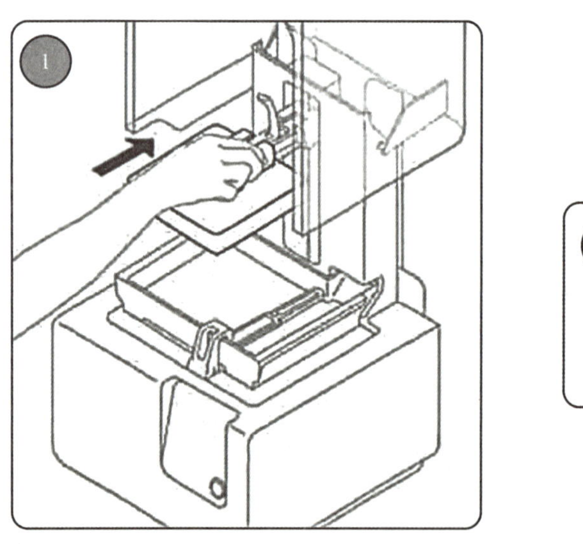

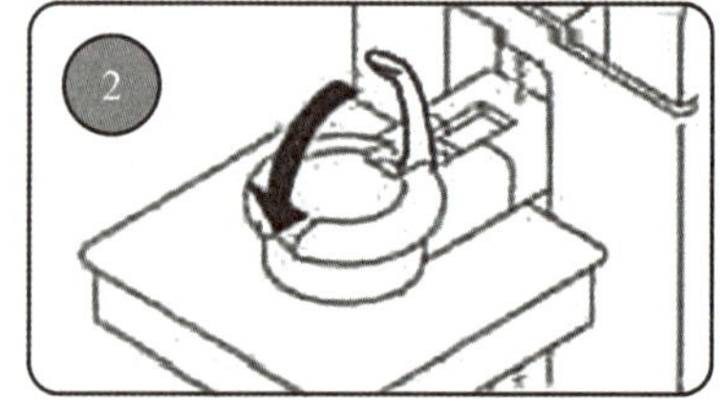

图 5-91　插入构建平台

5. 放置树脂盒

在插入树脂盒之前，摇动树脂盒以保证树脂均匀，将树脂盒对准打印机背部的开口，往下直推确保它安装平稳。打印前要取下阀盖，并按下打开瓶盖，以确保正常加入树脂，如图 5-92 所示。

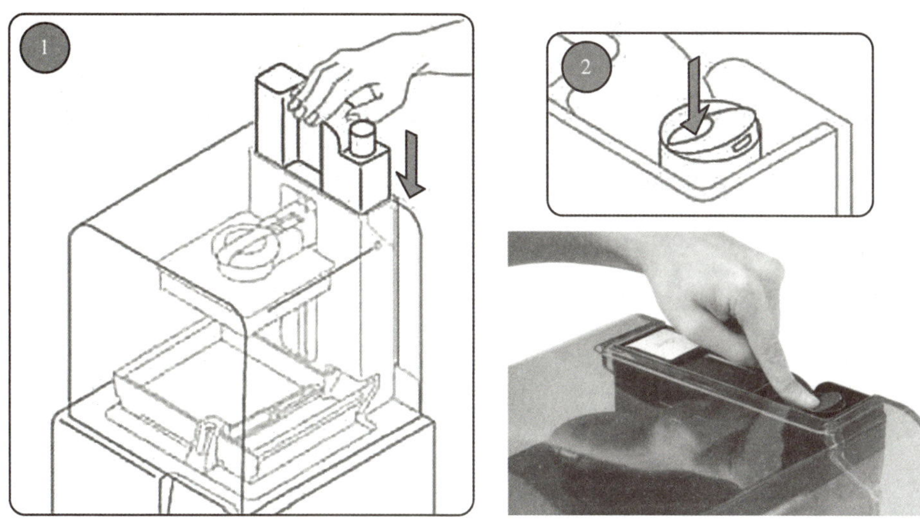

图 5-92　放置树脂盒

6. 开启机器

按下机器的电源按钮，开机等待打印任务，如图 5-93 所示。

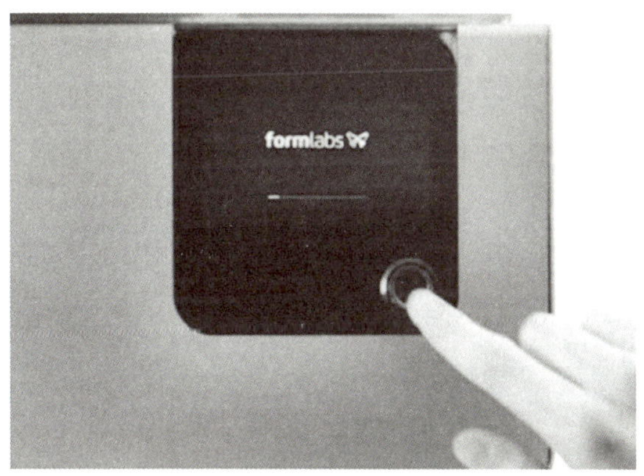

图 5-93　开启机器

二、切片软件的运用

模型在 SolidWorks 软件中设计好之后，需要将 STL 格式文件导入到与光固化打印机适配的切片软件中进行切片、加支撑等操作。本任务中使用的光固化打印机为 Form2，与其适配的切片软件为 PreForm，同学们可以根据实际情况进行操作。

（1）在电脑上双击切片软件 PreForm 软件图标，界面如图 5-94 所示。界面打开后需要选择材料的颜色和版本号，本任务使用的材料为 v4 版的白色材料，然后单击【应用】。

图 5-94　PreForm 软件界面

（2）软件中的各项命令如图 5-95 所示。

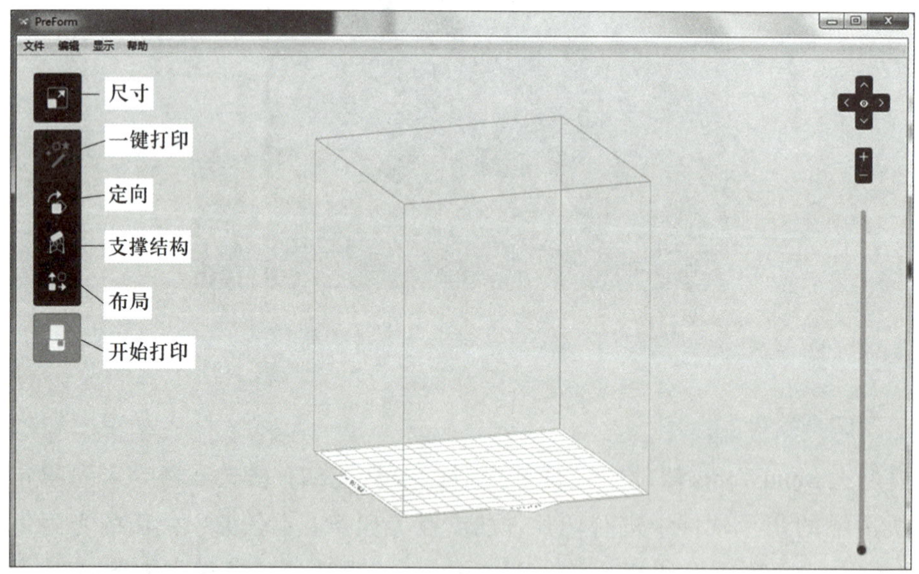

图 5-95　PreForm 软件主要命令

（3）导入将军俑创新设计上、下两部分模型，导入方法有两种。方法一：单击【文件】→【打开】，选择将军俑模型；方法二：直接将 STL 模型拖入到软件中。模型导入后，软件底部会显示模型打印的层数、体积、打印时间等信息，如图 5-96

所示。

（4）单击【一键打印】按钮，软件自动摆放模型、自动生成支撑，如图 5-97 所示。

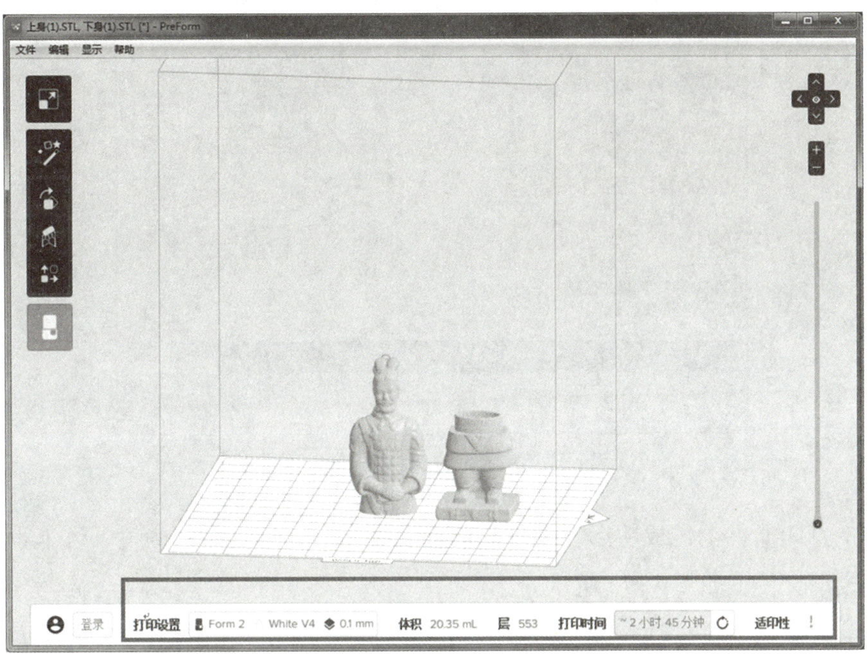

图 5-96　模型导入

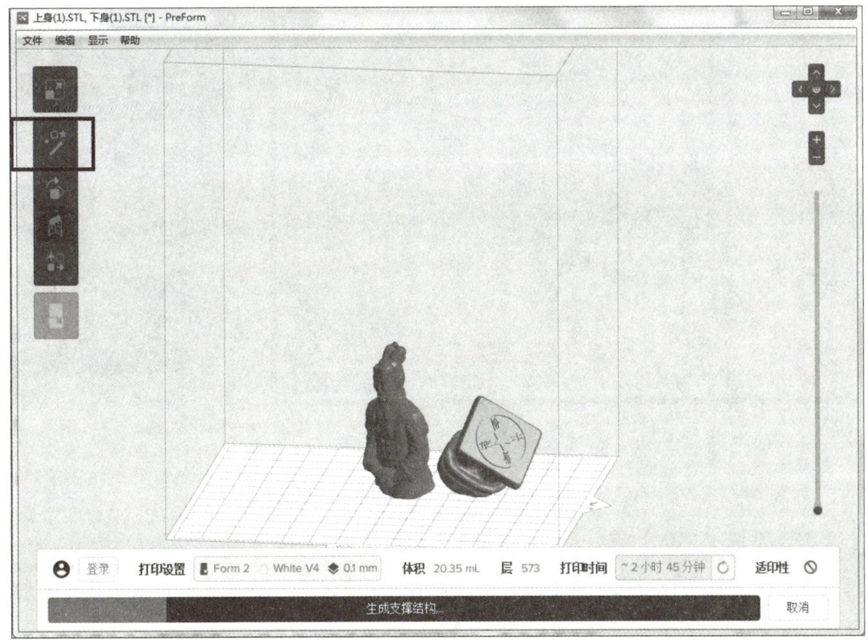

图 5-97　一键打印

（5）在弹出的对话框中选择已匹配好的光固化打印机“ProudOyster”，如图 5-98 所示，最后单击【上传任务】按钮。

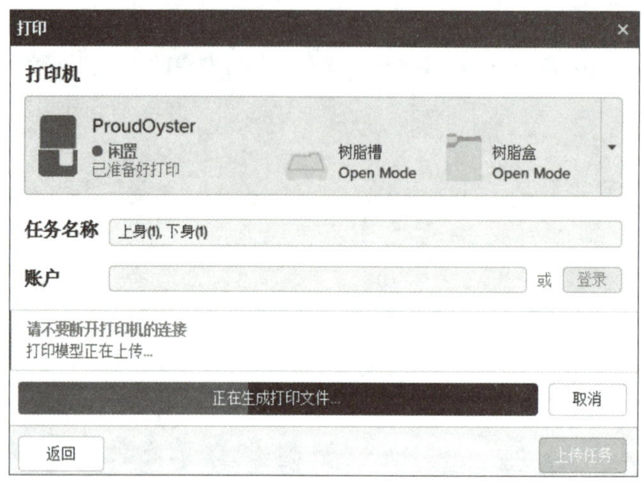

图 5-98　选择打印机

（6）打印文件上传成功后，软件界面会有提示，并且打印机的显示屏上也会显示接收的模型文件，如图 5-99 所示。

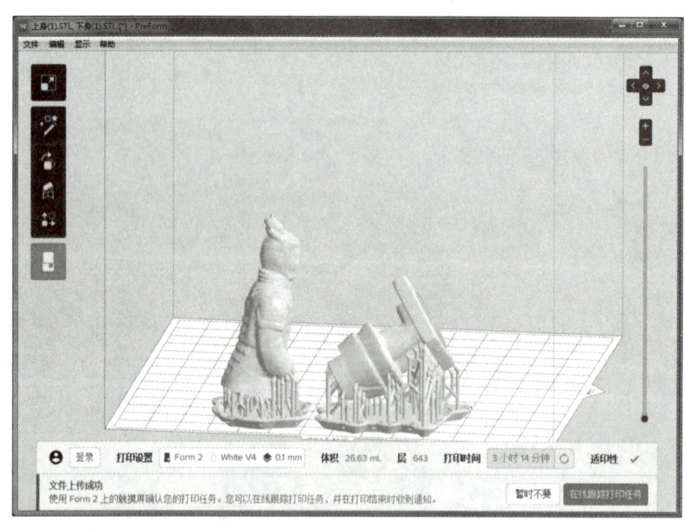

图 5-99　文件上传成功

三、模型打印

（1）本任务使用的光固化打印机有自动进料功能，因此在打印前，首先需将进料口打开，如图 5-100 所示。

（2）在机器显示屏上单击【Print Now】按钮，如图 5-101 所示，树脂刷开始左右移动，并且机器显示屏上会显示预估打印时长，本任务中模型打印预估时长为 3 h 14 min，如图 5-102 所示。

图 5-100　打开进料口

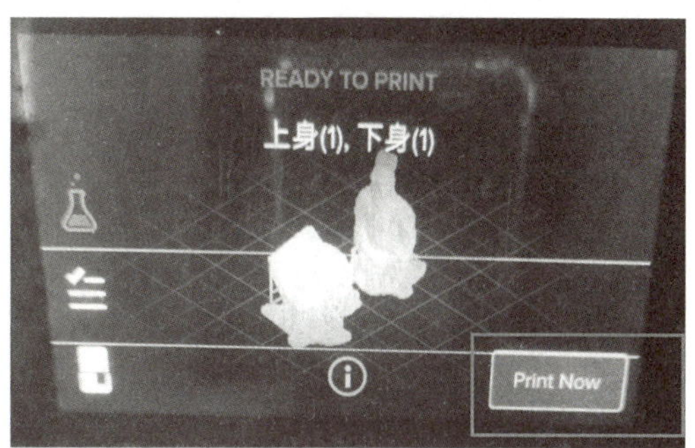

图 5-101　开始打印

图 5-102　预估打印时长

（3）打印开始后，首先树脂刷左右移动，然后构建平台下沉到树脂槽中，最后激光开始扫描使树脂固定到构建平台上，这就是模型的第一层，打印机重复以上步骤，直至打印完成，如图 5-103 所示。

四、模型后处理

（1）移除建构平台。打印机停止工作后，需戴上手套移除构建平台，将构建平台反过来放置防止移除模型时掉落（见图 5-104），移除后关闭打印机外壳。

（2）移除打印模型，用机器附带的夹具从构建平台的底部移除打印好的模型。

图 5-103　打印完成

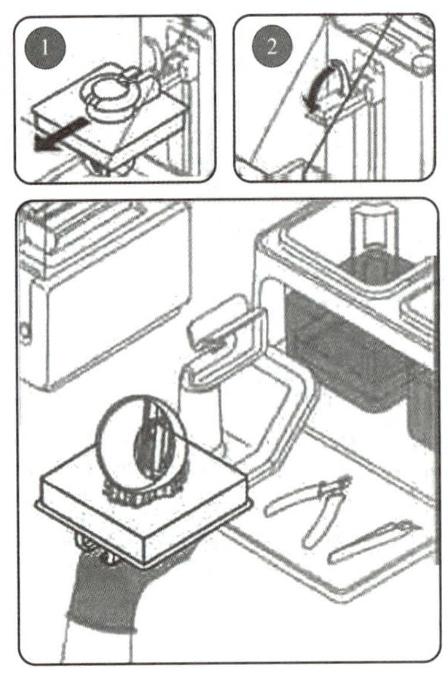

图 5-104　移除构建平台

（3）清洗打印模型，将打印好的模型放入机器附带的清洗桶中，两个桶中均装满异丙醇（IPA），模型在第 1 个桶中浸泡 10 min，接着放入第 2 个桶中浸泡 10 ~ 20 min，如图 5-105 所示。

（4）完成打印，将浸泡后的模型放置在通风的位置，待模型干燥后，用工具去掉支撑，并用砂纸擦亮模型。成品如图 5-106 所示。

（5）将军俑模型的打印完成，请同学们拿着自己打印好的模型，自行将 U 盘装上去，如图 5-107 所示。

图 5-105　清洗打印模型

图 5-106　成品展示 1

图 5-107　成品展示 2

任务评价

在本次任务中，我们用光固化打印机打印了将军俑创新设计模型，请根据本次任务的学习情况进行评价。

自评表（30分）							
小组		姓名		日期			
评价主体	评价项目	评价要素		优秀	良好	待改进	自评分
学生自评	学习态度	学习积极认真，服从教师安排		10	6 ~ 8	0 ~ 5	
	学习能力	掌握光固化打印机的成形过程		10	6 ~ 8	0 ~ 5	
	任务完成度	能按时完成模型打印		10	6 ~ 8	0 ~ 5	
互评表（30分）							
小组		姓名		日期			
评价主体	评价项目	评价要素		优秀	良好	待改进	互评分
学生互评	团队意识	组内合作，有集体荣誉感		10	6 ~ 8	0 ~ 5	
	小组合作	组员分工明确，积极配合		10	6 ~ 8	0 ~ 5	
	沟通交流	积极讨论		10	6 ~ 8	0 ~ 5	
教师评价表（40分）							
小组		姓名		日期			
评价主体	评价要点					配分	得分
教师评价	了解光固化打印的成形过程					6	
	能独立完成光固化打印机打印工作					10	
	切片软件的运用					10	
	模型打印与后处理					10	
	遵守规则，无不良课堂记录					4	

任务巩固

1. 请简述光固化打印机的工作原理。
2. 请通过光固化打印机将上一项任务中创新设计的汽车模型打印出来。

完成任务心得

1. 完成这次任务，你有什么收获？

2. 在完成这次任务的过程中，你认为有哪些不足的地方？

3. 你认为还有哪些可以改进的地方？

项目六　涡轮叶片模型的逆向设计与打印

项目说明

逆向工程（又称逆向技术），是一种产品设计技术再现过程。逆向工程的过程采用了通过丈量实际物体的尺寸并将其制作成3D模型的方法，实际物体可以通过激光扫描仪、结构光三维扫描仪或者X射线断层成像等3D扫描技术进行尺寸测量。

本项目选取涡轮叶片为任务对象，涡轮叶片是燃气涡轮发动机中涡轮段的重要组成部件，常见样式如图6-1所示。本项目具体内容包括涡轮叶片的点云数据采集、数据处理、逆向建模和光固化打印。三维扫描数据采集时使用工业级结构光三维扫描仪，要求保证点云数据完整，保留涡轮叶片原有特征，点云分布规整平滑。逆向设计过程中，先利用Geomagic Wrap软件将扫描杂点去除，完成数据封装，获得多边形数据，再利用Geomagic Design X软件中的领域、面片草图、旋转、面片拟合、剪切曲面、缝合、阵列等命令完成模型的构建。模型重建完成后，后续还需要完成模型切片、模型打印、模型后处理等操作。

图6-1　常见涡轮叶片

项目内容提示

- 任务一　涡轮叶片模型的数据采集（4学时）。
- 任务二　涡轮叶片模型的数据处理（4学时）。

➢ 任务三 涡轮叶片模型的逆向建模（4 学时）。
➢ 任务四 涡轮叶片模型的切片与打印（4 学时）。

任务一 涡轮叶片模型的数据采集

任务目标

1. 能正确使用显像剂处理产品表面。
2. 能正确使用标记点对产品进行标定。
3. 能使用扫描仪对产品进行数据采集。

任务描述

某企业车间涡轮叶片加工图样丢失，要求结合逆向工程技术，在不破坏原产品的情况下对涡轮叶片进行数据采集，并对逆向设计后的零件进行光固化成形（SLA），检查模型重建的完整性。涡轮叶片零件如图 6-2 所示。

图 6-2 涡轮叶片

课前讨论

1. 你是否有过产品数据采集经验？如果有，请你回顾一下之前的操作流程？
2. 思考数据采集过程中零件应做哪些处理？

知识准备

一、PTS 白光双目扫描仪

本任务使用深圳精易迅科技有限公司开发的 PTS 白光双目扫描仪进行数据采集，

如图 6-3 所示。该扫描仪主要包括光栅发射器（用于投射光栅）、相机（用于拍摄图像）、三脚架（用于安装、固定扫描仪）等。该扫描仪具有以下几个方面的技术特点。

（1）扫描精度高、数据量大。

（2）扫描速度快，单次扫描时间在 5 s 以内。

（3）光学非接触式扫描，适合任何类型的物体。

（4）设备配套的 Stereo3D 软件，界面友好，简单易学。

（5）测量结果可输出 ASC 点云文件格式，与相关软件配合，可得到 STL、IGES、OBJ 等各种数据格式。

（6）使用方便，操作简单，对操作人员技术要求较低。

图 6-3 PTS 白光双目扫描仪

二、标记点粘贴及其注意事项

要完整地扫描一个物体，往往需要进行多次、多视角测量，超过测量范围的物体自不必说，就是在测量范围内的物体，例如一个瓶子，也需要在不同的视角下进行多次测量，才能获得整体外形的点云。这时就需要进行多视角拼合运算，把不同视角下所测得的点云换到统一的坐标系下。标记点就是用来协助坐标转换和数据拼接的。

扫描时，通常先对物体进行表面处理（喷涂显像剂），再粘贴标记点。对于某些显像剂，喷在物体上以后，标记点不容易粘牢，此时应优先考虑更换显像剂，或可以先贴上标记点，再喷显像剂，然后用湿棉签擦干净标记点即可。标记点粘贴，应注意如下事项。

（1）相邻两次测量之间，至少要有 4 个重合的标记点，才能进行拼接。

（2）标记点应贴在光滑的平面上。

（3）标记点的排列应避免在一条直线上，且不能呈等边或等腰三角形分布。

（4）标记点之间的距离应该互不相同，不要贴成规则点阵的形状。

（5）标记点位置的高低尽量错开。

（6）为实现两幅扫描图像达成拼接，前后两次扫描中目标物体应该有一部分都被扫描到，两次扫描的重叠部分应占整个图像的 20% ~ 30%，才能保证拼接的精度。

小贴士

为保证扫描过程顺畅，可以适当多粘贴一些标记点，这样在更换方位扫描时，更容易找到 4 个以上标记点，保证拼接成功；更多标记点参与拼接，也可以消除少数不良标记点的影响，保证拼接精度。

任务实施

一、扫描前的准备工作

1. 喷涂显像剂

涡轮叶片模型为光滑反光零件，使用显像剂对涡轮叶片模型表面进行喷涂处理，如图 6-4 所示。喷涂距离约为 30 cm，在满足扫描要求的前提下，喷涂尽可能薄且均匀，以免因为显像剂喷涂过多，导致物体厚度增加，影响扫描精度。

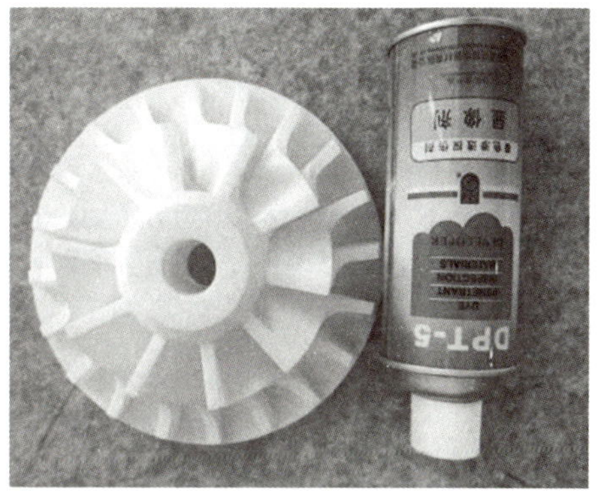

图 6-4　喷涂显像剂

2. 粘贴标记点

由于扫描零件模型特征较多，且需要多次旋转并改变扫描角度，因此需要在零件模型表面粘贴必要的标记点，这样有利于模型在扫描过程中随时旋转，方便数据的拼合，得到完整的数据。本任务扫描时粘贴标记点的方式如图 6-5 所示，并且在正面和反面的过渡区域贴上 5 ~ 6 个标记点，当正面扫描完成后，利用过渡区的标记点翻转扫描反面。

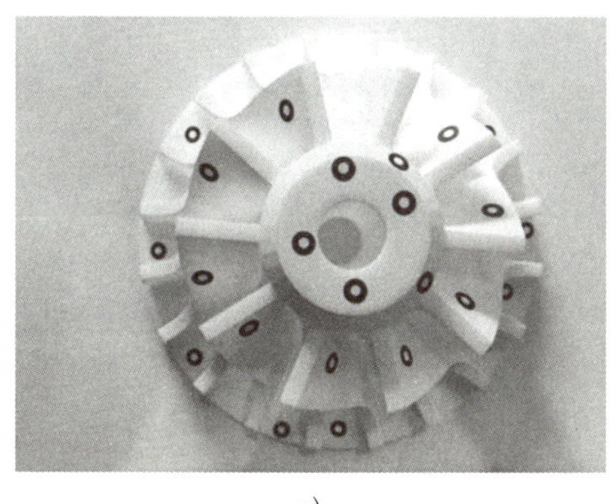

a）

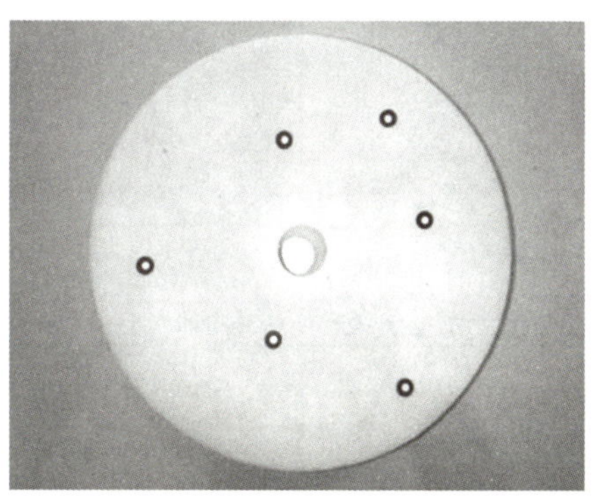

b）

图 6-5　粘贴标记点

a）正面的标记点　b）反面的标记点

二、采集数据

1. 设备调整

（1）硬件调校。扫描仪的硬件调校包括确定左右摄像头的位置、确定扫描头工作距离、调整光栅发射器镜头、调整相机角度等，硬件调校一般在设备安装时完成。

（2）软件标定。在日常进行扫描前需对扫描仪进行软件标定，确保设备精度达到采集要求标准后方可进行数据采集。

本任务数据采集使用的是 PTS 白光双目扫描仪，标定过程主要包括以下几个步骤。

1）双击扫描仪配套软件 Stereo3D 图标，打开软件的主界面，如图 6-6 所示。

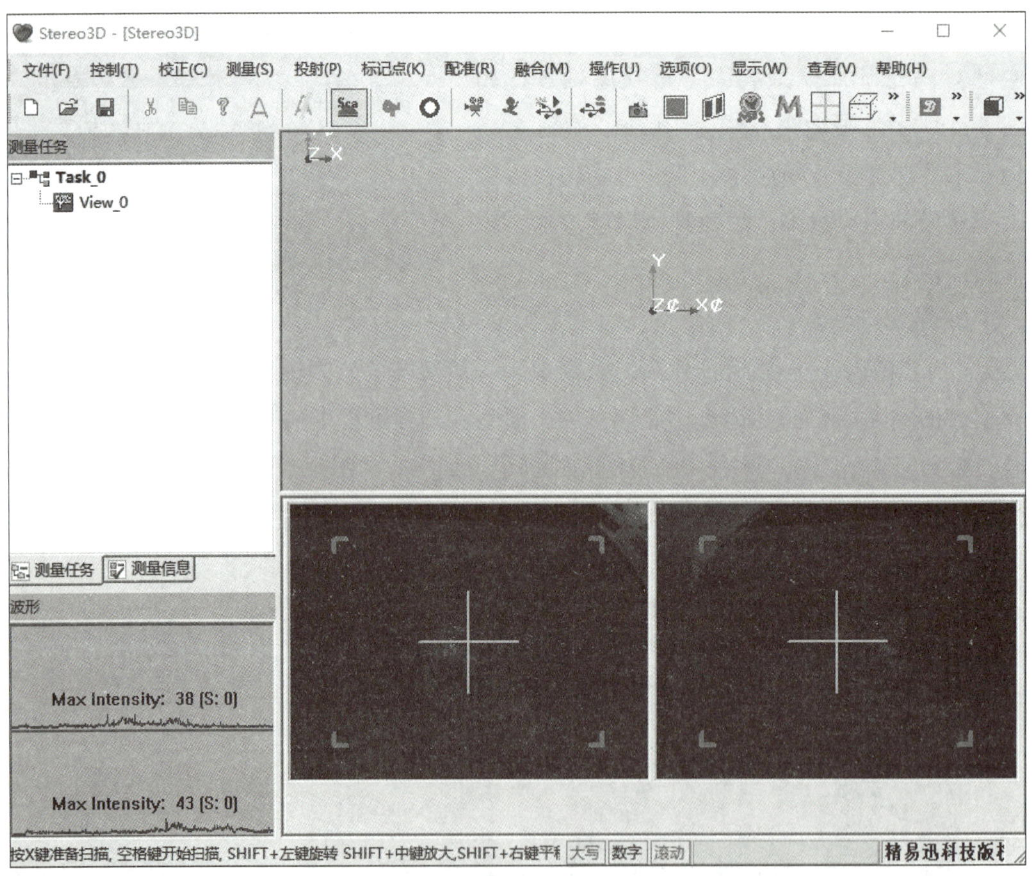

图 6-6　Stereo3D 软件界面

2）在菜单中点击【校正】，进入校正页面，接下来点击【校正】→【参数设置】，在弹出的【校正板类型】窗口根据零件的大小，选择“200×150”的类型，点击【应用】，如图 6-7 所示。

3）在左侧校正向导点击【启动】按钮，此时向导提示“校正已经启动”，表明可以开始校正。

4）将校正板按照“摆放状态提示”方位摆放后，尽量使校正板点阵处于图像中心并填充满四个角点的范围，然后点击鼠标右键选择在弹出窗口分别“设置左镜头角点”和“设置右镜头角点”，设置左右相机点阵区域。如图 6-8 所示。

校正板类型

请选择类型

400×300

200×150

100×75

应用

图 6-7　校正参数设置

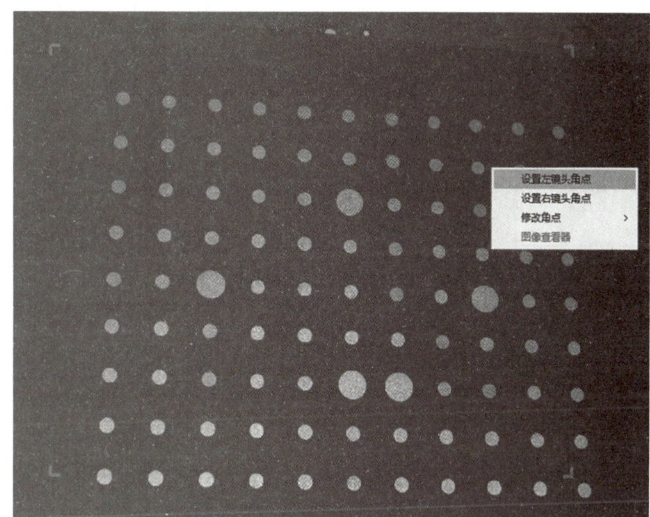

图 6-8　设置左右相机点阵区域

5）点击当前界面中左侧提示的【下一步】，软件系统会自动识别点阵并将点阵序号标识出来，如图 6-9 所示。

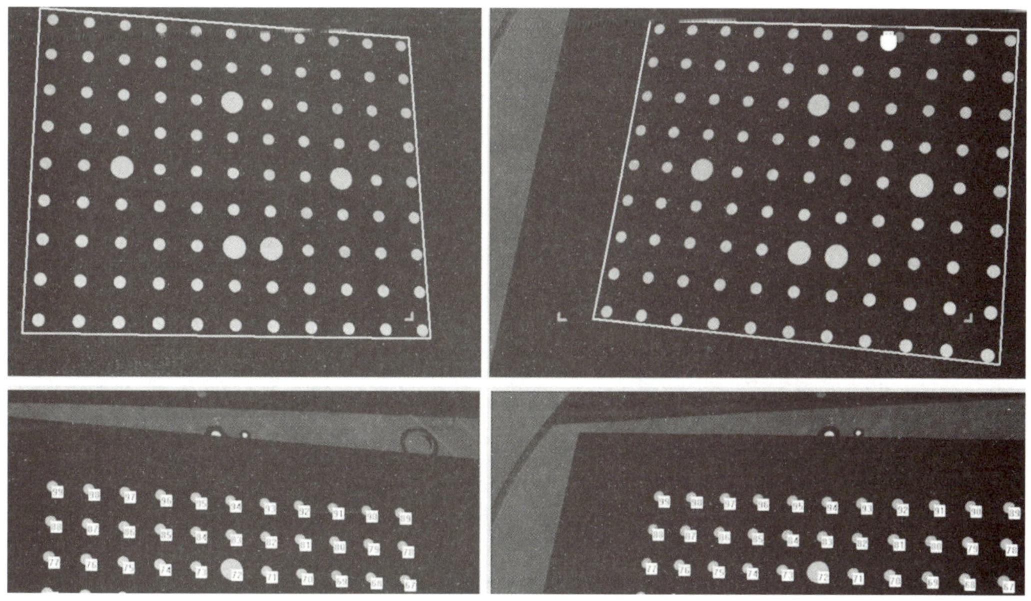

图 6-9　第 1 步校正

此时校正状态提示栏会提示【执行第 1 步，完成】，如果操作失误校正状态提示栏则显示错误，点击当前界面左侧提示的【上一步】按钮重新校正该步骤。

小贴士

如果点阵未被识别出来，通常是由于图像干扰所致，可采用以下两种方法进行排除。

方法一：重新设置未识别图像的角点。

方法二：将校正板稍稍移动一点位置，重新设置左、右镜头角点。

6）完成第 1 步校正后，点击【下一步】，进入下一摆放方位准备阶段，校正状态提示栏会提示【执行第 2 步校正，准备】，并重复第 4）、5）、6）步操作，进行校正板其余的 6 个方位的校正。

（3）校正板 7 个摆放方位说明

方位 1：将校正板放置在标准工作位置，使校正板的中心和投射的十字线竖直中心重合，尽量使校正点阵处于左右相机图像中心，如图 6-10 所示。

方位 2：手摇三脚架，拉近校正板与扫描头距离，对于 400 mm × 300 mm 的校正板，拉近距离约为 60 mm；对于 200 mm × 150 mm 的校正板，拉近距离约为 30 mm；对于 100 mm × 75 mm 的校正板，拉近距离约为 15 mm，如图 6-11 所示。

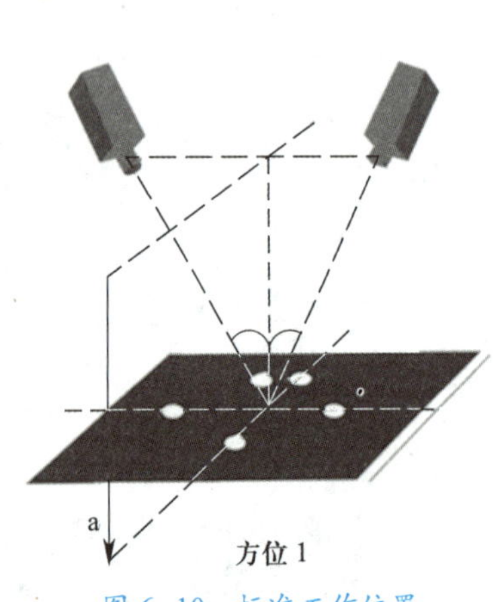

图 6-10 标准工作位置

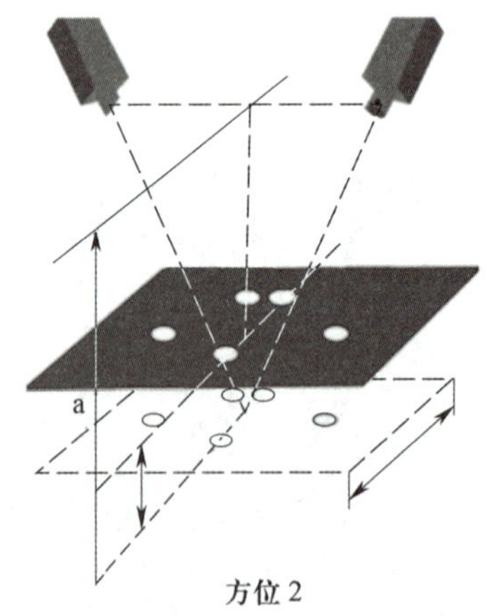

图 6-11 拉近校正板与扫描头距离后的位置

方位 3：手摇三脚架，移动校正板，拉远与扫描头距离，对于 400 mm × 300 mm 的校正板，拉远距离约为 60 mm；对于 200 mm × 150 mm 的校正板，拉远距离约为 30 mm；对于 100 mm × 75 mm 的校正板，拉远距离约为 15 mm，如图 6-12 所示。

方位 4：手摇三脚架，将校正板移动回标准工作距离位置，使用垫块，将校正板向内倾斜约 30°，如图 6-13 所示。

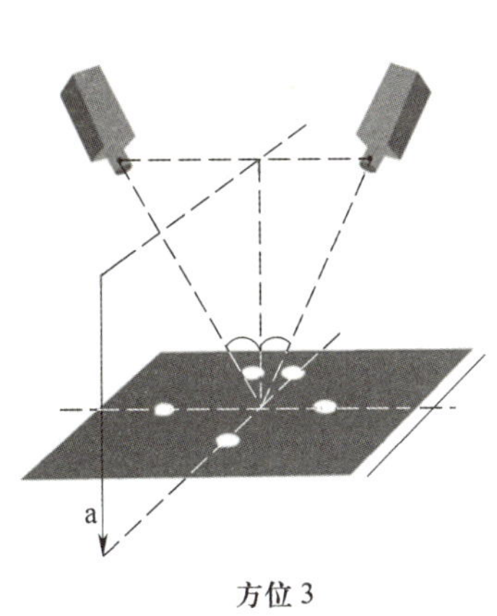

图 6-12　拉远校正板与扫描头距离后的位置

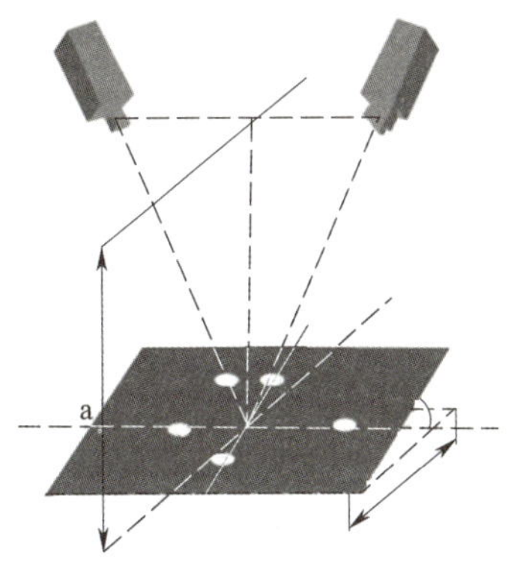

图 6-13　校正板回到标准位置，向内倾斜约 30°

方位 5：校正板处于标准工作距离位置，使用垫块，向外倾斜约 30°，如图 6-14 所示。

方位 6：校正板处于标准工作距离位置，使用垫块，向左倾斜约 30°，如图 6-15 所示。

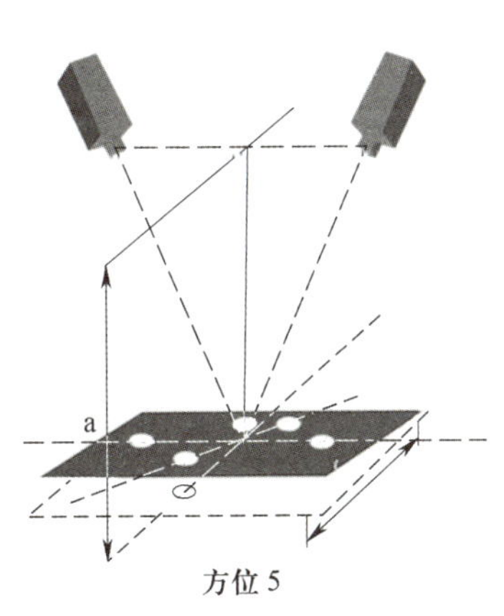

图 6-14　校正板在标准位置，向外倾斜约 30°

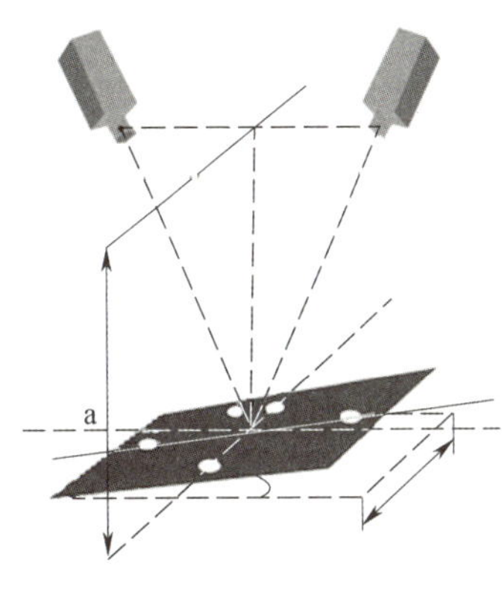

图 6-15　校正板在标准位置，向左倾斜约 30°

方位 7：校正板处于标准工作距离位置，使用垫块，向右倾斜约 30°，如图 6-16 所示。

（4）位置调整。当软件校正精度达标后，将零件模型放置在转盘上，投射十字中心线，调整扫描仪角度和位置，确保红色十字线竖线和黑色十字线竖线重合，旋转转盘一周，保证在软件实时显示区能够看到零件模型整体。

2. 零件扫描

（1）上表面数据采集。按照图 6-17a 所示摆放零件，单击空格键开始扫描，每扫描一次就将工作台旋转一定角度，直至整个上表面数据采集完毕。由于不容易扫描到涡轮叶片之间的区域，因此每次工作台旋转的角度不宜过大，建议在 15°左右。扫描一周后，在扫描软件中查看扫描数据的完整性，利用标记点调整零件摆放角度，如图 6-17b 所示，对缺失的数据进行补充扫描，使扫描数据尽量完整。

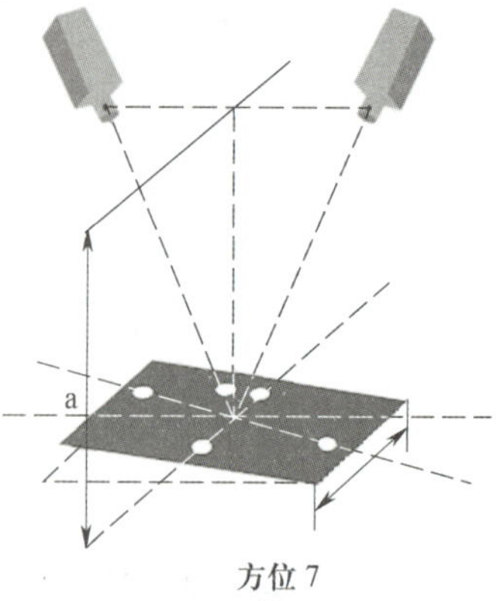

图 6-16　校正板在标准位置，向右倾斜约 30°

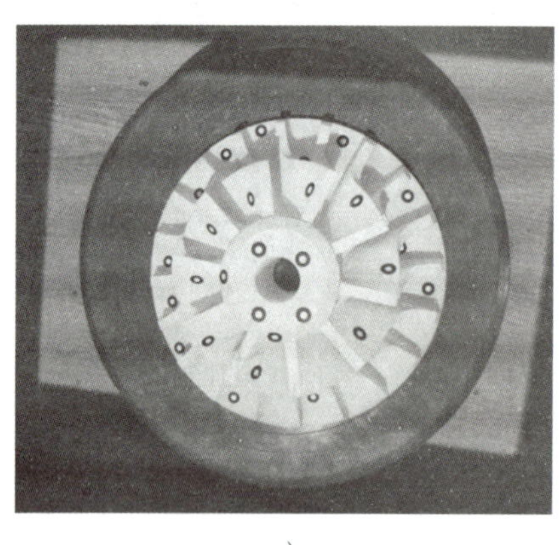

a）

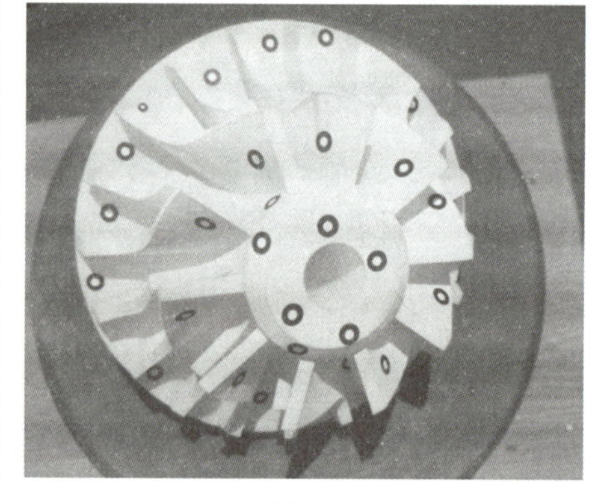

b）

图 6-17　上表面数据采集

（2）下表面数据采集。上表面数据采集结束后，利用上、下表面的公共标记点（数量大于 4 个）进行翻转，如图 6-18 所示，确定好摆放角度，单击空格键开始扫描，扫描到过渡标记点后（大于 4 个），可以将涡轮完全翻转，再按上半部分的扫描方法，旋转工作台，完成数据采集。

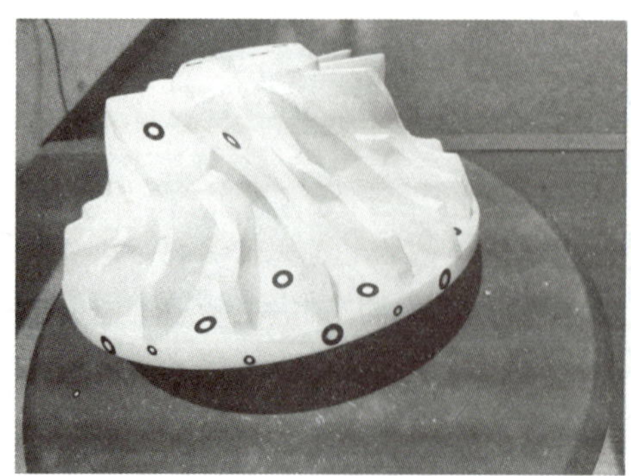

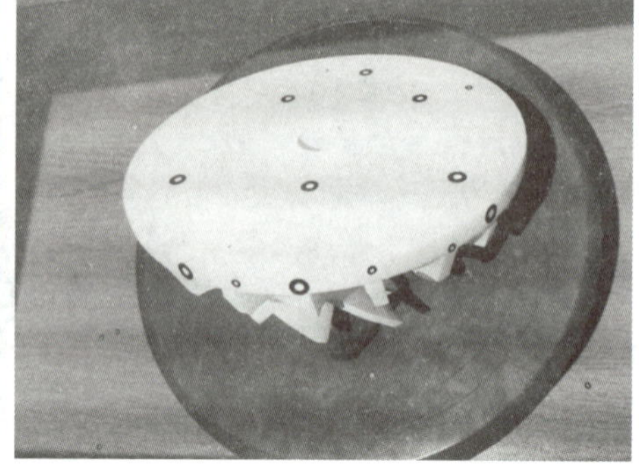

图 6-18　下表面数据采集

3. 数据保存

数据采集完成后，选择保存路径，将扫描点云数据保存为“wolun.asc”。采集完成后的点云数据需要使用 Geomagic Wrap 软件进行点云处理，封装后修补标记点造成的孔洞，形成封闭完整的零件数据。

任务评价

在本次任务中，使用 PTS 白光双目扫描仪采集了涡轮叶片的数据，请根据本次任务的学习情况进行评价。

自评表（30 分）						
小组		姓名		日期		
评价主体	评价项目	评价要素	优秀	良好	待改进	自评分
学生自评	学习态度	学习积极认真，服从老师安排	9 ~ 10	6 ~ 8	0 ~ 5	
	学习能力	按照老师要求完成任务	9 ~ 10	6 ~ 8	0 ~ 5	
	任务完成	扫描数据的精度和完整性	9 ~ 10	6 ~ 8	0 ~ 5	
互评表（30 分）						
小组		姓名		日期		
评价主体	评价项目	评价要素	优秀	良好	待改进	互评分
学生互评	团队意识	有集体荣誉感，遵守团队纪律	9 ~ 10	6 ~ 8	0 ~ 5	
	小组合作	动手能力强，能配合小组成员完成任务	9 ~ 10	6 ~ 8	0 ~ 5	
	沟通交流	积极参与讨论	9 ~ 10	6 ~ 8	0 ~ 5	

教师评价表（40 分）					
小组		姓名		日期	
评价主体	评价要点			配分	得分
教师评价	三维扫描仪的校正			10	
	涡轮叶片模型扫描预处理合理性			5	
	涡轮叶片数据完整性			15	
	操作设备规范性			5	
	安全文明生产			5	

任务巩固

1. 知识题

（1）硬件调校包含哪些内容？

（2）对零件进行数据采集，在什么情况下要粘贴标记点？

（3）采集涡轮叶片数据时，利用什么进行过渡完成反面数据的采集？

2. 技能题

3D 打印实训中心现需要一批电话手柄作为学生综合训练项目，为保证各训练小组源数据的统一，准备采用 3D 打印技术制造多个电话手柄。请同学们根据老师准备的电话手柄模型采用三维扫描方法进行数据采集，得到如图 6-19 所示的“dianhua.asc”文件，为后续的逆向设计以及 3D 打印做好准备。

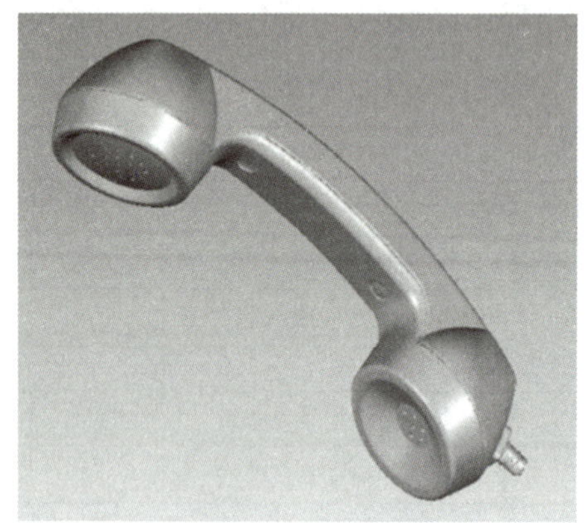

图 6-19　电话点云

完成任务心得

1. 完成这次任务，你有什么收获？

2. 在完成这次任务的过程中，你认为有哪些不足的地方？

3. 你认为还有哪些可以改进的地方？

任务二　涡轮叶片模型的数据处理

任务目标

1. 了解点云数据处理的流程。
2. 能够使用 Geomagic Wrap 软件进行数据预处理。
3. 掌握 Geomagic Wrap 软件的数据处理流程。

任务描述

使用 Geomagic Wrap 软件对本项目任务一中得到的点云数据进行处理，得到封闭完整的 STL 格式零件数据，为后续的逆向建模做准备。

课前讨论

1. Geomagic Wrap 软件主要功能包括哪些？
2. 在 Geomagic Wrap 软件中进行点云处理时会用到哪些命令？

知识准备

Geomagic Wrap 软件数据预处理基本流程如图 6-20 所示。

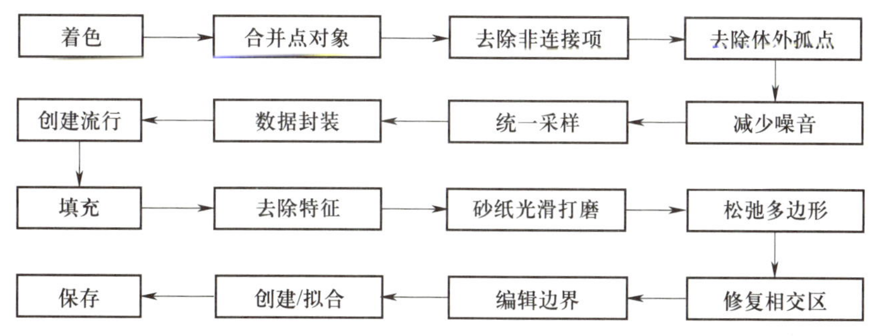

图 6-20　Geomagic Wrap 软件预处理基本流程

任务实施

一、点云阶段数据处理

1. asc 文件的导入

在计算机桌面上双击 Geomagic Wrap 快捷方式，即可进入工作界面，如图 6-21 所示。

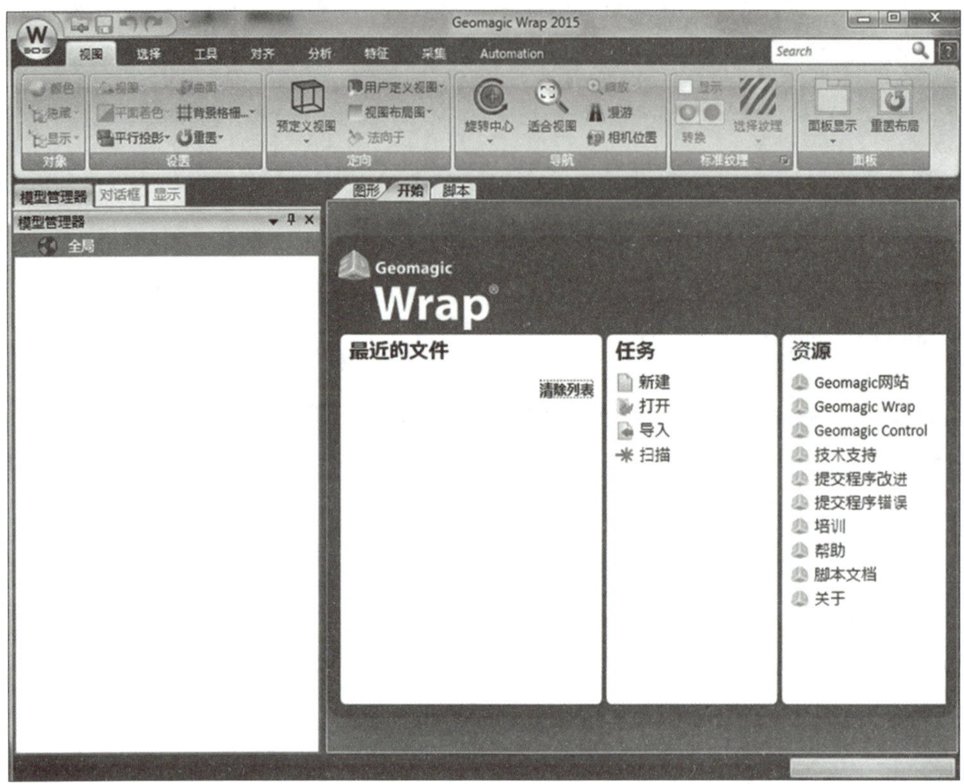

图 6-21　Geomagic Wrap 2015 的工作界面

单击菜单栏上的【打开】图标，查找点云数据文件夹并选中“wolun.asc”文件，单击【打开】按钮，选择比率为“100%”、单位为“毫米”，导入点云数据，如图 6-22 所示。

2. 将点云着色

选择工具栏【点】→【着色】→【着色点】按钮，给点云着色，如图 6-23 所示。

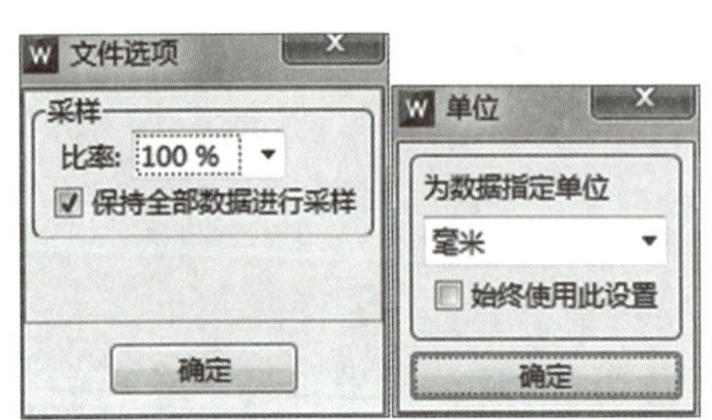

图 6-22　导入点云数据

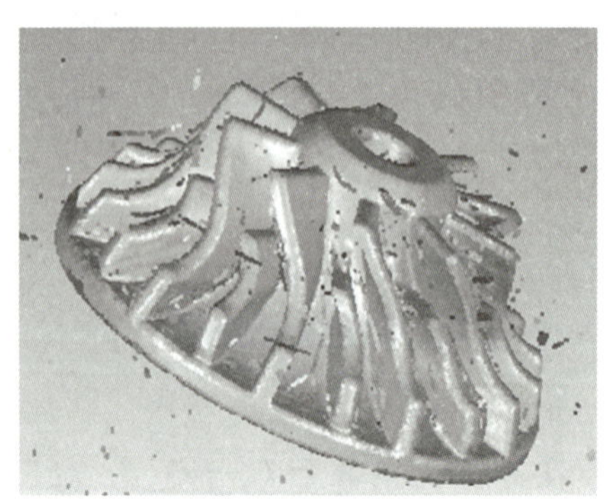
图 6-23　点云着色

3. 删除非连接项

单击工具栏中的【点】→【选择】→【非连接项】按钮，在弹出的【选择非连接项】对话框中设置分隔为“低”、尺寸为“5.0”，单击【确定】按钮（见图 6–24）。点云中的非连接项被选中，如图 6–25 所示。

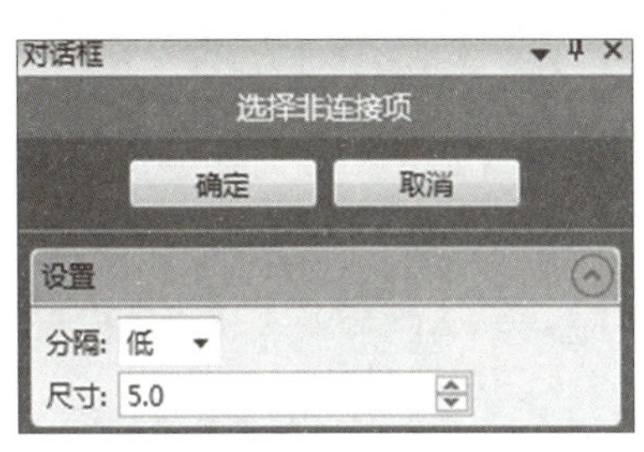

图 6–24 【选择非连接项】对话框

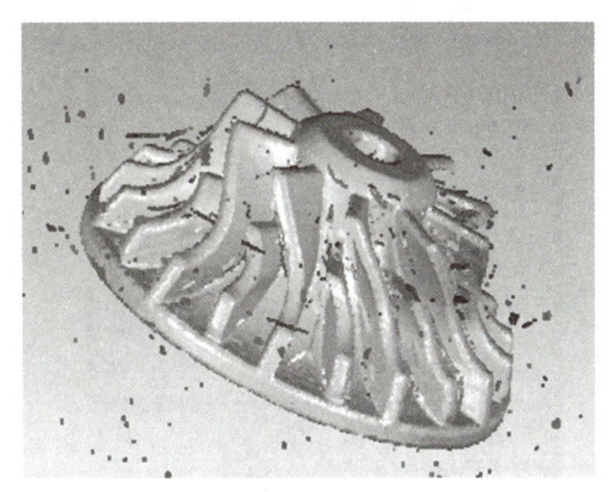

图 6–25 被选中点显示

单击工具栏中的【删除】命令 或按下 Delete 键，执行删除命令去除所有非连接项。

4. 删除体外孤点

单击工具栏【点】→【选择】→【体外孤点】按钮，在管理器面板中弹出【选择体外孤点】对话框，设置【敏感度】的值为“85”，单击【应用】后再单击【确定】按钮（见图 6–26）。此时体外孤点被选中，如图 6–27 所示。单击工具栏中的【删除】命令，或者按 Delete 键来删除选中的点。

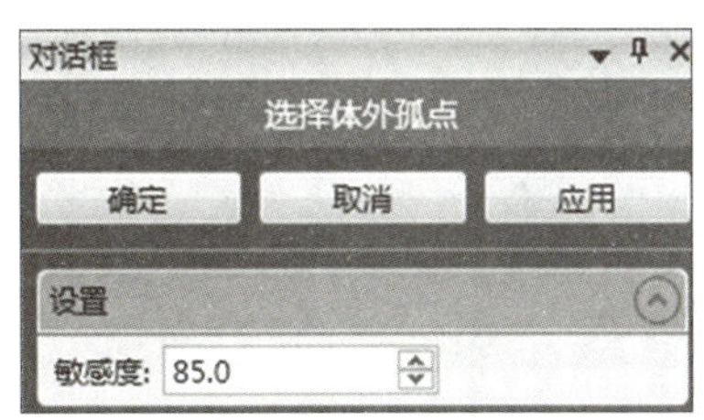

图 6–26 【选择体外孤点】对话框

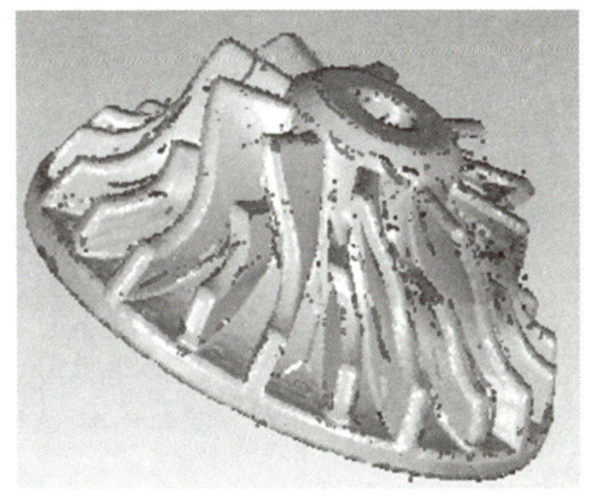

图 6–27 体外孤点显示

5. 减少噪音

单击工具栏中【点】→【减少噪音】按钮，在管理器面板中弹出【减少噪音】对话框（见图 6–28），单击【应用】后再单击【确定】按钮，去除点云中的噪音点。

6. 统一采样

单击工具栏中【点】→【统一采样】按钮，在管理器中弹出【统一采样】对话框

（见图 6–29）。选择【绝对】选项，定义【间距】为“0.3 mm”，单击【应用】后再单击【确定】按钮退出命令。

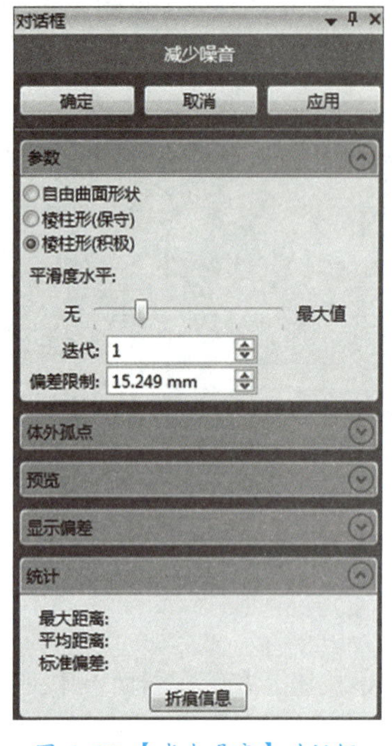

图 6–28 【减少噪音】对话框

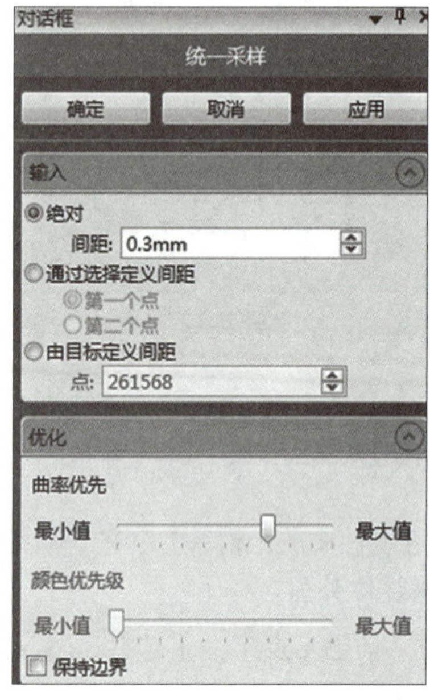

图 6–29 【统一采样】对话框

7. 封装数据

单击工具栏【点】→【封装】按钮，弹出【封装】对话框（见图 6–30），选择降低噪音为“自动”，勾选【最大三角形数】，单击【确定】按钮，得到的数据由点云转换为多边形界面。

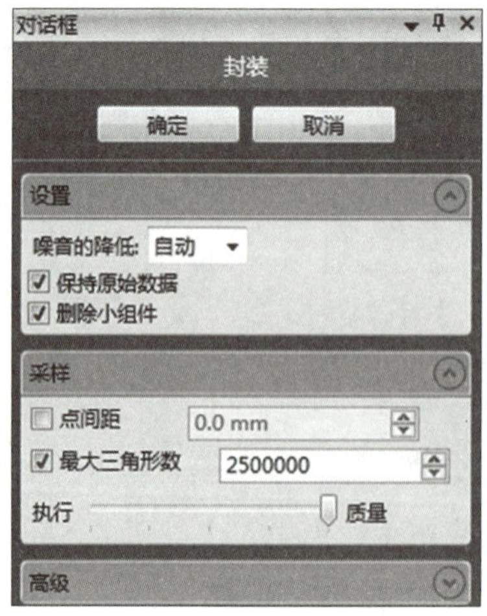

图 6–30 【封装】对话框

二、多边形阶段数据处理

点云数据经过封装处理后，就进入多边形阶段。在多边形阶段可以根据需求对模型进行各种技术处理，得到理想的多边形模型。本任务需要应用【填充孔】命令进行填充修补，使数据完整封闭。此外，针对零件表面凹凸不平的部分，需要应用【删除钉状物】和【去除特征】及【砂纸】等命令对数据进行平整光顺。

1. 创建流形

为了删除模型上一些非流行的三角形，先对多边形阶段的模型创建流形。单击工具栏【多边形】→【流形】→【开流形】按钮。

2. 填充孔

单击工具栏上的【填充单个孔】命令，选择【曲率】和【内部孔】命令，单击选取要填充的孔，完成孔洞的填充，如图 6-31 所示。

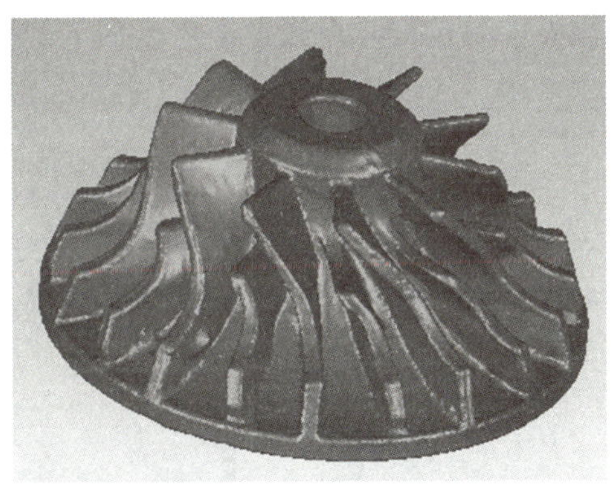

图 6-31　孔填充后

> **小贴士**
>
> 对于扫描过程中缺失的边缘数据，可选择【曲率】和【边界孔】命令修复；也可结合【切线】和【搭桥】命令，在不改变原有特征的情况下合理搭配使用，完成孔洞的填充。

3. 去除特征

选取有明显缺陷的三角形，单击工具栏【多边形】→【去除特征】命令，去除明显与模型实体不符的特征。去除特征前后对比如图 6-32、图 6-33 所示。

4. 砂纸打磨

单击工具栏【多边形】→【砂纸】命令，在模型管理器中弹出【砂纸】对话框（见图 6-34），选择【松弛】。操作时按住鼠标在不规则区域移动，直至达到要求。

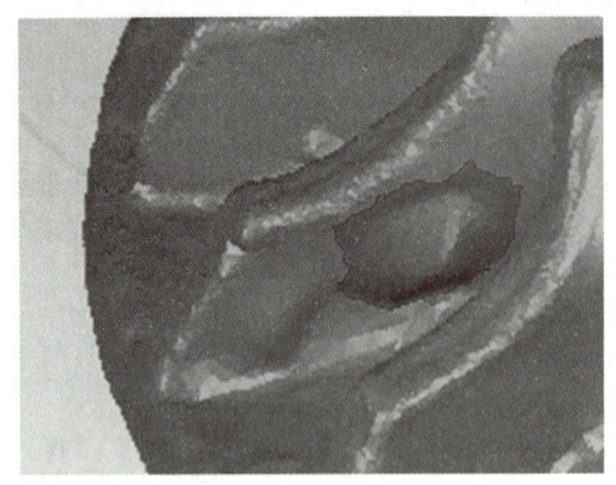
图 6-32 特征去除前

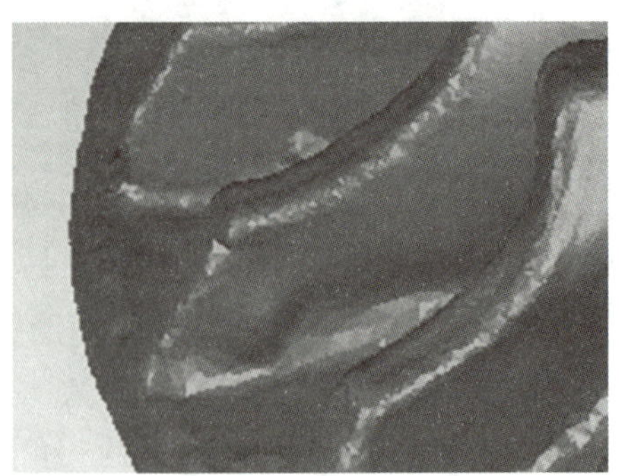
图 6-33 特征去除后

5. 松弛

为了使模型的整个表面看起来更加光滑，需要用【松弛】命令对模型进行全局处理。单击工具栏【多边形】→【松弛】命令，弹出【松弛多边形】对话框（见图 6-35）。勾选【固定边界】单选框，设置【平滑级别】的滑块在中间位置，设置【强度】滑块靠近左边位置，单击【应用】后再单击【确定】按钮。

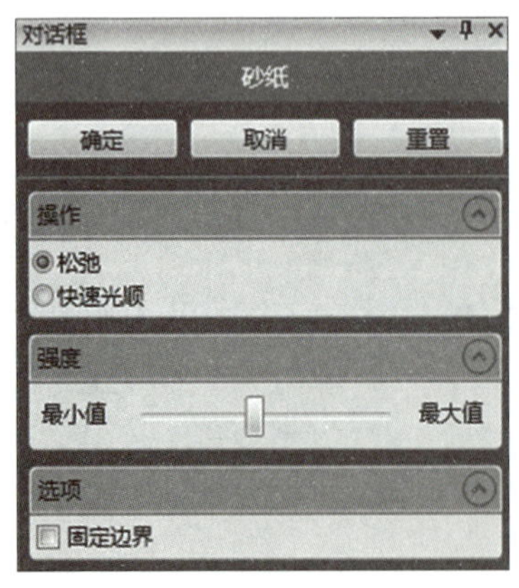

图 6-34 【砂纸】对话框

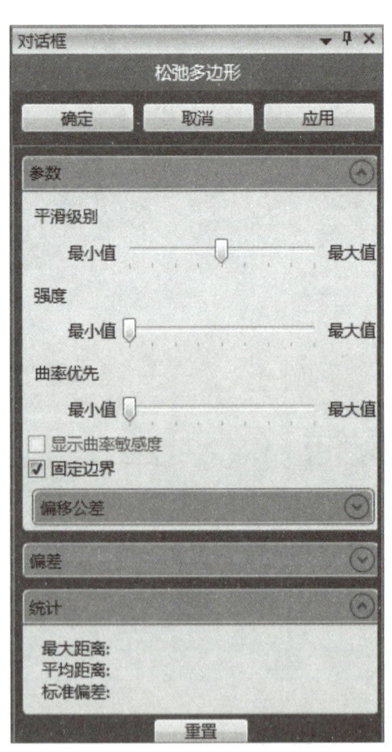

图 6-35 【松弛多边形】对话框

6. 修复相交区域

单击工具栏【多边形】→【网格医生】命令，弹出【网格医生】对话框（见图 6-36），单击【应用】后再单击【确定】按钮。涡轮多边形阶段的处理结果如图 6-37 所示。

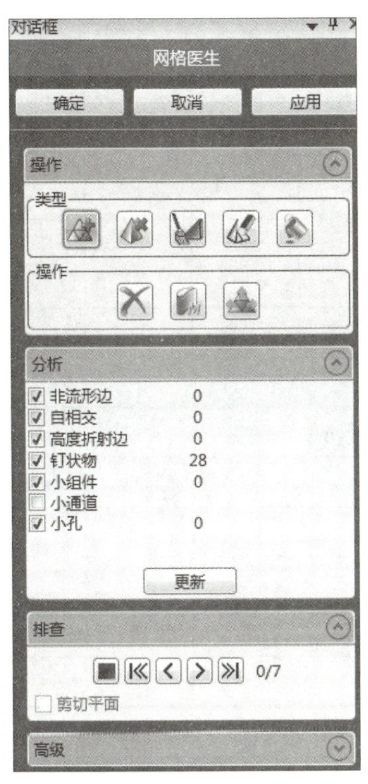

图 6-36 【网格医生】对话框

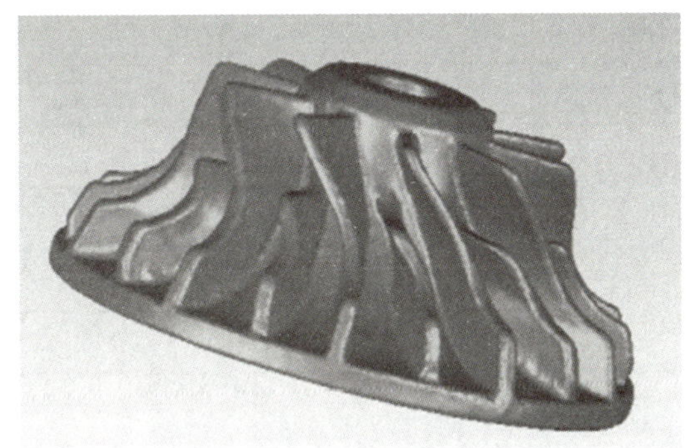
图 6-37　修复相交区域后

7. 保存文件

将处理好的数据文件另存为名为“wolun”的 STL 格式文件。

任务评价

在本次任务中，使用 Geomagic Wrap 软件对涡轮叶片的点云数据进行了预处理，请根据本次任务的学习情况进行评价。

自评表（30 分）							
小组		姓名		日期			
评价主体	评价项目	评价要素		优秀	良好	待改进	自评分
学生自评	学习态度	学习积极认真，服从老师安排		9 ~ 10	6 ~ 8	0 ~ 5	
	学习能力	按照老师要求完成任务		9 ~ 10	6 ~ 8	0 ~ 5	
	任务完成	使用软件完成模型的点云、三角面片处理		9 ~ 10	6 ~ 8	0 ~ 5	

续表

互评表（30分）						
小组		姓名		日期		
评价主体	评价项目	评价要素	优秀	良好	待改进	互评分
学生互评	团队意识	有集体荣誉感，遵守团队纪律	9 ~ 10	6 ~ 8	0 ~ 5	
	小组合作	动手能力强，能配合小组成员完成任务	9 ~ 10	6 ~ 8	0 ~ 5	
	沟通交流	积极参与讨论	9 ~ 10	6 ~ 8	0 ~ 5	

教师评价表（40分）				
小组		姓名		日期
评价主体	评价要点		配分	得分
教师评价	点云处理的规范性		10	
	三角面片数据填充的合理性		10	
	涡轮叶片曲面平滑的合理性		10	
	涡轮叶片数据完整性		10	

任务巩固

1. 知识题

（1）处理涡轮叶片模型点云数据时运用了哪些命令？

（2）在涡轮叶片模型多边形处理阶段运用了哪些命令？

2. 技能题

使用 Geomagic Wrap 软件对本项目任务一中的得到的电话手柄点云数据进行预处理，得到如图 6-38 所示的“dianhua.stl”文件。

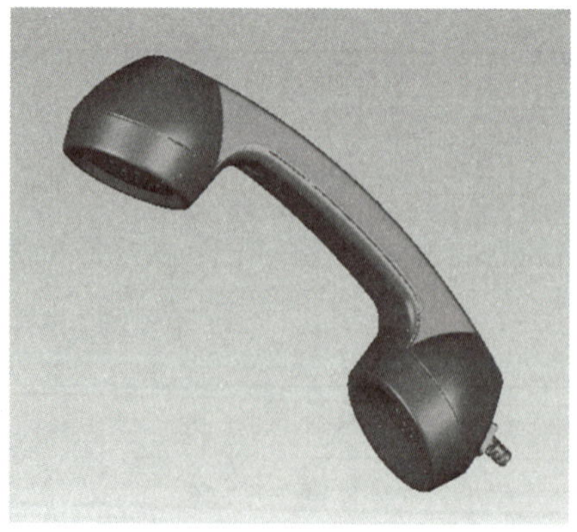

图 6-38　电话模型点云数据预处理结果图

完成任务心得

1. 完成这次任务，你有什么收获?

2. 在完成这次任务的过程中，你认为有哪些不足的地方?

3. 你认为还有哪些可以改进的地方?

任务三　涡轮叶片模型的逆向建模

任务目标

1. 了解逆向建模的基本流程。
2. 能够应用 Geomagic Design X 软件完成零件的逆向设计。
3. 掌握 Geomagic Design X 软件中常用命令的使用。

任务描述

使用 Geomagic Design X 软件对本项目任务二中得到的“wolun.stl”三角面片数据进行逆向建模。建模完成后，经过数据分析，符合公差要求，导出后缀为“.stp”的格式文件，为后续任务做好准备。

课前讨论

1. Geomagic Design X 软件主要功能包括哪些?
2. 使用 Geomagic Design X 软件进行逆向设计时常用的命令有哪些?

知识准备

一、Geomagic Design X 软件的基本知识

Geomagic Design X 软件提供了新一代的运算模式，可实时根据点云数据运算出无接缝的多边形曲面，Geomagic Design X 软件扩大了 3D 扫描设备的运用范围，改善了扫描品质，提升了工作效率。

1. 软件主要功能

（1）点云处理：对点云进行预处理，包括删除杂点、点云采样等操作。

（2）多边形处理：对变形网格数据进行表面光顺与优化处理。

（3）领域划分：根据扫描数据的曲率和特征将面片划分为不同的几何区域，包含自动分割、手动合并、分割、插入、分离、扩大与缩小领域等命令。

（4）模型重建：根据扫描数据进行实体建模。主要包括面片草图、拉伸、回转、放样、扫描、剪切曲面等命令。

2. 软件操作界面

Geomagic Design X 软件操作界面由菜单栏、工具栏、特征树、模型树、精度分析等部分组成，如图 6-39 所示。

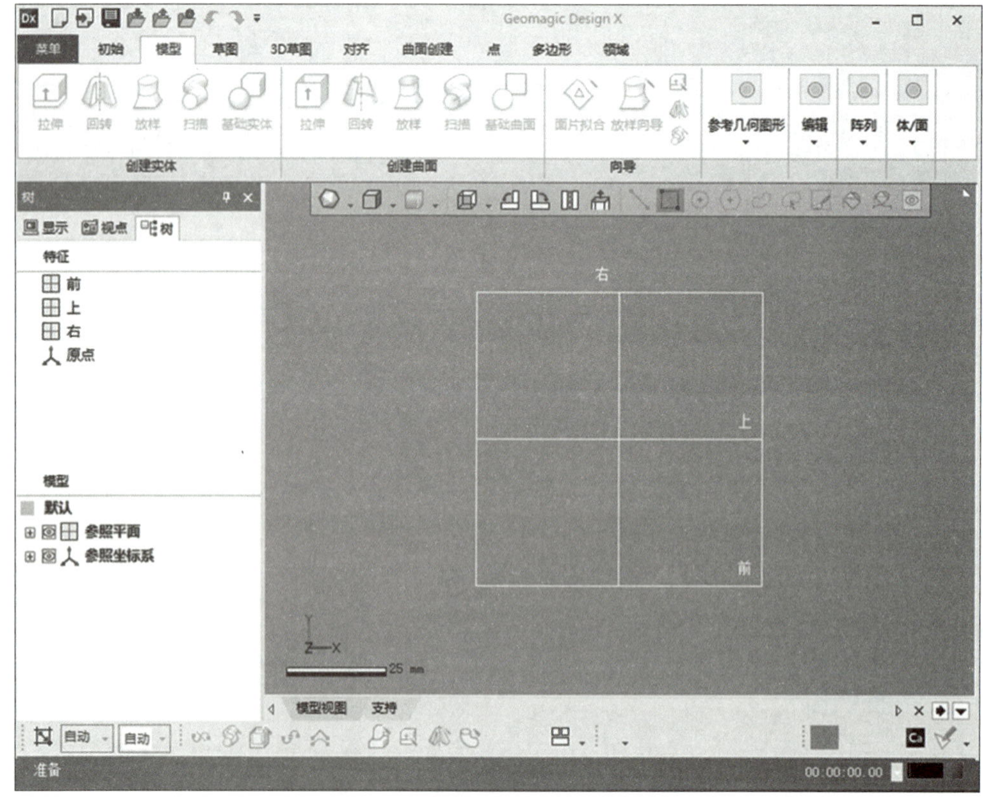

图 6-39　Geomagic Design X 的操作界面

二、本任务实施分析

涡轮叶片整体是一个回转结构，由曲面叶片、圆孔、主体等特征组成，在逆向设计过程中，可以利用 Geomagic Design X 软件中的自动分割、面片草图、回转、面片拟合、剪切曲面、缝合、阵列等命令完成各部分实体设计，得到整体形状。

任务实施

一、打开文件

在计算机桌面上双击 Geomagic Design X 软件快捷方式，打开 Geomagic Design X 软件，选择工具栏上的【导入】命令，在弹出的对话框中选择要导入的文件数据“wolun.stl”，也可以直接选中目标 STL 文件拖入窗口，导入文件后的界面如图 6-40 所示。

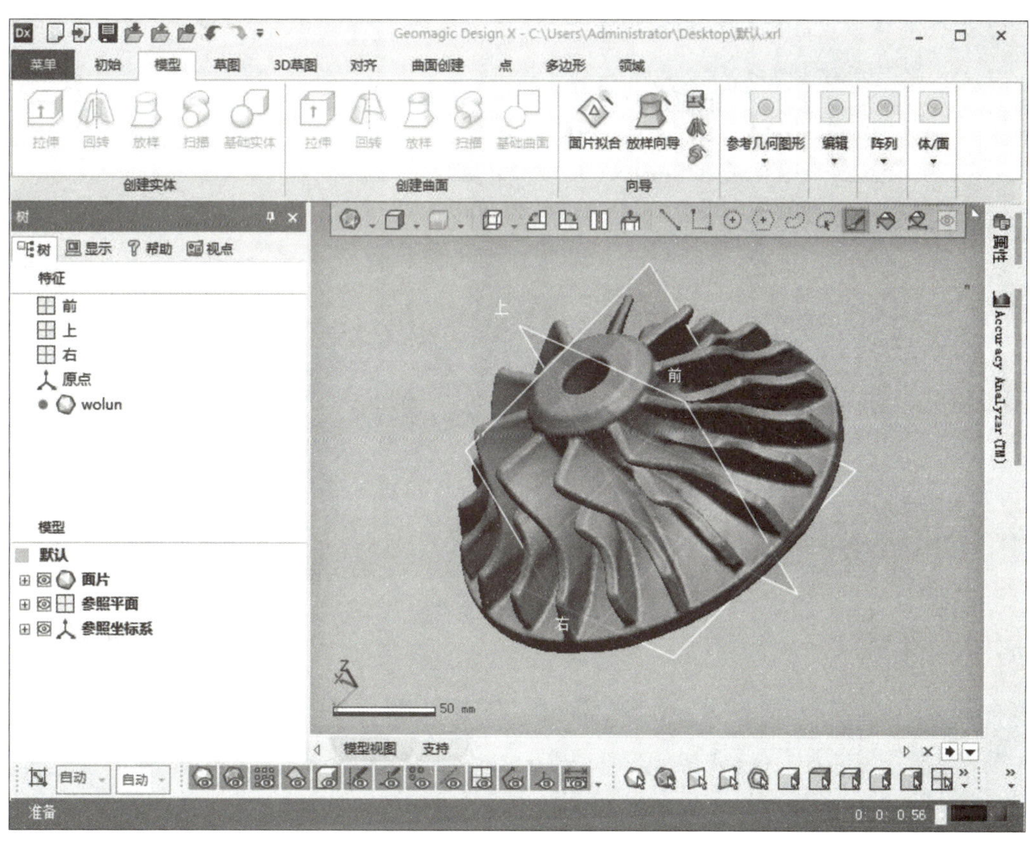

图 6-40　打开文件

二、建立坐标系

（1）建立参照平面。①单击工具栏【模型】模块中的【平面】命令，弹出【追加平面】对话框；②单击对话框中的下拉箭头，在弹出的下拉列表中选择【选择多个点】；③在涡轮叶片底面选择多个点，点击【确定】按钮 ✔，创建平面 1，如图 6-41 所示。

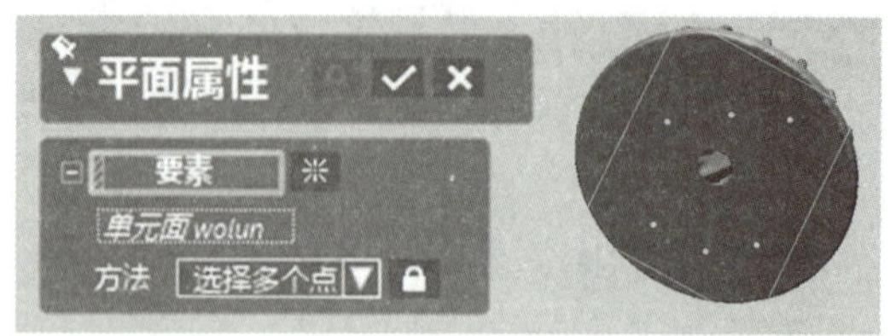

图 6-41 建立参照平面

（2）建立参考线。①单击工具栏【模型】模块中的【线】命令，弹出【添加线】对话框；②单击对话框中的下拉箭头，在弹出的下拉列表中选择【检索圆柱轴】；③使用画笔工具选择涡轮叶片底部圆柱面上的区域，所选的区域大致均匀分布在该圆柱圆周上，单击【确定】按钮 ✔，创建线 1，如图 6-42 所示。

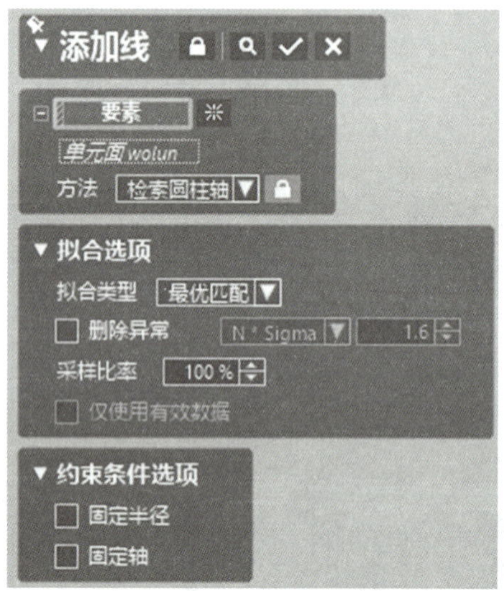

图 6-42 建立参考线

> **小贴士**
>
> 在使用画笔工具选择圆柱面区域时，可以长按 Shift 键，使用画笔工具连续添加，如果对于所选中的区域不满意，可以长按 Ctrl 键，使用画笔工具删减选中的区域。

（3）对齐坐标系。①单击【对齐】模块中【手动对齐】命令，弹出如图 6-43a 所示的对话框；②单击【下一阶段】按钮 ➡ 后的对话框选择选项【3-2-1】，单击对话框中的【平面】，选择“平面 1”，然后单击对话框中的【线】，选择“线 1”，位置就是“平面 1”和“线 1”的交点位置，如图 6-43b 所示；③单击【确定】按钮 ，创建得到的坐标系如图 6-43c 所示。

a）

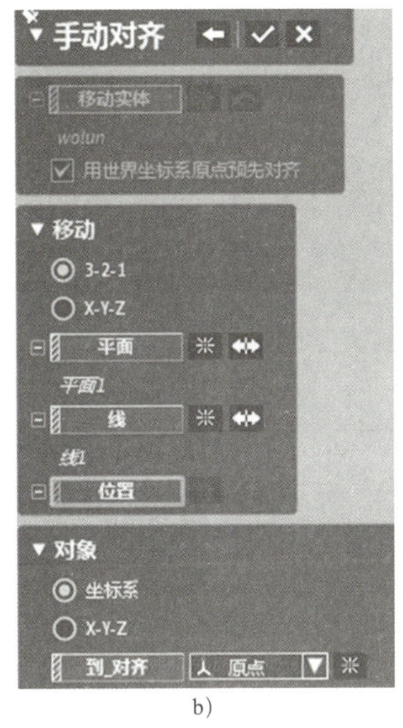

b）

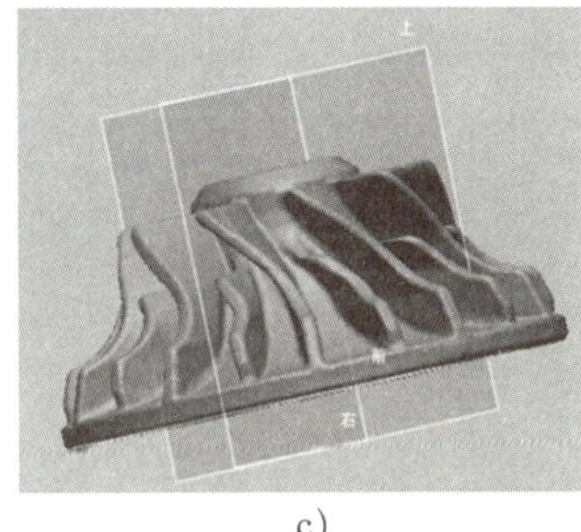

c）

图 6-43　创建坐标系

三、主体建模

（1）选择特征树中的“平面 1”和“线 1”，右击鼠标，选择【删除】，在弹出的对话框中单击【是】，如图 6-44 所示。

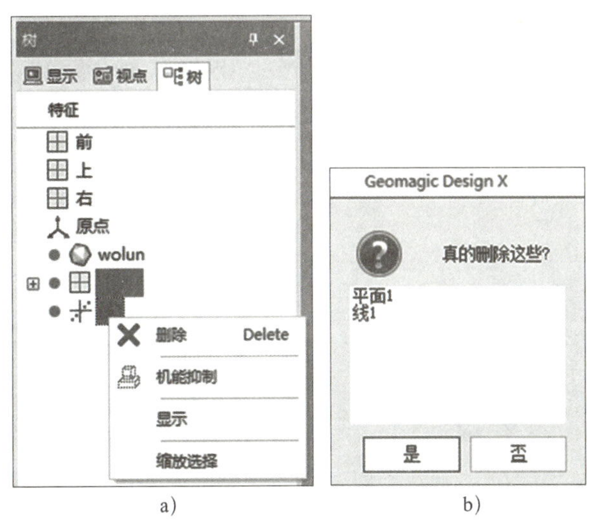

a）　　b）

图 6-44　删除“平面 1”和“线 1”

（2）单击【模型】模块中的【线】命令，弹出【添加线】对话框，如图 6-45 所示，单击下拉箭头，在弹出的下拉列表中选择【2 平面交差】。选择【上】平面和【右】平面作为要素，单击【确定】按钮 ✓ 后，创建选中两平面的交线，即“线 1”。

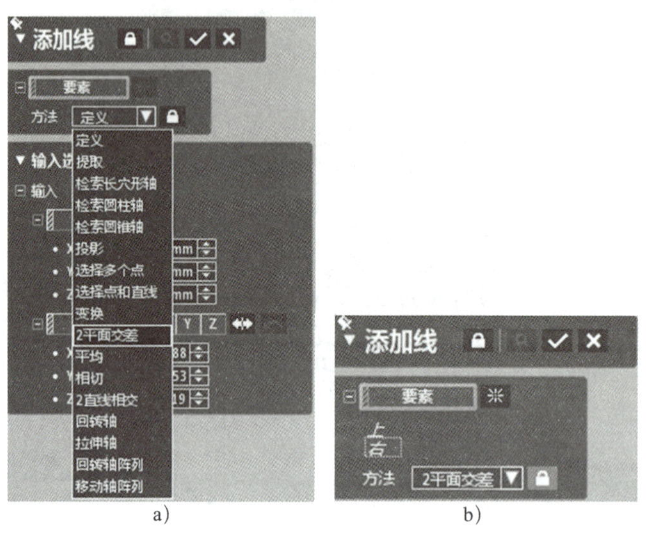

图 6-45　添加“线 1”

（3）单击【草图】模块中的【面片草图】命令，如图 6-46a 所示；弹出【面片草图的设置】对话框，如图 6-46b 所示，选择【回转投影】，单击【中心轴】后选择【线 1】，单击【基准平面】后，选择【右】平面，【轮廓投影范围】设为“30°”，效果如图 6-46c 所示。单击【确定】按钮 ✓。

在特征树中关闭【面片】前面的眼睛图标，隐藏面片，可以更清楚地看到创建生成的投影轮廓线，如图 6-47 所示。

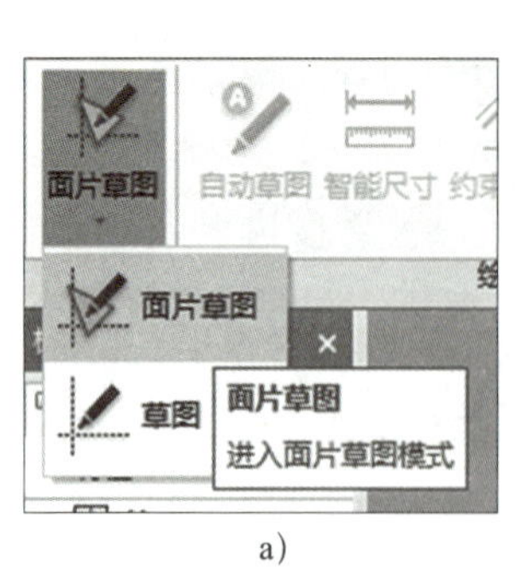

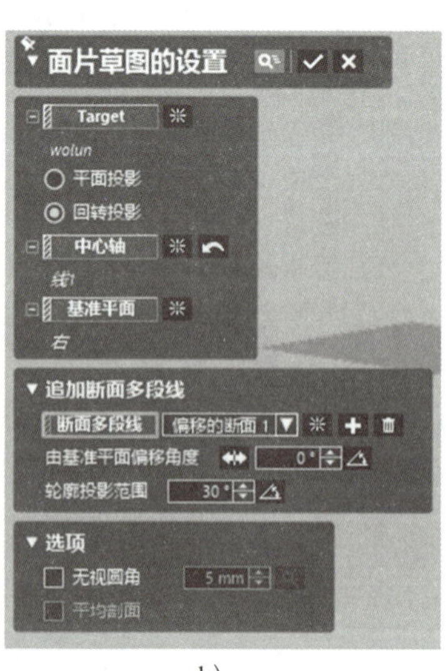

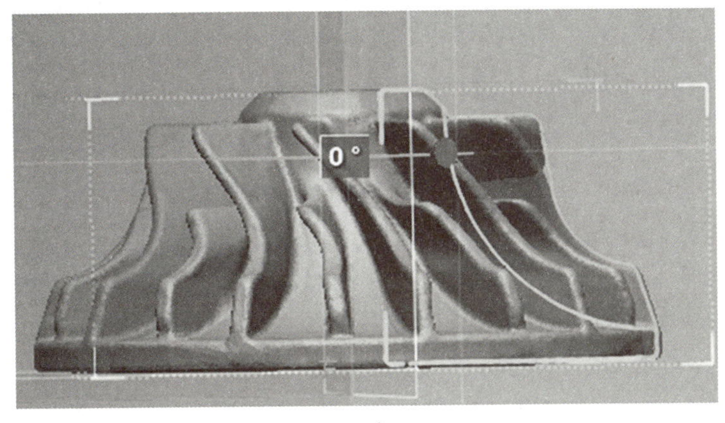

c)

图 6-46　面片草图

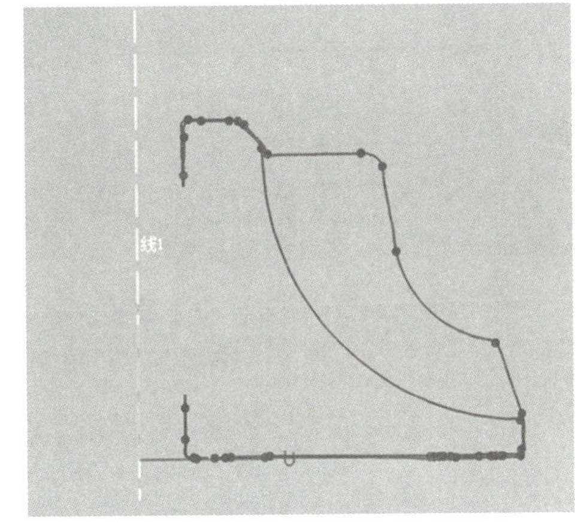

图 6-47　投影轮廓线

（4）单击【草图】模块中的【直线】命令，弹出【直线】对话框。选择坐标系的原点作为直线的起点，向右拖动，系统自动捕捉到水平约束，在超过投影轮廓线的位置单击选择直线的终点。创建直线过程中按下键盘上的 ESC 键可以取消连续直线的创建，绘制其他直线，拖动绘制的直线，使其与轮廓线重合。用同样的方法创建其余直线，对于相互垂直的直线，会显示垂直约束，如图 6-48 所示。

（5）单击【草图】模块中的【3 点圆弧】命令，鼠标移动到弧线轮廓附近，当原有的轮廓线变黄时，单击鼠标右键，单击【适用拟合】命令，完成弧线的创建，如图 6-49 所示。

（6）单击【草图】模块中的【延长】命令，延长弧线两端与直线相交，如图 6-50a 所示。单击【草图】模块中的【剪切】命令，在需要修剪的部位单击，修剪后的效果如图 6-50b 所示。

（7）单击【草图】模块中的【智能尺寸】命令，进行尺寸标注，如图 6-51 所示。

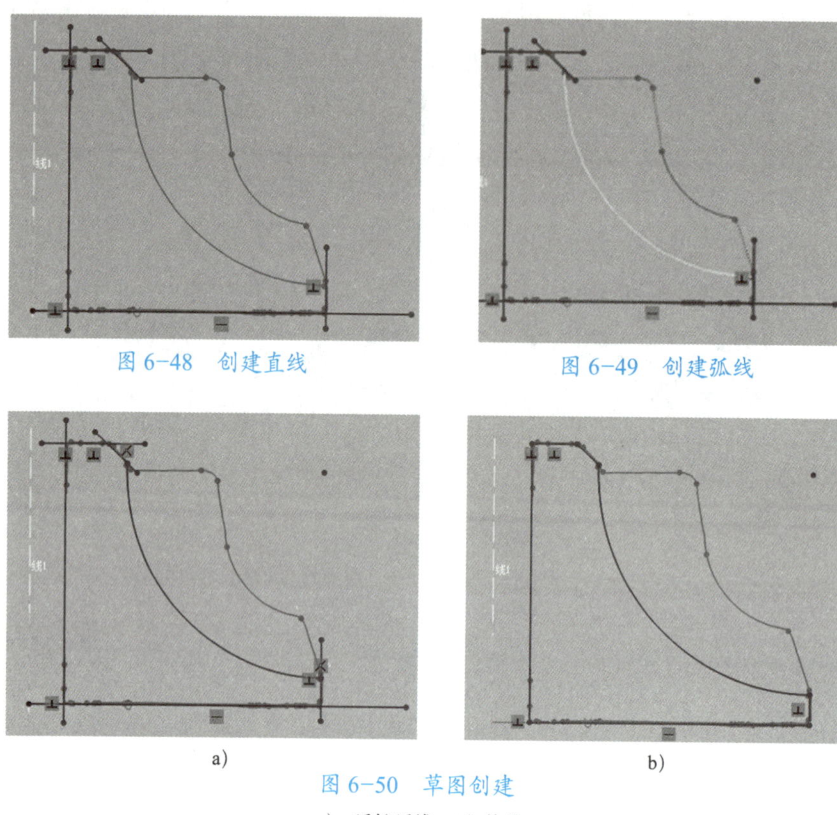

图 6-48　创建直线

图 6-49　创建弧线

a)　　　b)

图 6-50　草图创建

a）延长弧线　b）修剪

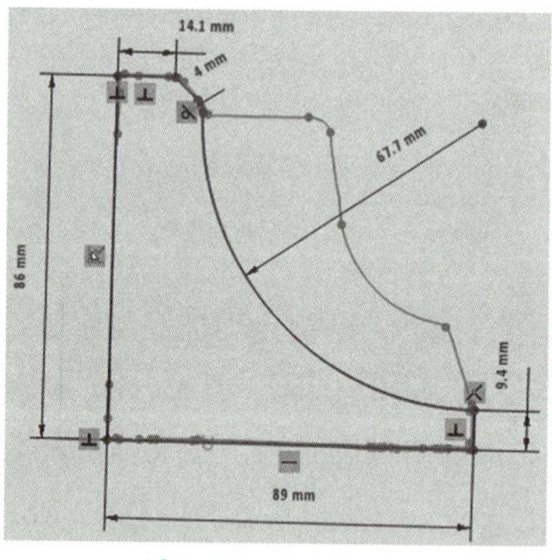

图 6-51　标注尺寸

小贴士

当需要添加草图要素间的相互约束条件时，可以先选择第一个需要约束的草图要素，再按住 Shift 键双击另一个草图要素，此时弹出关于两者约束条件的操作窗口，选择需要的约束类型即可。

（8）单击软件界面左上角的【退出】按钮 ，或界面右下角的【退出】按钮 ，退出草图。

（9）单击【模型】模块中【创建实体】工具栏中的【回转】命令 ，生成的回转实体，如图 6–52 所示。

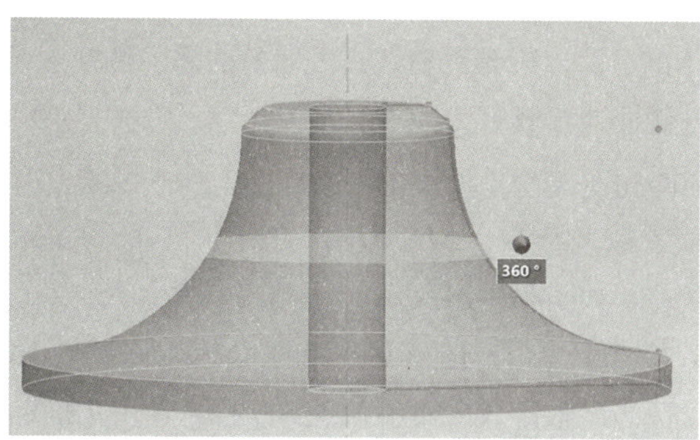

图 6–52　创建回转 1

四、叶片建模

（1）手动插入领域组。选择【画笔选择模式】 ，按住 Shift 键，使用笔刷在叶片侧面画网格（如果有超出边界的可以按住 Ctrl 键，使用笔刷进行删减），然后插入领域组，如图 6–53 所示。

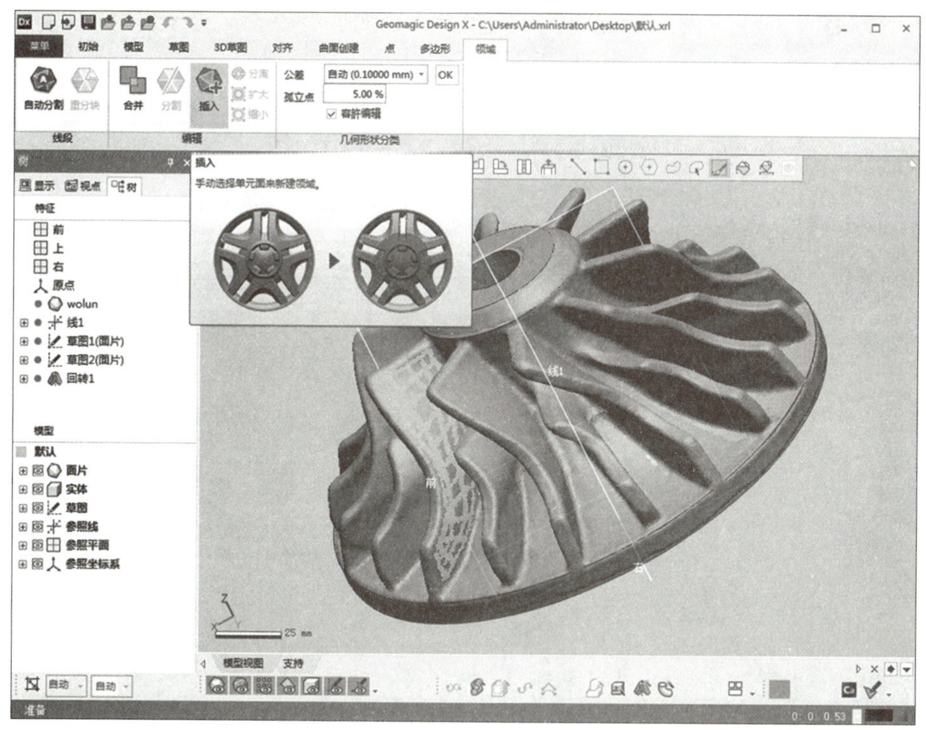

图 6–53　手动插入领域组

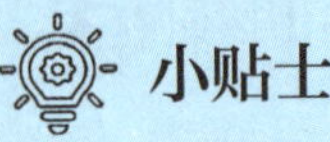

小贴士

在使用笔刷手动插入领域组时，笔刷绘制的路径呈网格状。

（2）按照上一步的方法，旋转涡轮，在大叶片的另一侧插入领域组；选择合适的小叶片，分别在其两侧插入领域组。

（3）面片拟合。单击【模型】模块中【向导】工具栏中的【面片拟合】命令 ，选择大叶片一侧表面领域，如图 6-54a 所示，单击【下一步】按钮，适当调整拟合参数，单击【确定】按钮，如图 6-54b 所示。

再次单击【面片拟合】命令，选择大叶片的另一侧面领域，如图 6-55a 所示，单击【下一步】按钮，适当调整参数，如图 6-55b 所示，单击【确定】按钮。

（4）用同样的方式对小叶片两侧的领域分别进行【面片拟合】操作，结果如图 6-56 所示。

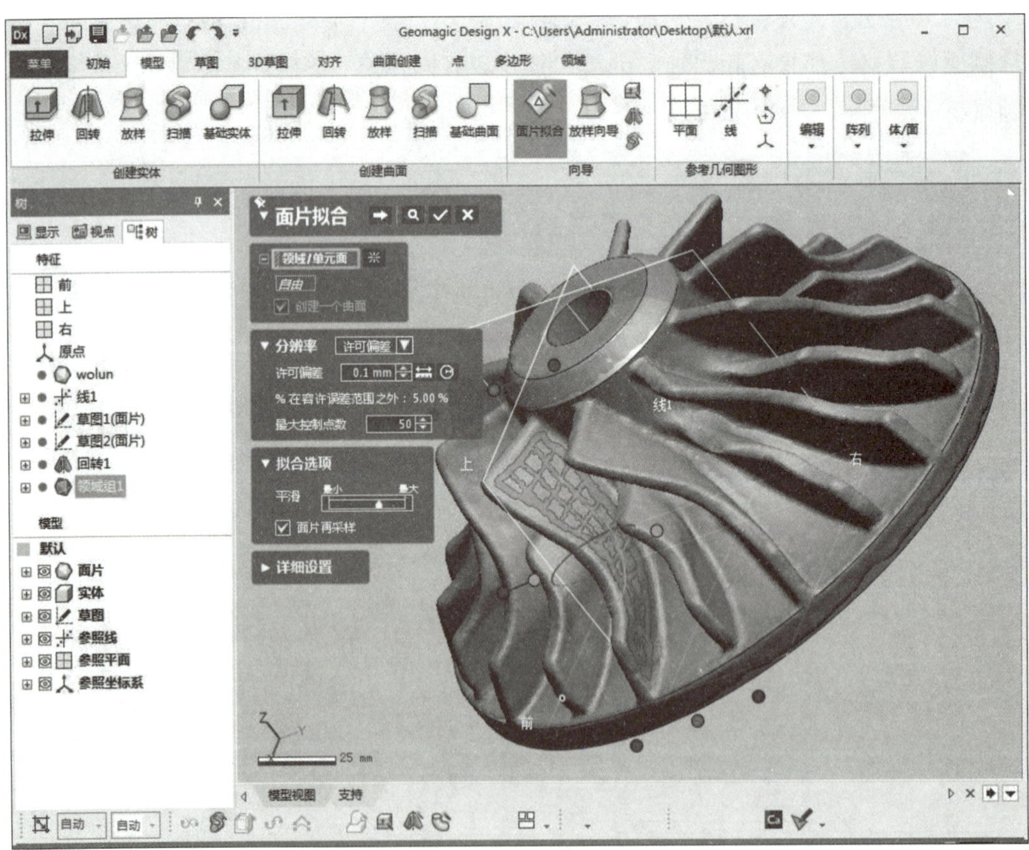

a)

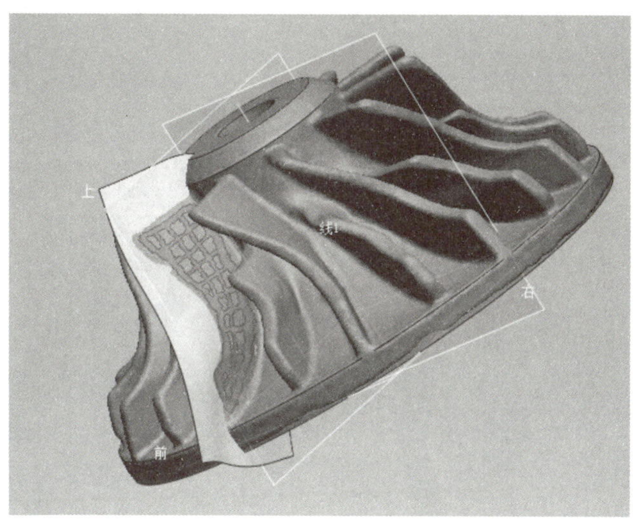

b）

图 6-54　面片拟合 1

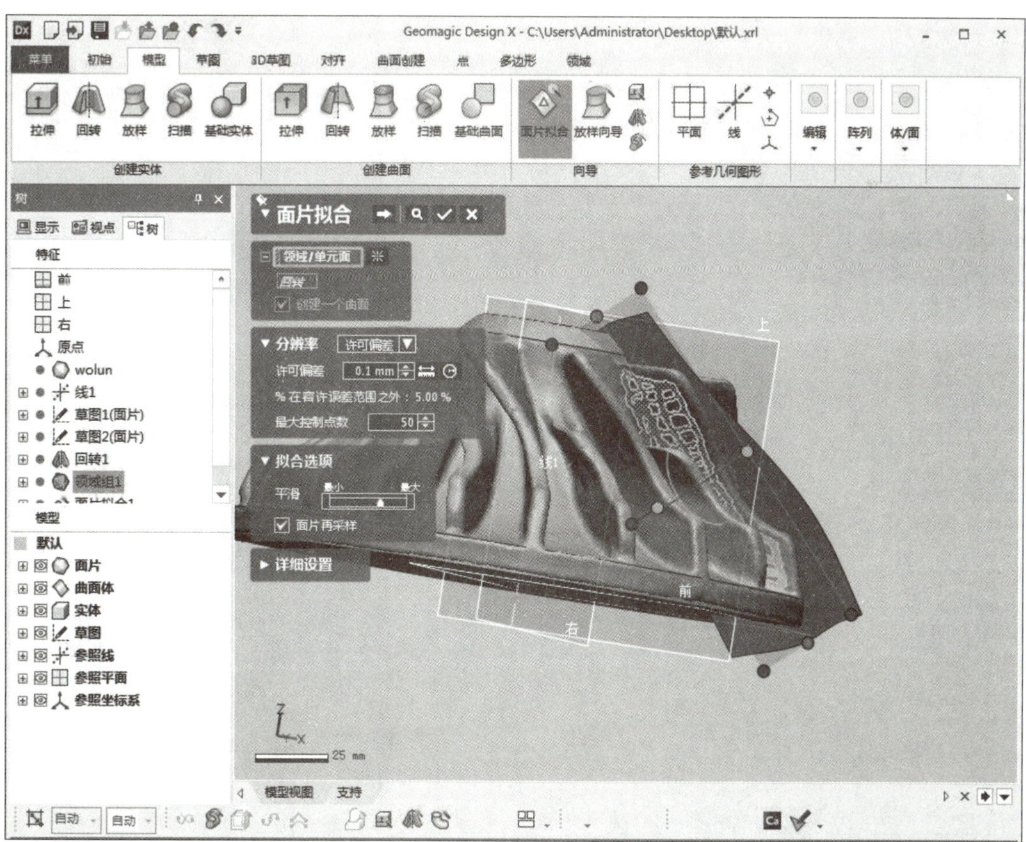

a）

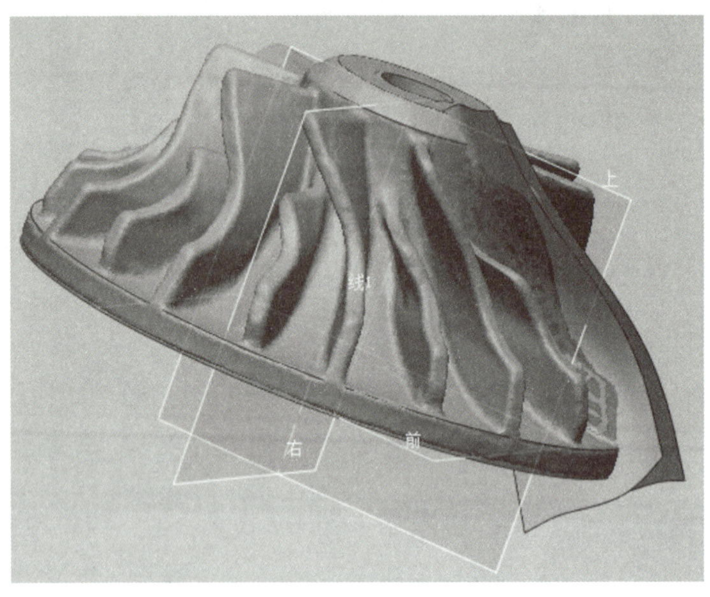

b）

图 6-55　面片拟合 2

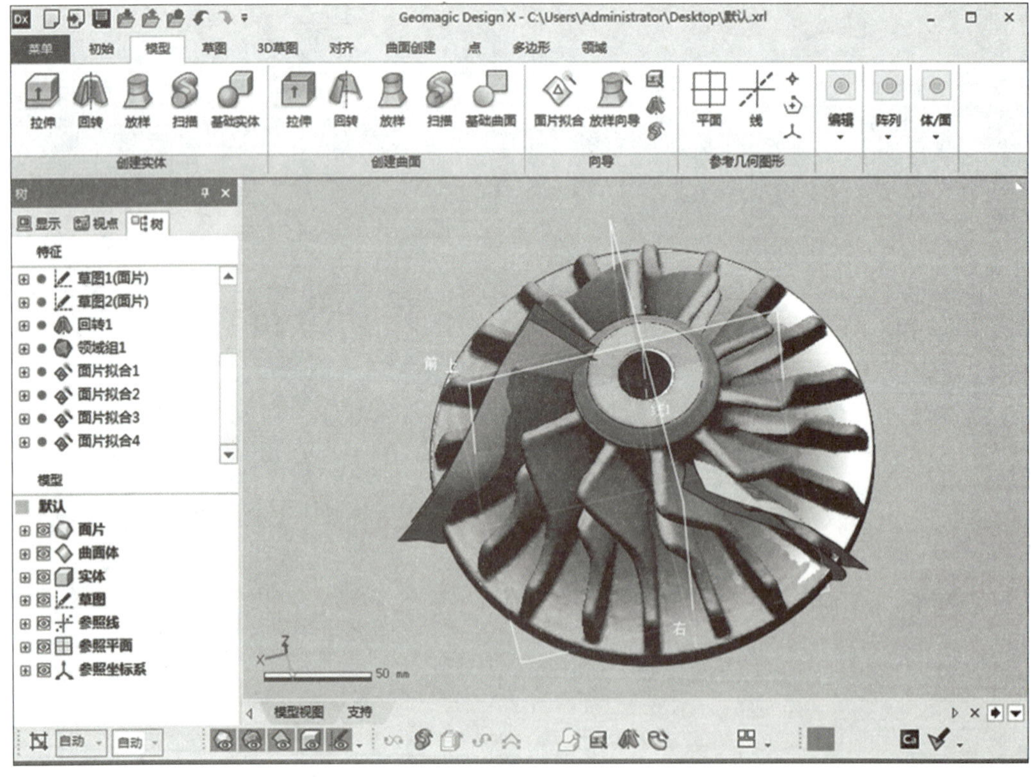

图 6-56　创建的 4 个面片

（5）单击【草图】模块中的【面片草图】按钮，弹出【面片草图的设置】对话框，如图 6–57a 所示。选择【回转投影】，单击【中心轴】后选择“线 1”，单击【基准平面】后选择“上”平面，将【轮廓投影范围】设为“30°”。

单击【确定】按钮，并在特征树中关闭【面片】前面的眼睛图标，隐藏面片，可以更清楚地看到创建生成的投影轮廓线，如图 6–57b 所示。

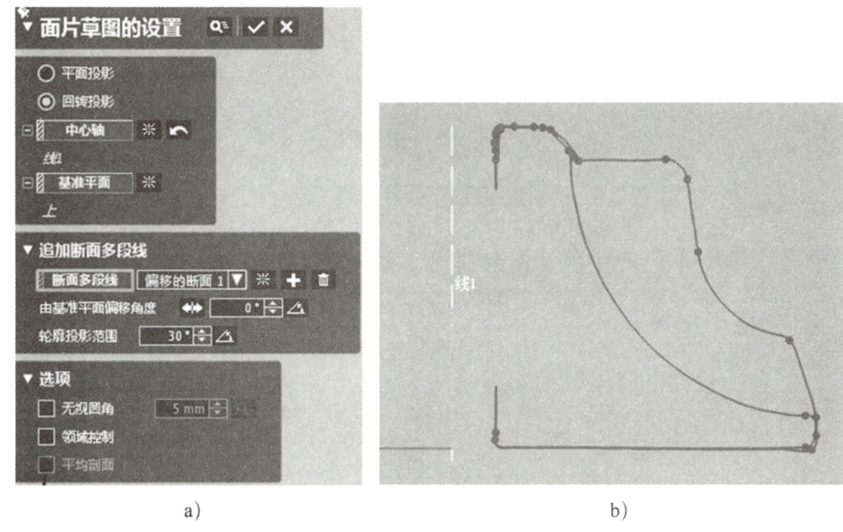

a)　　　　　　　　　　b)

图 6–57　投影轮廓线

（6）单击【草图】模块中的【直线】命令，弹出【直线】对话框。选择投影轮廓中的一条直线，单击对话框中的【确定】按钮，一条直线就自动创建好了。以同样的方法创建其他的直线，如图 6–58 所示。

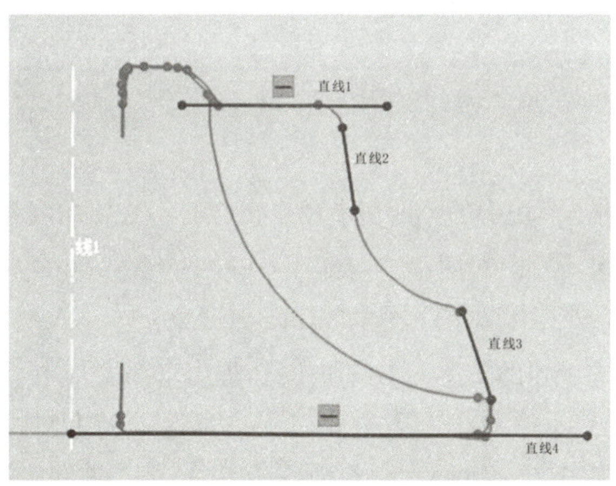

图 6–58　创建直线

（7）单击【草图】模块中的【延长】命令，选择“直线 2”延长到与“直线 1”相交，选择“直线 3”延长到与“直线 4”相交，如图 6–59 所示。

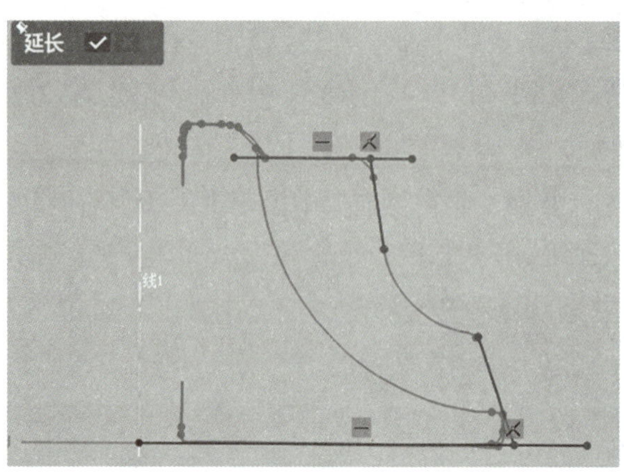

图 6-59　延长直线

（8）单击【草图】模块中的【3 点圆弧】命令，创建图 6-58 中“直线 2”与“直线 3”间的圆弧连接，选中创建的圆弧，按住 Ctrl 键，选择“直线 2”，添加相切约束，如图 6-60 所示。

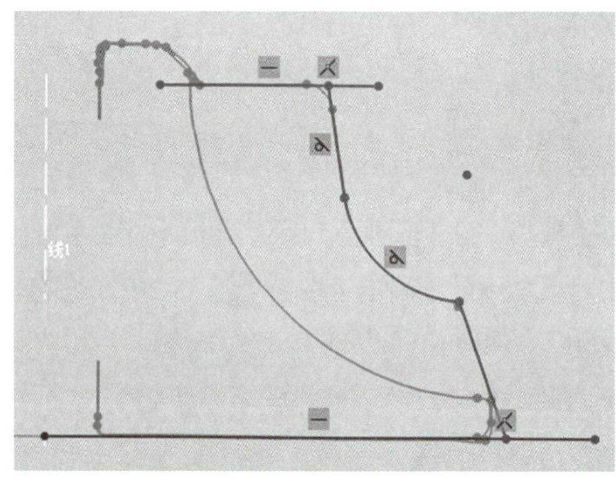

图 6-60　创建圆弧

（9）单击【草图】模块中的【剪切】命令，修剪不必要的线条。单击【草图】模块中的【圆角】命令，对图中“直线 1”与“直线 2”相交位置进行圆角处理，“直线 3”与圆弧相交处进行圆角处理，如图 6-61 所示。

（10）单击界面左上角的【退出】按钮，退出草图。

（11）单击【模型】模块中【创建曲面】工具栏中的【回转】命令，弹出的【回转】对话框如图 6-62a 所示，设置【方法】为“两方向”，【角度】设置为“60°”，【反角】设置为“60°”，使创建的回转曲面能够与之前创建的“面片拟合 1”“面片拟合 2”两个曲面相交。单击【回转】对话框上的【确定】按钮，结果如图 6-62b 所示。

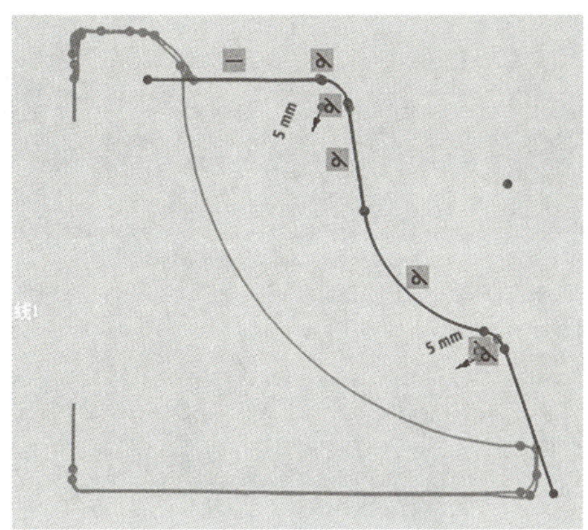

图 6-61　调整后的草图曲线

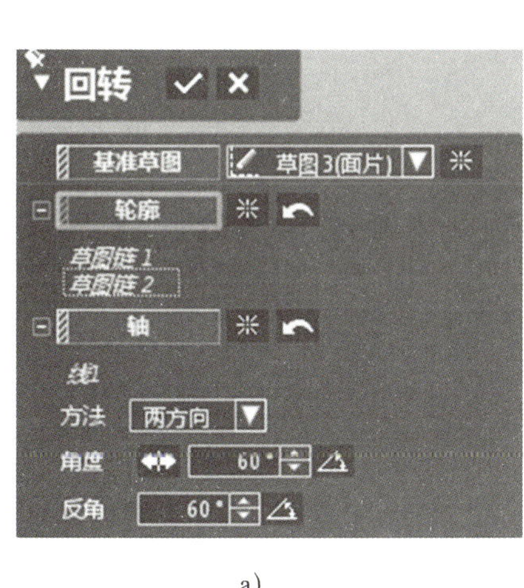

a)

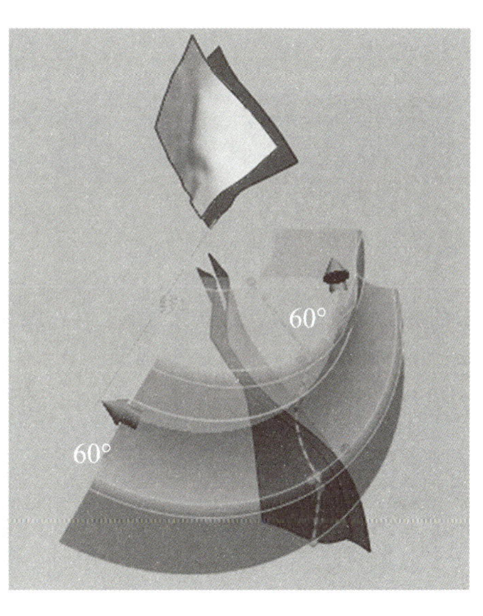

b)

图 6-62　创建回转 2

（12）单击【模型】模块中【编辑】工具栏中的【剪切曲面】命令，弹出【剪切曲面】对话框，如图 6-63a 所示，【工具要素】选择“回转 2”，【对象体】选择“面片拟合 1”和“面片拟合 2”，【残留体】选择“面片拟合 1”和“面片拟合 2”内侧曲面，如图 6-63b 所示。

（13）单击【模型】模块中的【剪切曲面】命令，在弹出的【剪切曲面】对话框中，【工具要素】选择上一步中得到的残留体“剪切曲面 1-1”和“剪切曲面 1-2”，【对象体】选择“回转 2”，【残留体】选择“剪切曲面 1”和“回转 2”相交曲面，如图 6-64 所示。单击【剪切曲面】对话框上的【确定】按钮，完成剪切曲面操作。

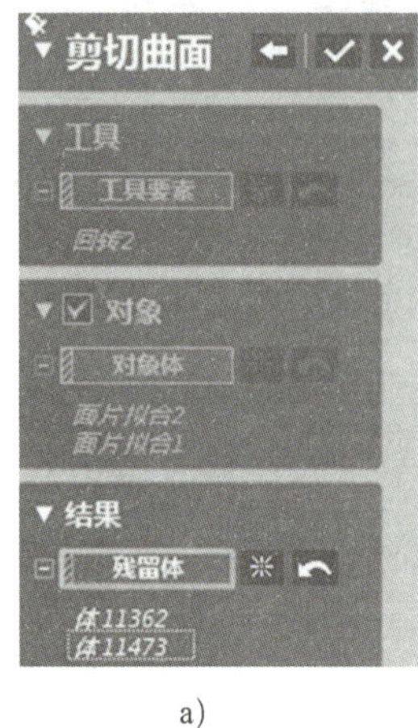

a)

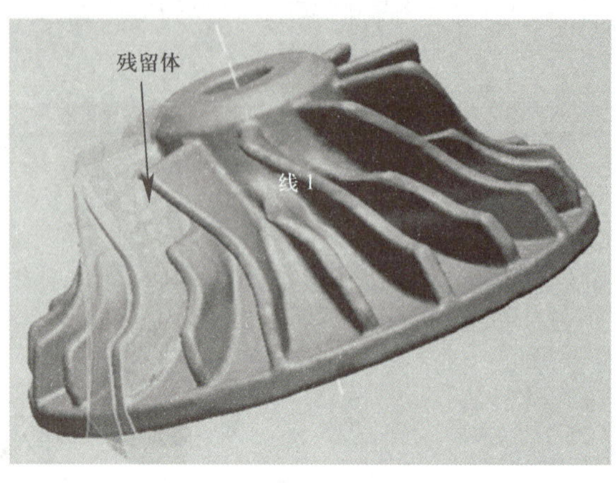

b)

图 6-63　剪切曲面 1

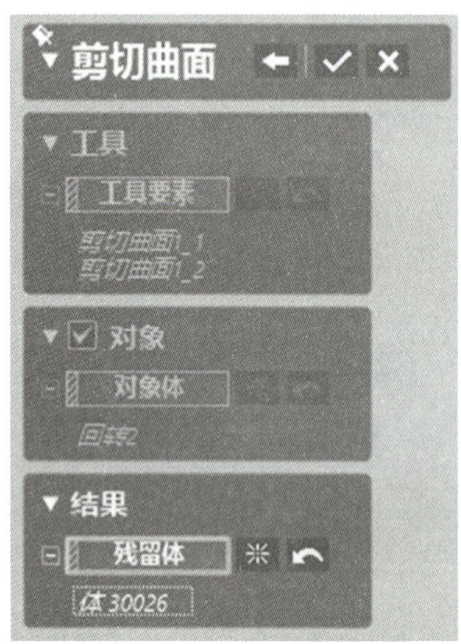

图 6-64　剪切曲面 2

（14）在特征树中关闭【面片】前面的眼睛图标，隐藏面片。单击【模型】模块中的【缝合】命令，在弹出的【缝合】对话框中，【曲面体】选择“剪切曲面 1_1”“剪切曲面 2”“剪切曲面 1_2”，单击【缝合】对话框上的【下一阶段】按钮，再单击【确定】按钮，完成缝合操作，如图 6-65 所示。

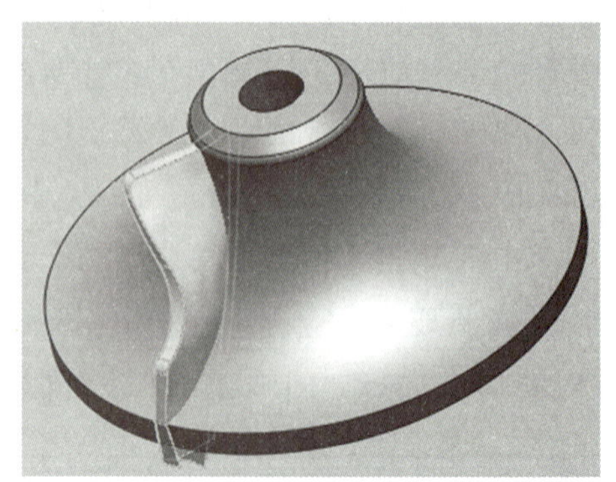

图 6-65　缝合 1

（15）单击【模型】模块中的【曲面偏移】

命令，弹出【曲面偏移】对话框，如图 6-66a 所示，输入【偏移距离】为“0 mm”，选择涡轮主体上的面，单击【确定】按钮，结果如图 6-66b 所示。

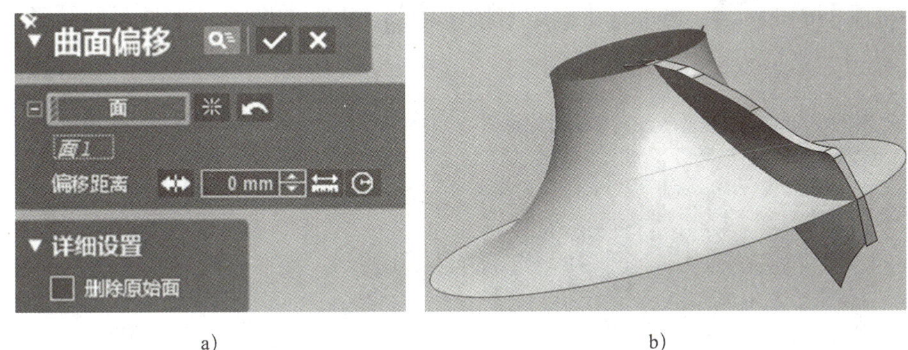

a)　　b)

图 6-66　抽取涡轮主体上的面

（16）单击【模型】模块中的【剪切曲面】命令，在弹出的【剪切曲面】对话框中，【工具要素】选择“曲面偏移 1”，【对象体】选择“剪切曲面 2”，【残留体】选择大叶片外侧部分，单击【确定】按钮，结果如图 6-67 所示。

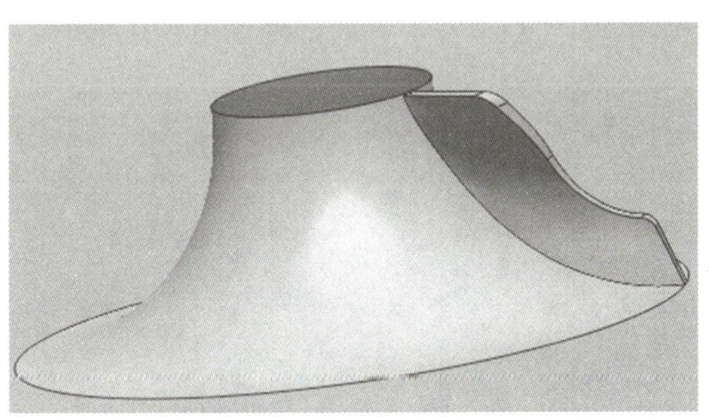

图 6-67　剪切曲面 3

（17）单击【模型】模块中的【剪切曲面】命令，在弹出的【剪切曲面】对话框中，【工具要素】选择“剪切曲面 3”，【对象体】选择“曲面偏移 1”，【残留体】选择“剪切曲面 3”与“曲面偏移 1”相交的区域，如图 6-68 所示，单击【确定】按钮，完成剪切曲面 4 的操作。

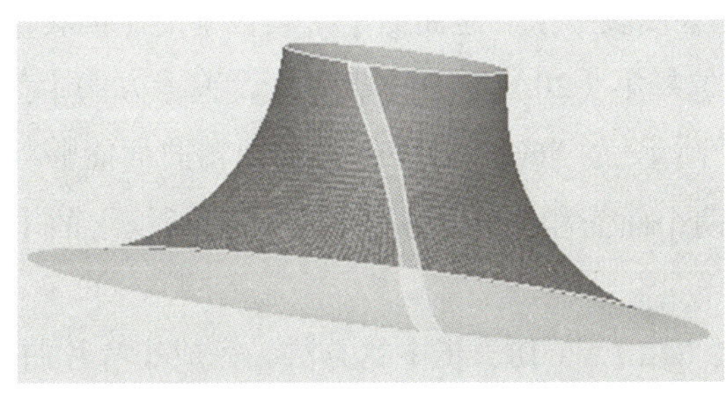

图 6-68　剪切曲面 4

（18）单击【模型】模块中的【缝合】命令，在弹出的【缝合】对话框中【曲面体】选择“剪切曲面 3”“剪切曲面 4”，如图 6–69a 所示。单击【缝合】对话框上的【下一阶段】按钮 ，再单击【确定】按钮 ，得到如图 6–69b 所示的结果。

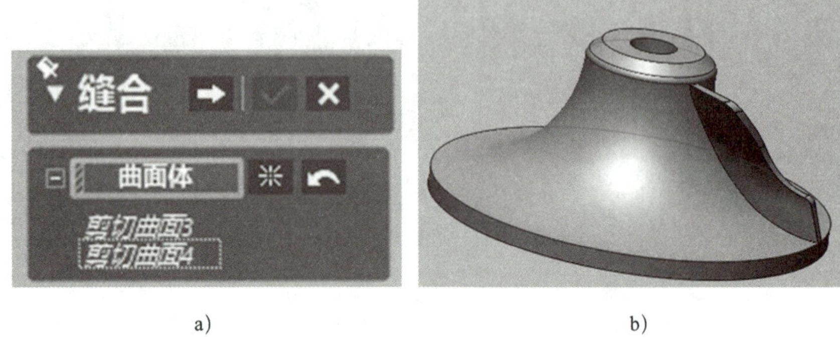

a)　　　　b)

图 6–69　缝合 2

（19）单击【草图】模块中的【面片草图】按钮，弹出【面片草图的设置】对话框，选择【回转投影】，单击【中心轴】后选择“线 1”，单击【基准平面】后选择“右”平面，将【轮廓投影范围】设为“5°”，如图 6–70 所示。

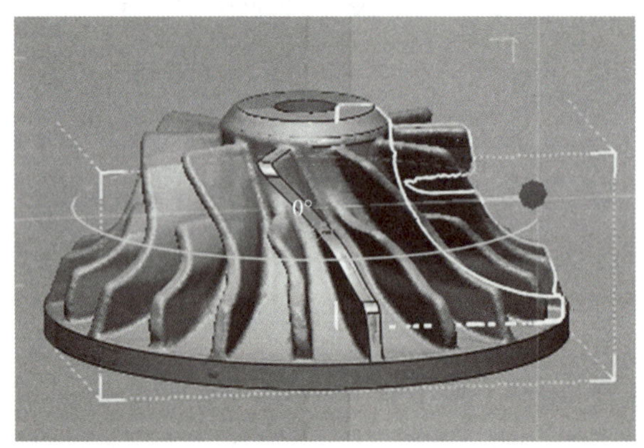

图 6–70　投影小叶片轮廓线

（20）根据上述（6）~（10）步中的方法，创建草图如图 6–71 所示。

（21）单击【模型】模块中【创建曲面】工具栏中的【回转】命令，在弹出的【回转】对话框中，轮廓选择第（20）步中的草图，设置【方法】为“两方向”，【角度】设置为“30°”，【反角】设为“60°”，使创建的回转曲面能够与之前创建的“面片拟合 3”“面片拟合 4”两个曲面相交。单击【回转】对话框上的【确定】按钮 ，如图 6–72 所示。

（22）根据上述第（12）~（18）步中的方法，完成小叶片曲面剪切，得到实体图，如图 6–73 所示。

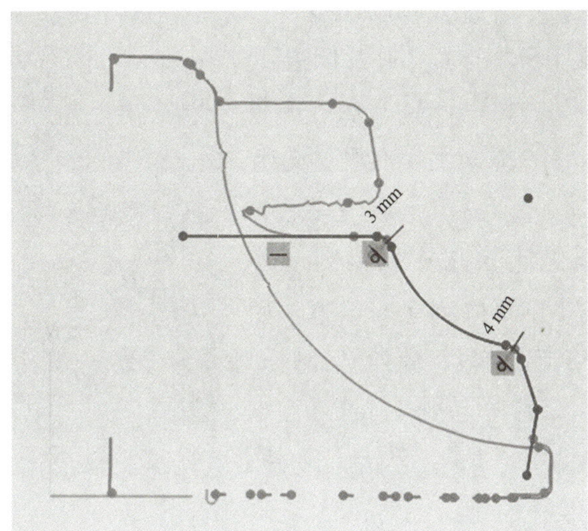

图 6-71　小叶片草图

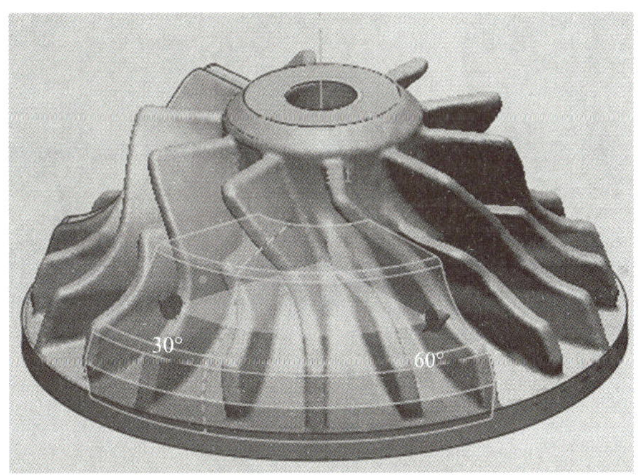

图 6-72　创建回转 3

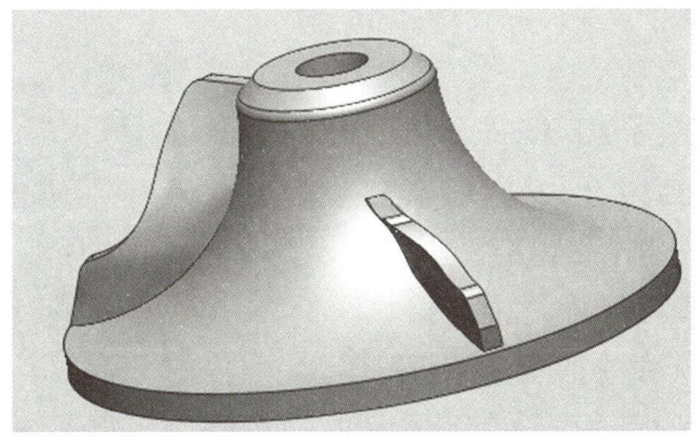

图 6-73　缝合成实体

（23）单击【模型】模块中的【圆角】命令，在弹出的【圆角】对话框中选择【固定圆角】，【要素】分别选择“叶片侧边”，半径值设为“2 mm”，如图 6-74 所示。按照此方法，依次对大叶片、小叶片其他侧边进行圆角。

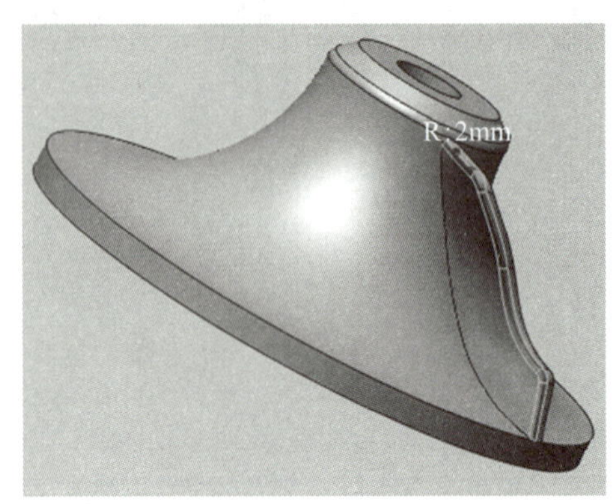

图 6-74 圆角

（24）单击【模型】模块中的【圆形阵列】命令，弹出【圆形阵列】对话框，如图 6-75a 所示的，单击【体】，选择缝合后的大叶片和小叶片，单击【回转轴】，选择“线1”，设置【要素数】为“10”。单击【确定】按钮，结果如图 6-75b 所示。

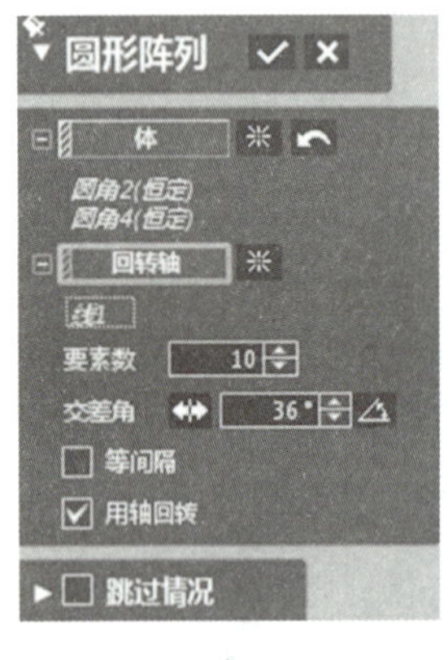

a)

b)

图 6-75 圆形阵列

（25）单击【模型】模块中的【布尔运算】命令，选择【操作方法】为【合并】，选择所有实体，单击【确定】按钮，完成涡轮叶片建模，如图 6-76 所示。

（26）偏差分析。在【Accuracy Analyzer（TM）】面板的【类型】组中选中【体偏差】选项，显示曲面与网络（三角面片）之间的误差，根据设计要求填写曲面与原始数据之间的上、下极限偏差值，如图 6-77 所示，图形显示零件为绿色，表示模型偏差在设计范围内，符合要求。

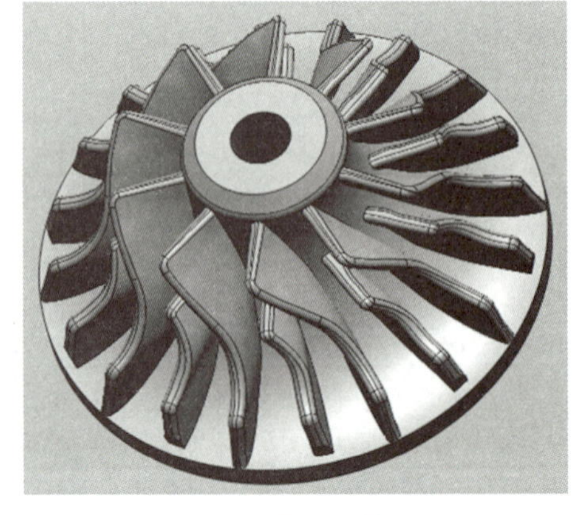

图 6-76 布尔运算结果

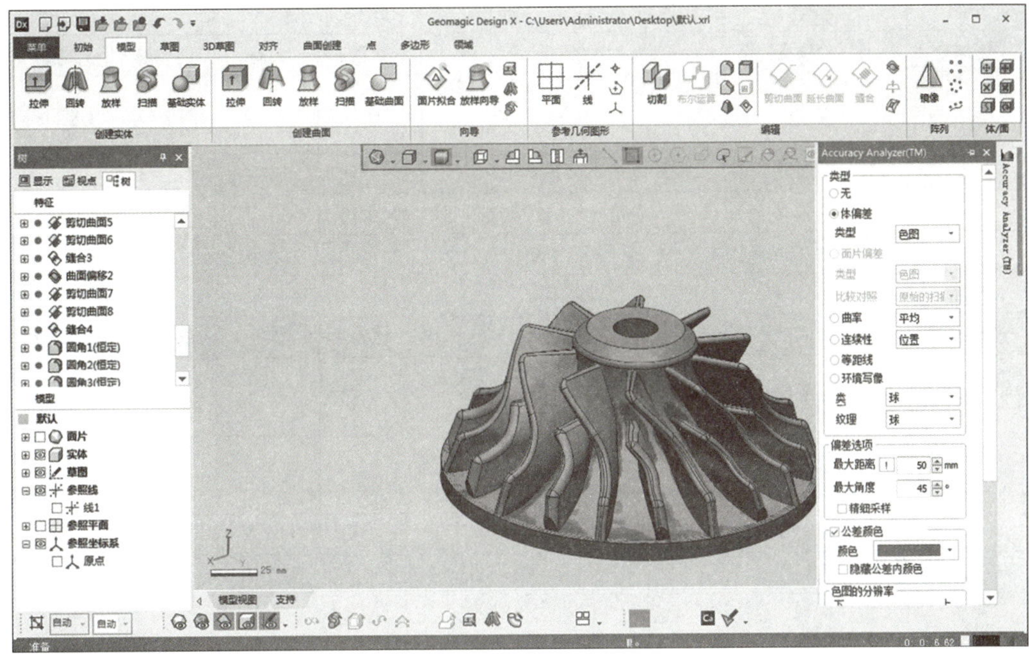

图 6-77　偏差分析

（27）输出文件。将建模完成后的实体模型输出 STP 格式文件，单击【文件】→【输出】命令，鼠标选择要输出的要素，如图 6-78 所示。单击【确定】按钮，选择文件保存路径和类型，将文件命名为“wolun”，单击【保存】命令，保存文件。

图 6-78　保存文件

任务评价

在本次任务中，我们使用了 Geomagic Design X 软件对涡轮叶片进行逆向设计，请根据本次任务的学习情况进行评价。

自评表（30分）						
小组		姓名	日期			
评价主体	评价项目	评价要素	优秀	良好	待改进	自评分
学生自评	学习态度	学习积极认真，服从老师安排	9～10	6～8	0～5	
	学习能力	按照老师要求完成任务	9～10	6～8	0～5	
	任务完成	完成涡轮叶片的逆向建模	9～10	6～8	0～5	

互评表（30分）						
小组		姓名	日期			
评价主体	评价项目	评价要素	优秀	良好	待改进	互评分
学生互评	团队意识	有集体荣誉感，遵守团队纪律	9～10	6～8	0～5	
	小组合作	动手能力强，能配合小组成员完成任务	9～10	6～8	0～5	
	沟通交流	积极参与讨论	9～10	6～8	0～5	

教师评价表（40分）					
小组		姓名		日期	
评价主体	评价要点			配分	得分
教师评价	领域划分的合理性			10	
	曲面构建的完整性			10	
	曲面与曲面过渡的流畅性			10	
	逆向结果在误差范围内			10	

任务巩固

1. 知识题

（1）本任务使用了哪种方法建立参照平面？在 Geomagic Design X 软件中还有哪些其他建立参照平面的方法？

（2）在 Geomagic Design X 软件中手动进行领域组插入时，有哪些注意事项？

2. 技能题

使用 Geomagic Design X 软件对本项目任务二中得到的电话手柄预处理数据进行逆向设计，得到“dianhua.stp”文件。

完成任务心得

1. 完成这次任务，你有什么收获？

2. 在完成这次任务的过程中，你认为有哪些不足的地方？

3. 你认为还有哪些可以改进的地方？

任务四　涡轮叶片模型的切片与打印

任务目标

（1）了解 STP 格式文件的转换。

（2）掌握光固化打印机的使用。

（3）能够完成常见模型的光固化打印任务。

任务描述

将本项目任务三中逆向建模得到的模型进行修复、切片后，生成用于打印的 STL 格式文件。使用光固化打印机完成打印任务，并对打印好的模型进行清洗、去支撑、打磨等后处理工作。

课前讨论

1. 涡轮叶片模型在进行光固化成形时是否需要抽壳和打孔？

2. 涡轮叶片模型在进行光固化成形后需要进行哪些后处理操作？

知识准备

一、光固化打印步骤

（1）切片。

（2）导入切片数据到打印机。

（3）打印机参数设置。

（4）模型打印。

二、光固化成形件后处理

（1）使用工具正确取下模型。

（2）使用酒精对模型表面进行清洗。

（3）使用工具去除模型支撑。

（4）使用打磨工具对模型进行打磨，并符合打磨要求。

任务实施

一、模型的格式转换

将任务三输出的“wolun.stp”文件导入到 SolidWorks 软件中，另存为 STL 格式的文件，如图 6-79 所示。

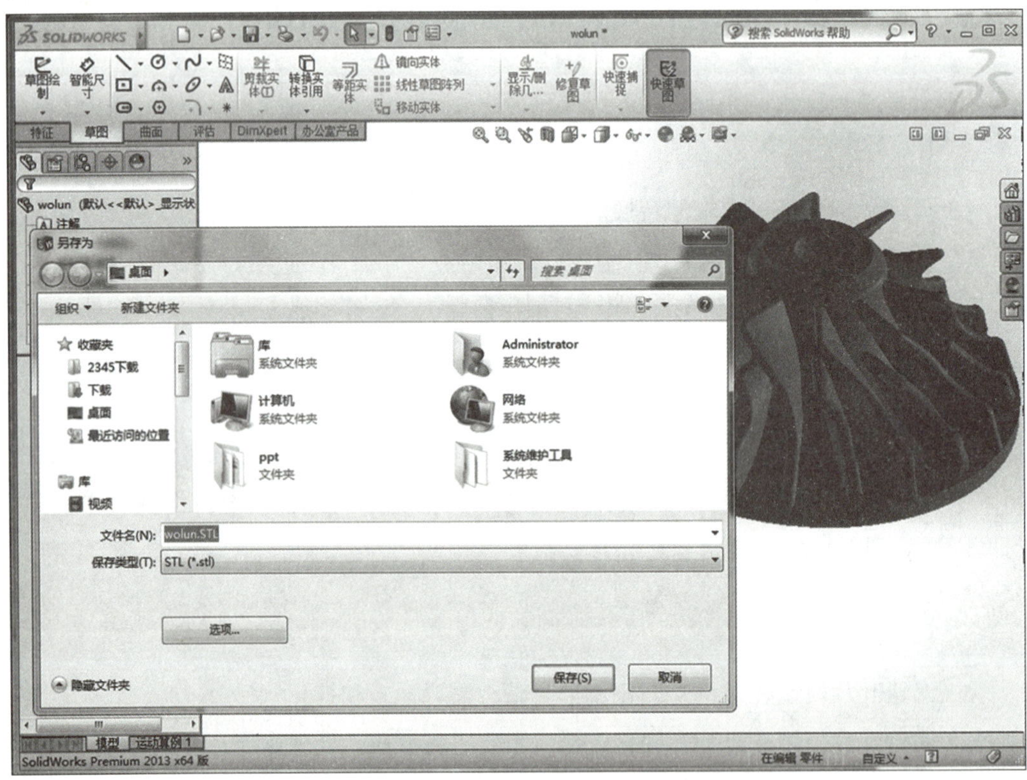

图 6-79　转换为 STL 文件

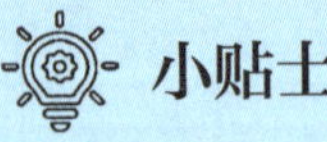

小贴士

SolidWorks、UG、Creo 等软件均能对 STP 格式的文件进行转换。

二、模型的修复与编辑

（1）将“wolun.stl”文件使用 Magics 软件打开，进行修复处理，如图 6-80 所示。单击【修复向导】对话框中的【根据建议】进行自动修复。

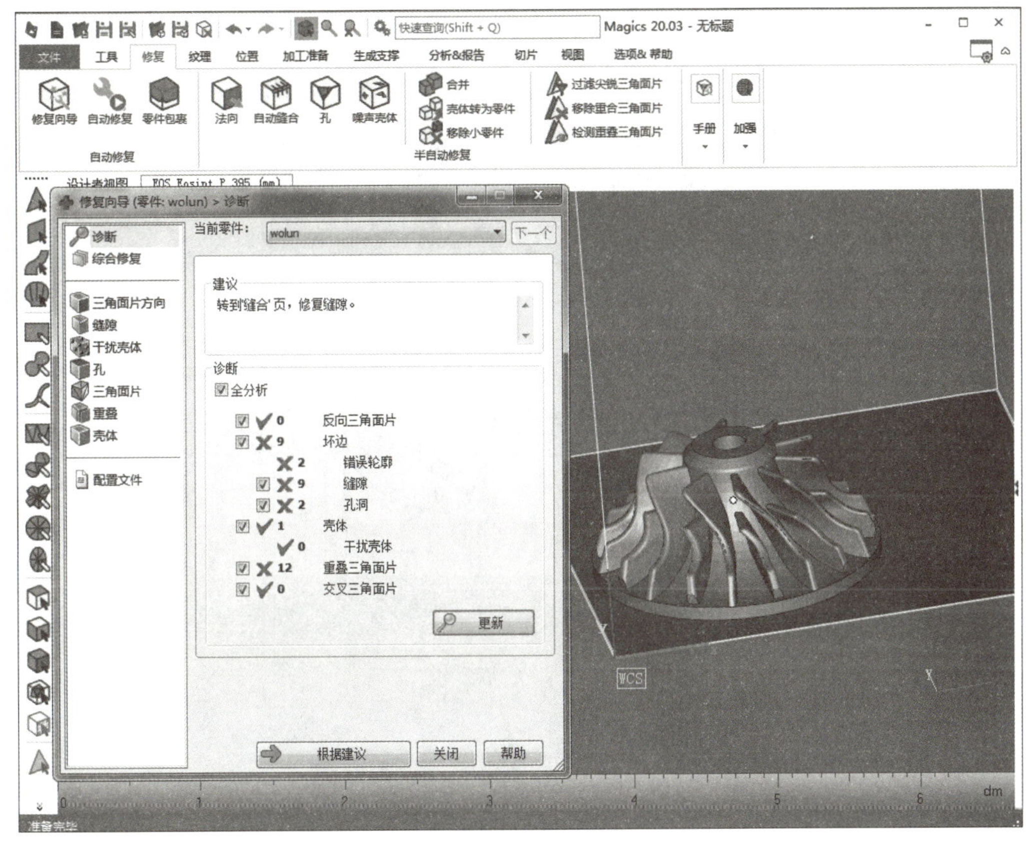

图 6-80 模型修复

（2）单击【分析 & 报告】栏中的【零件尺寸】命令，得到零件长、宽、高尺寸，如图 6-81 所示。

（3）根据现有光固化打印机成形空间对工件模型进行尺寸缩放。单击【工具】栏中的【缩放】命令，在【系数】中勾选【统一缩放】，在【X】中输入 0.4，如图 6-82 所示。

（4）单击【工具】栏中的【镂空零件】命令，在弹出的【抽壳零件】对话框中设置【壁厚】为“2” mm，【细节尺寸】为“0.1” mm，【类型】选择“向里”，单击【确认】，如图 6-83 所示。

（5）为方便光固化成形中零件内部树脂流出，需要在零件底部进行打孔。单击【工具】栏中的【打孔】命令，设置打孔尺寸中的【外圆半径】为 3 mm，【内圆半径】为“3” mm，单击【添加】，选择零件底部的平面进行打孔，单击【应用】，如图 6-84 所示。

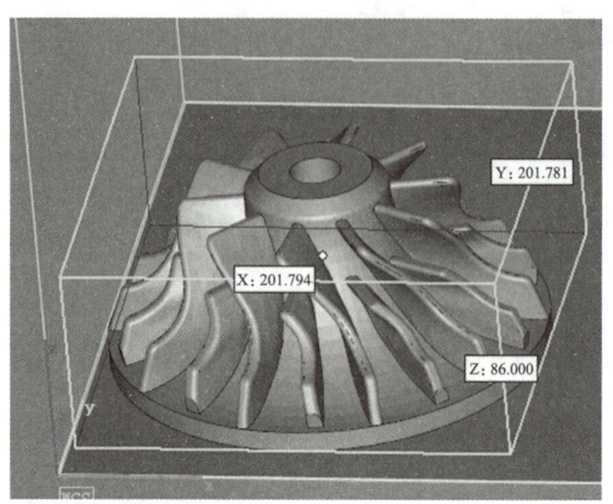

图 6-81　零件尺寸分析

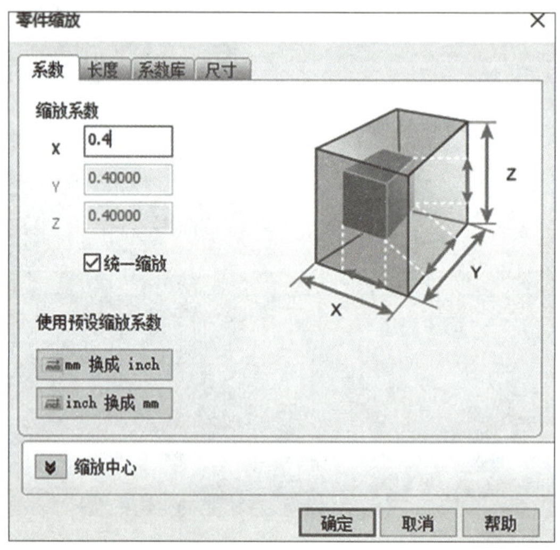

图 6-82　零件缩放

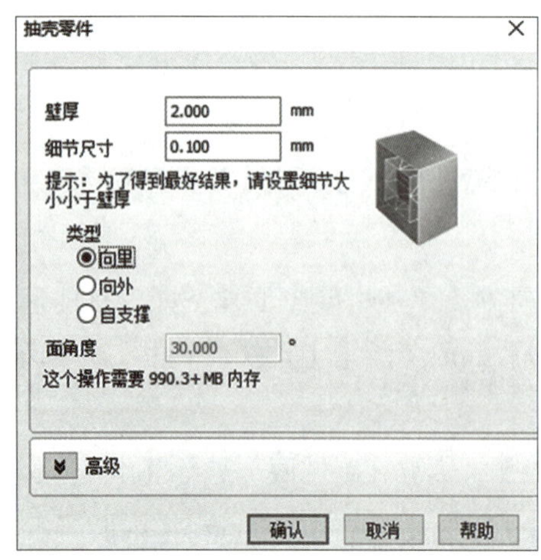

图 6-83　镂空零件

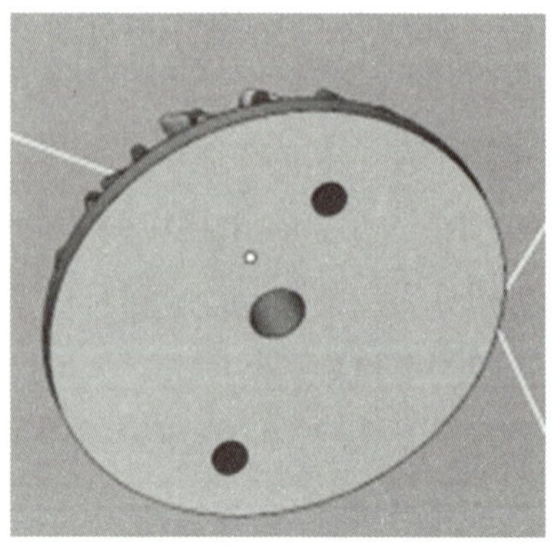

图 6-84　打孔

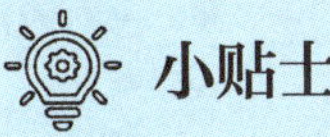

小贴士

光固化成形时，一般都需要对模型进行镂空和在不显眼位置进行打孔处理，以方便内部的液态树脂流出。

（6）将所选零件另存为“wolun1.stl”文件。

三、模型的切片与打印

（1）双击打开光固化打印机的切片软件 PreForm 的快捷方式，将“wolun1.stl”文件导入平台，根据打印需要，使用【定向】命令选择涡轮底部平面进行定向，然后对模型进行调整，如图 6-85 所示。

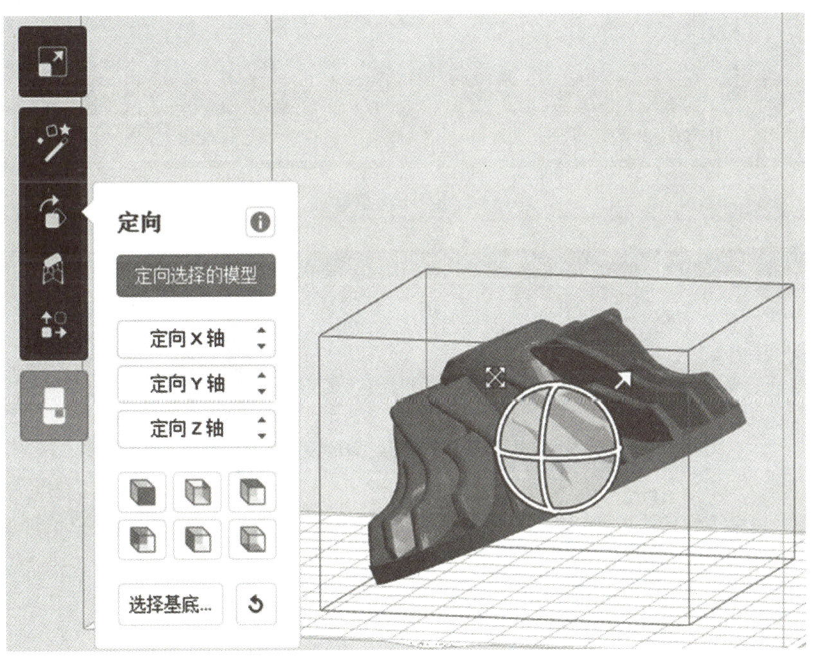

图 6-85　导入模型，调整方向

（2）单击软件界面【一键打印】命令，对模型进行切片，如图 6-86 所示。

（3）单击【开始打印】命令，上传打印任务到打印机，如图 6-87 所示。

（4）单击打印机界面的【确定】按钮，开始打印，如图 6-88 所示。

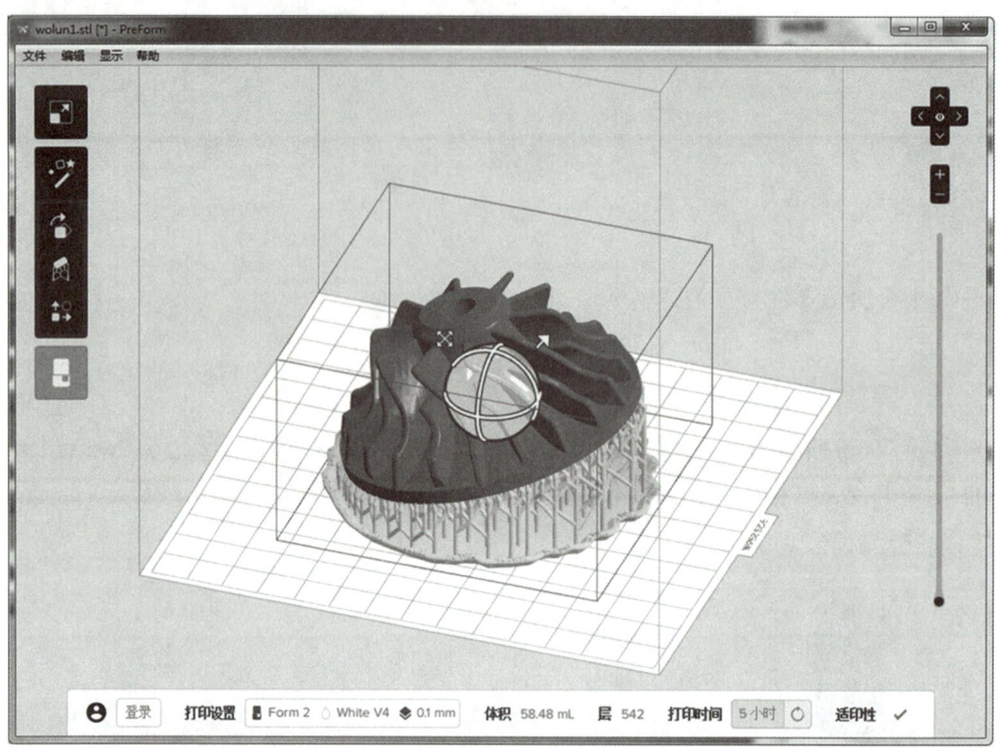

图 6-86 模型切片

图 6-87 上传任务

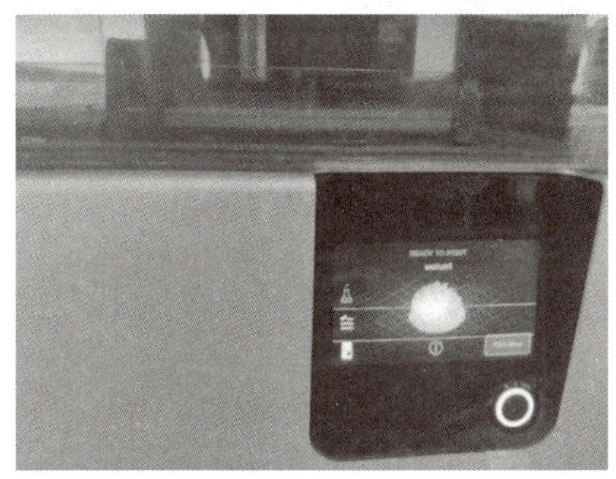

图 6-88 开始打印

四、模型的后处理

1. 取件

打印结束后，戴上手套移除构建平台。将平台反过来放置防止在移除模型时掉落，移除后关闭打印机外壳。使用专用的工具将打印件从构建平台底部取出，如图 6-89 所示。

2. 清洗

在清洗桶中装满异丙醇。将打印好的涡轮叶片放入第 1 个桶中浸泡 10 min，然后将清洗干净的模型放置在自然光下进行二次固化。接着放入第 2 个桶中浸泡 20 min，完成清洗，如图 6-90 所示。

图 6-89 取件

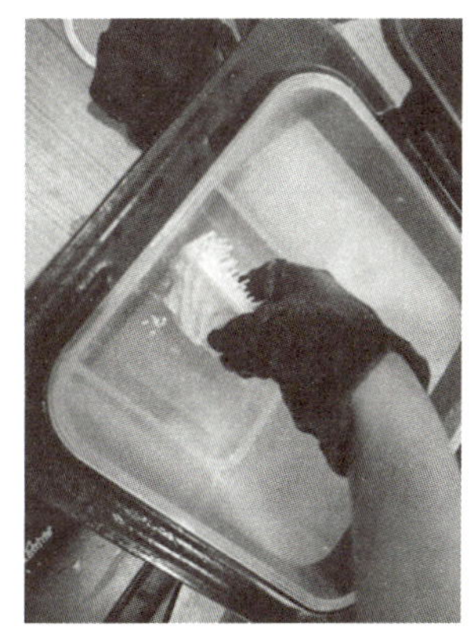

图 6-90 清洗

3. 去支撑与打磨

涡轮叶片干燥后，用工具将支撑去掉，并用砂纸擦亮模型，如图 6-91 所示。

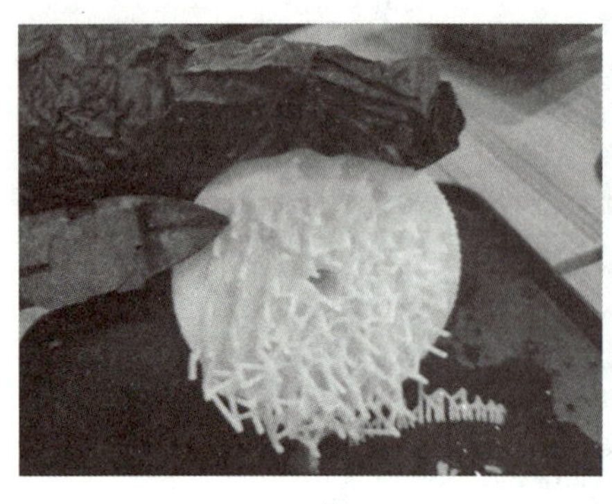

a)

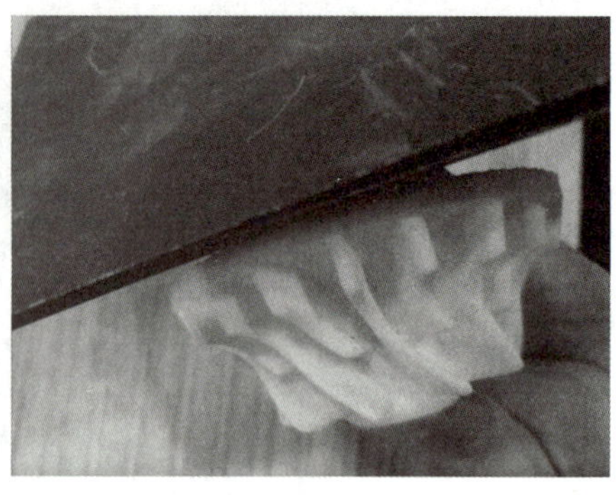

b)

图 6-91 去支撑、打磨

a）去支撑 b）打磨

任务评价

在本次任务中，使用光固化打印机对涡轮叶片进行了打印，请根据本次任务的学习情况进行评价。

自评表（30分）							
小组		姓名		日期			
评价主体	评价项目	评价要素		优秀	良好	待改进	自评分
学生自评	学习态度	学习积极认真，服从老师安排		9 ~ 10	6 ~ 8	0 ~ 5	
	学习能力	按照老师要求完成任务		9 ~ 10	6 ~ 8	0 ~ 5	
	任务完成	完成涡轮叶片的打印任务		9 ~ 10	6 ~ 8	0 ~ 5	

互评表（30分）							
小组		姓名		日期			
评价主体	评价项目	评价要素		优秀	良好	待改进	互评分
学生互评	团队意识	有集体荣誉感，遵守团队纪律		9 ~ 10	6 ~ 8	0 ~ 5	
	小组合作	动手能力强，能配合小组成员完成任务		9 ~ 10	6 ~ 8	0 ~ 5	
	沟通交流	积极参与讨论		9 ~ 10	6 ~ 8	0 ~ 5	

教师评价表（40分）					
小组		姓名		日期	
评价主体	评价要点			配分	得分
教师评价	模型切片的合理性			10	
	Form2 打印机操作熟练度			5	
	模型后处理			10	
	模型完整性			5	
	安全文明生产			10	

任务巩固

1. 知识题

（1）光固化成形时，为减轻零件重量，节省材料，需要对模型进行哪些处理？

（2）光固化成形结束后，打印的零件需要使用什么溶剂进行清洗？

2. 技能题

使用光固化设备对任务三中逆向设计的电话手柄进行打印成形。

完成任务心得

1. 完成这次任务，你有什么收获？

2. 在完成这次任务的过程中，你认为有哪些不足的地方？

3. 你认为还有哪些可以改进的地方？

3D 打印产品后处理

项目七　手机支架模型的后期处理

 项目说明

3D 打印制品在打印后较为粗糙，不能直接投入使用，需要进行后处理才能使用。在本项目中，我们需要完成 3D 打印手机支架后处理工艺。

手机支架模型样例如图 7-1 所示。

图 7-1　手机支架

项目目标

1. 熟悉 3D 打印后处理工艺理论知识。
2. 掌握去支撑、打磨、上色的方法。

3. 能独立对 3D 打印产品进行后处理。

项目描述

经过 3D 打印后的手机支架外观有较明显的分层痕迹（见图 7-2），因此还需要进行后处理工艺使产品的外观达到要求。请同学们对打印后的手机支架进行后处理。

图 7-2 打印后的手机支架

课前讨论

1. 通过观察，3D 打印后的手机支架在外观上存在哪些问题？
2. 需要采用哪些工艺来对手机支架进行后处理？

知识准备

一、3D 打印件后处理的概念

3D 打印机打印产品后，因台阶效应造成产品表面较为粗糙，后续为使产品达到使用要求，还要进行一系列的工艺处理，这些工艺我们称之为后处理。

二、3D 打印件后处理的方法

后处理的方法一般包括直接后处理和间接后处理。直接后处理是为了使产品获得较好的表面质量、强度和使用寿命，直接在产品上进行后处理。间接后处理是借用成形件并使用简单的工艺方法对产品进行后处理。在后处理时应做好防护措施，如在去支撑过程中，佩戴手套和护目镜；在打磨过程中，佩戴防化口罩、保护服、护目镜和手套。本项目我们将学习直接后处理工艺方法。

三、任务分析

3D 打印件直接后处理包括去支撑、打磨、后固化、抛光、上色等方法。不同产品因材料和结构特点不同，可以选择不同的后处理工艺。根据本项目打印件的特点，选择的后处理工艺按顺序排列为取件、去支撑、打磨、上色。

项目实施

一、取件

取件是 3D 打印后处理的第一个步骤。在 3D 打印机完成模型打印后，会听到提示音，此时打印机的喷头和打印平台会停止加热并复位。为防止烫伤手部或使模型变形，要等打印平台恢复常温后才能开始取件。

1. 取件工具

因打印后的模型在平台上粘得较紧，靠手难以取出模型，所以一般选择用平头铲刀（见图 7-3）进行取件。

2. 取件方法

我们采用的 3D 打印机上装配的是固定式平台，首先用平头铲刀伸到模型与平台之间，轻轻用力使模型的部分与平台分离，然后沿着分离的缝隙继续铲入，直到模型完全脱离平台，如图 7-4 所示。

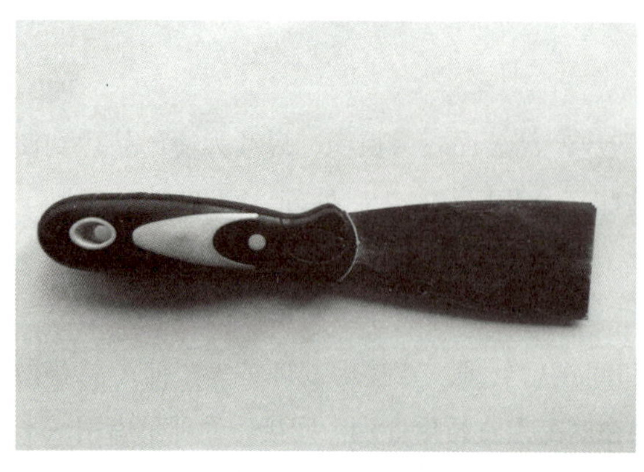

图 7-3　平头铲刀

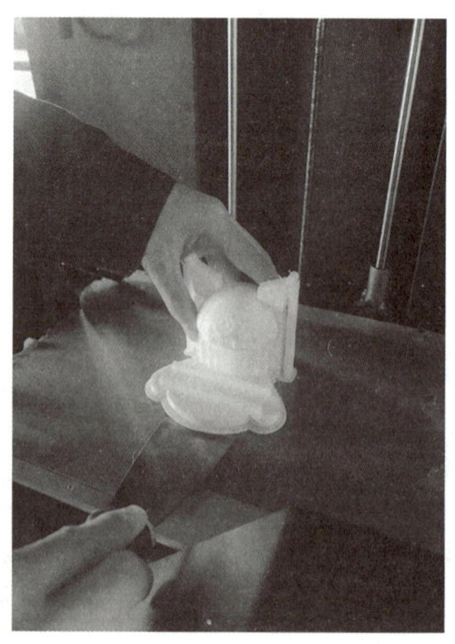

图 7-4　取件

二、去支撑

因外形和结构的原因，手机支架在打印过程中部分悬空的地方需要添加支撑，以保证模型的实体结构完整。因此，在后处理过程中需要对手机支架进行去支撑处理。

1. 去支撑需要的工具

当3D打印产品结构较为复杂，无法直接用手去除支撑时，可以使用剪钳（见图7-5）、雕刻笔刀、镊子等工具进行辅助去除。

2. 去支撑方法

（1）手工去除法。在3D打印产品结构简单且支撑部分连接程度较为松垮的情况下，可以直接用手将支撑部分去除掉。

（2）工具辅助法。当支撑部分与产品主体连接牢靠或产品结构不便于用手直接去除支撑时，可以选择合适的工具进行操作（见图7-6）。在操作去支撑时，应遵循由外到里、先易后难的原则，同时需要特别注意避免造成产品主体部分的损坏。

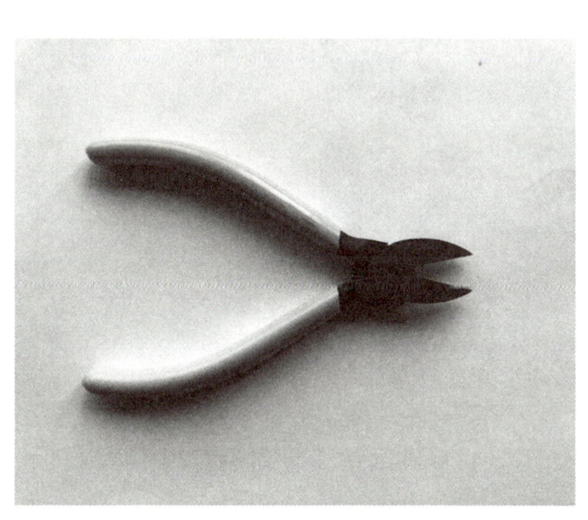

图7-5 剪钳

图7-6 去支撑

三、打磨

本任务的手机支架在打印后存在毛刺和颗粒等现象，为保证产品美观和方便上色，需要进行产品外观打磨。

1. 打磨工具

在进行打磨时，需要使用硬度较高、较锋利的工具，以将产品表面的瑕疵去除。一般选择砂纸和锉刀作为常用工具。

（1）砂纸。一般情况下，砂纸的粒度是用目数进行区分的，目数越大说明砂纸越细。一般先使用粗砂纸进行粗加工，然后选择精砂纸进行精加工，这样既节约成本也可以提高工作效率。

（2）锉刀。锉刀是表面有许多细密刀齿、条形，用于锉光工件的手工工具。锉刀分普通锉、特种锉、整形锉（什锦锉）三类。锉削可提高产品的精度和减少表面粗糙度，加工范围包括平面、曲面、内孔、台阶面及沟槽等。

2. 打磨方法

如果产品表面有明显的纹理，可以选择用锉刀进行打磨，将纹理部分修平整。如果产品表面没有明显的纹理，可以直接选择用砂纸对产品表面进行打磨（见图 7–7）。

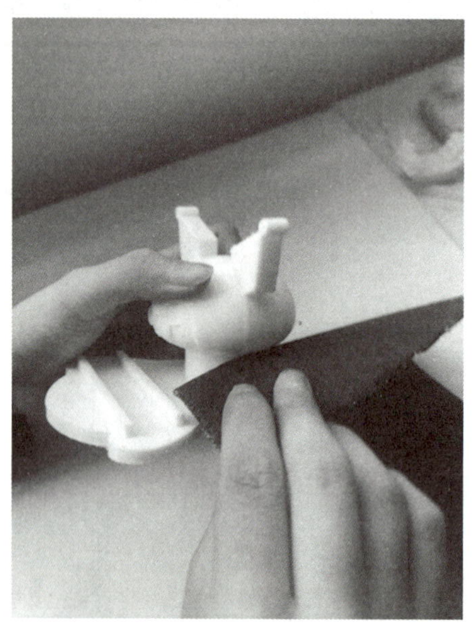

图 7–7　打磨

首先选择粗砂纸对模型表面进行粗加工。将粗砂纸沾少量水后，用手掌和四指固定砂纸，用拇指夹紧，沿着模型表面的纹路进行打磨。当打磨两个面的转接处时，需要特别仔细地控制力量，防止该部位变形受损。在打磨模型表面时，由于从砂纸上掉落的颗粒会损坏模型表面，这时需要使用小刷子将这些颗粒及时清理干净，直到最终完成产品表面的打磨。在使用粗砂纸进行打磨后，要逐步使用细砂纸，从粗加工逐步过渡到精加工，直到完成打磨工序。

四、上色

在经过打磨工序后手机支架已具备光滑的表面，接下来需要对它进行上色。3D 打印后处理上色的方法有手绘、喷漆、电镀、浸染等。考虑到成本和产品需求，本任务选择手绘的方法进行上色。

1. 上色工具

手绘上色所需要的工具有画笔（见图 7-8）、刷子、调和剂、调色盘、丙烯颜料（见图 7-9）等。

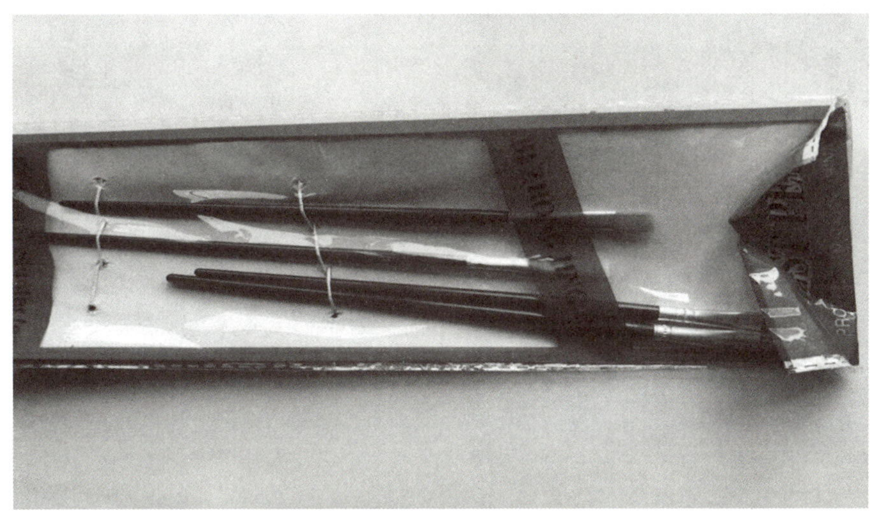

图 7-8 画笔

图 7-9 颜料

2. 上色方法

首先选择白色或浅灰色这样较浅的颜色作为底漆涂在模型上，然后再涂上主色，使模型表面色彩较均匀。上色时选择使用交叉法，在涂第一层漆时，选择固定的方向（如从上至下）进行逐行涂色；等第一层漆快干时，开始涂第二层漆，涂时方向要与第一层漆的方向互相垂直（如从左至右）（见图 7-10）。手绘时容易在模型表面留下笔纹，因此需要来回涂 2 ~ 3 次，最终获得表面色彩饱满且均匀的产品（见图 7-11）。

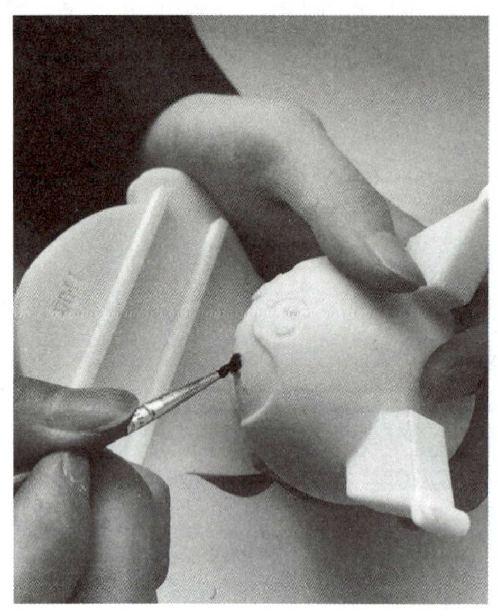

图 7-10　用画笔上色

图 7-11　上色后的手机支架

项目评价

在本次任务中，完成了手机支架的 3D 打印后处理，请根据本次任务的学习情况进行评价。

自评表（30 分）							
小组		姓名		日期			
评价主体	评价项目	评价要素		优秀	良好	待改进	自评分
学生自评	学习态度	学习积极认真，服从教师安排		10	6 ~ 8	0 ~ 5	
	学习能力	能发挥想象、创新设计		10	6 ~ 8	0 ~ 5	
	任务完成度	能按时完成产品后处理		10	6 ~ 8	0 ~ 5	
互评表（30 分）							
小组		姓名		日期			
评价主体	评价项目	评价要素		优秀	良好	待改进	互评分
学生互评	团队意识	组内合作，有集体荣誉感		10	6 ~ 8	0 ~ 5	
	小组合作	组员分工明确，积极配合		10	6 ~ 8	0 ~ 5	
	沟通交流	积极讨论		10	6 ~ 8	0 ~ 5	

续表

教师评价表（40 分）					
小组		姓名		日期	
评价主体	评价要点			配分	得分
教师评价	按时完成任务			8	
	取件未造成 3D 打印机平台损伤			8	
	去支撑时，零件没有损坏			8	
	产品表面质量达到要求			8	
	产品色彩均匀			8	

项目巩固

1. 知识题

根据实训室的实际情况，列出 3D 打印后处理所需要的工具名称。

2. 技能题

任选本教材中的一个零件进行 3D 打印，然后制定后处理工艺并对该产品进行后处理操作。

完成项目心得

1. 完成这次任务，你有什么收获？

2. 在完成这次任务的过程中，你认为有哪些不足的地方？

3. 你认为还有哪些可以改进的地方？